注水开发阶段储层流动单元划分与油水分布规律

董凤娟　任大忠　卢学飞　编著

中国石化出版社

内 容 提 要

以吐哈油田某低渗透储层为研究对象，在对储层沉积背景、构造背景及储层特征等研究的基础上，基于多参数识别、定量与定性相结合的方法对储层进行了流动单元划分，并对不同类型储层流动单元的岩石学特征、微观孔隙结构特征、可动流体赋存特征、流体渗流机理及注水开发效果进行了深入剖析分析，在油田生产动态验证方面取得了较好的应用效果。为油田的进一步挖潜、开发方案的编制提供了可靠的地质依据。

本书坚持理论与实践相结合，对注水开发阶段储层评价具有重要的指导意义，可供石油勘探、油田科技工作者及管理者使用，也可作为大专院校相关专业师生的参考用书。

图书在版编目(CIP)数据

注水开发阶段储层流动单元划分与油水分布规律 / 董凤娟，任大忠，卢学飞编著．—北京：中国石化出版社，2019.2
ISBN 978-7-5114-5214-6

Ⅰ．①注… Ⅱ．①董… ②任… ③卢… Ⅲ．①油气藏渗流力学 Ⅳ．①TE312

中国版本图书馆 CIP 数据核字(2019)第 022248 号

中国石化出版社出版发行

地址:北京市朝阳区吉市口路 9 号
邮编:100020 电话:(010)59964500
发行部电话:(010)59964526
http://www.sinopec-press.com
E-mail:press@sinopec.com
北京艾普海德印刷有限公司印刷
全国各地新华书店经销

*

787×1092 毫米 16 开本 12 印张 318 千字
2019 年 3 月第 1 版 2019 年 3 月第 1 次印刷
定价:48.00 元

前　言

随着我国常规油藏开发步入中后期，低渗透、特低渗透油田储量的勘探开发已成为我国陆上石油工业稳步发展的重要保证。但是，目前低渗透油藏的开发效果并不理想。经过多年来油气田勘探开发实践发现，在油田注水开发过程中，即使含水率已经高达90.0%左右的油藏，其石油的平均采收率也仅仅为35.0%左右。油田生产、开发实践表明，由于储层的非均质性，造成估计有20.0%左右的可动油未被注入水波及到，而残余在储层的孔隙空间中。因此，在目前我国大多数油田已进入高含水后期开采这个阶段，如何改善低渗透油藏的开发效果成为我国今后研究的一个重点。

储层流动单元研究是油藏精细、定量描述研究的一种方法。它是根据所研究地区的地质特点选取特定的参数，对所研究的目的层段砂体，应用数学统计方法来进行地质体的分类，把在空间上连续分布的具有相似孔隙结构以及渗流特点的地质体划为同一类储层流动单元。储层流动单元反映了储层岩石内部流体流动或者渗流的特征，是表征油藏非均质性的切实可行方法。

因此，本书以丘陵油田三间房组的地层细分与对比、储层沉积相特征和物性特征研究为理论基础，选取合理的研究技术与方法理论，建立储层流动单元模型、分类与评价；在此基础上，结合与研究区沉积背景、物性相似工区的各种先进的分析测试资料，深入分析不同类型储层流动单元的岩石学特征、微观孔隙结构特征、可动流体赋存特征、流体渗流机理以及与沉积微相之间的关系；然后结合研究区目前油田生产开发动态资料，对不同类型储层流动单元的注水开发效果进行分析、验证。在分析的过程中，每一部分都强调动态与静态结合，将静态地质融于动态分析之中，动态结果反过来验证静态地质认识，最后突出流体在不同类型储层中渗流的差异，更好地指导油田进一步挖潜工作的实施，从而达到提高油田的最终采收率。

与国内外其他同类专著相比，本书在储层流动单元划分的过程中，选取能够表征储层沉积特征、储层物性与含油性特征、储层微观孔隙结构特征的参数，建立储层流动单元划分评价体系，分析这个较为复杂的评价系统中各个因素之间的相互关系，建立层次结构模型；选取合适的数学方法（主客观兼顾），计算各个评价参数的主观或者客观权重，确定不同评价参数的相对重要性，然后求取综合权重。同时，将室内研究与现场实验相结合、静态资料与动态分析相结合，从地质、油藏、生产动态等多角度进行深入分析不同类型储层流动单元的岩石学特征、微观孔隙结构特征、渗流机理以及生产动态特征等差异。本书在对注水开发阶段低渗透砂岩储层进行流动单元划分过程中，重点突出多手段、多科学联合，主客观兼顾，尽量反映该研究领域的新思维、新方法、新技术，使读者有所裨益。

本书编写分工如下：西安石油大学董凤娟编写第 2 章、第 5 章，任大忠编写第 4 章，卢学飞编写第 1 章、第 3 章。

本书在完成过程中得到了西北大学地质学系孙卫教授的支持和帮助，作者特致深深的谢意。在本书撰写过程中，中国石油吐哈油田公司丘陵采油厂、三塘湖采油厂等单位在资料提供方面给予了大力支持和帮助，在此一并致谢！

本书获西安石油大学优秀学术著作出版基金、陕西省自然科学基础研究计划青年项目（2017JQ4005）以及国家自然科学基金青年项目（41802166）联合资助。

由于作者水平有限，书中定有不当之处，敬请广大读者批评指正。

目　　录

第1章 储层流动单元研究方法与发展趋势

1.1 储层流动单元研究的必要性

经过多年来油气田勘探开发实践发现，在油田注水开发过程中，即使含水率已经高达90.0%左右的油藏，其石油的平均采收率也仅仅为35.0%左右。油田生产、开发实践表明，由于储层的非均质性，造成估计有20.0%左右的可动油未被注入水波及到，而残余在储层的孔隙空间中。因此，在目前我国大多数油田已进入高含水后期开采这个阶段，需要采用各种稳产挖潜和三次采油技术，否则油田难以实现稳产和提高油田的最终采收率。

油田历经长期注水开发过程后，由于地层压力的变化、注入水的长期冲刷以及一系列注采工艺措施的实施，从而引起油藏的储层性质，例如胶结类型、储集层物性、孔喉大小、储层非均质等方面发生了明显的变化。因此，必须弄清油田注水开发阶段这些由于岩性-流体相互作用、注采工艺实施引起的储层性质的变化，同时在沉积和成岩系统分析的基础上，进一步细化研究储层目前的特征，正确认识油藏注水开发阶段的储层特征以及剩余油分布规律，从而为油田进一步挖潜和开发方案的调整实施提供科学依据。

储层流动单元(reservoir flowunits)是一种着眼于建立孔喉尺度的非均质模型的新方法，它是以渗透率为代表物性模型的延拓，对剩余油的分布能够提供更接近实际渗流过程的地质模型。

储层流动单元的研究是油藏精细、定量描述研究的一种方法。它是根据所研究地区的地质特点选取特定的参数，对所研究的目的层段砂体，应用数学统计方法来进行地质体的分类，把在空间上连续分布的具有相似孔隙结构以及渗流特点的地质体划为同一类储层流动单元。因此，储层流动单元反映了储层岩石内部流体流动或者渗流的特征，是表征油藏非均质性的切实可行方法。通过选取合理的划分参数对储层进行储层流动单元的划分，这样就可以深化对储层的非均质性的认识，搞清剩余油的分布。从而，针对不同孔隙结构和不同渗流特点的储层流动单元采取不同的开发方案和开采工艺，最终达到提高储层产量的目的。

同时，储层流动单元又是介于静态地质和油藏动态的交叉学科，其最基本的性质是必须把流体因素等渗流特征放在第一位考虑。储层流动单元的划分不仅仅是沉积微相研究和储层综合评价，只有将流体性质和外部采油工艺措施条件二者兼顾引入其中，才能反映出目前油水在储集体空间上的渗流特征的差异。

因此，本书以丘陵油田三间房组的地层细分与对比、储层沉积相特征和物性特征研究为理论基础，选取合理的研究技术与方法理论，建立储层流动单元模型、分类与评价；在此基础上，结合与研究区沉积背景、物性相似工区的各种先进的分析测试资料，深入分析不同类型储层流动单元的岩石学特征、微观孔隙结构特征、可动流体赋存特征、流体渗流机理以及与沉积微相之间的关系；然后结合研究区目前油田生产开发动态资料，对不同类型储层流动单元的注水开发效果进行分析、验证。在分析的过程中，每一部分都强调动态与静态结合，将静态地质融于动态分析之中，动态结果反过来验证静态地质认识，最后突出流体在不同类型储层中渗流的差异，更好地指导油田进一步挖潜工作的实施，从而达到提高油田的最终采收率。

1.2 国内外研究现状

1.2.1 国外研究状况

储层流动单元研究是国外20世纪80年代中后期兴起的一种油藏精细描述方面的研究方法。目前，储层流动单元的研究方法已经从定性、半定量发展到定量研究；其研究内容亦从静态地质发展到生产动态与静态地质相结合。

1984年，国外的科学家Hearn在对美国怀俄明州Hartog Draw油田Shannon储层性能进行评价描述的时侯，首次提出储层流动单元这一概念。他将储层流动单元定义为“影响流体流动的岩性和岩石物理性质在内部相似的、垂向上和横向上连续的储集带”。

接着在1987—1996年期间，Ebanks等人对储层流动单元的概念及其划分方法又做了更为进一步的补充和完善，他们认为储层流动单元是横向上和垂向上连续的、影响流体流动的岩石特征相近的储集岩体，其中所提及的岩石特征包括岩性特征和物性特征两个方面。

1992年，Barr等人把研究区目的层岩石中水力系数相似的层段归为同一类型储层流动单元。

1993年，Amaefule等人提出了水力单元即为“孔隙几何单元”，是总的油藏岩石体积中影响流体流动的地质和油层物理性能恒定不变并可与其他岩石体积区分开来的有代表性的基本体积这一概念。本次研究比Hearn等前人提出的储层流动单元概念更加详细，并且突出强调影响流体流动的地质和油层物理性能恒定不变这一观点。

1994年，Canas用井间流动能力指数(IFCI)来识别储层流动单元。

1995年，Guangming Ti等人在研究阿拉斯加北斜坡Endicott油田的储层时，在地层对比、划相以及分层的基础上，选取取心井每个小层的渗流系数、存储系数和净毛厚度比等3个参数，然后应用聚类的方法，将储层流动单元划分为E、G、M、P四类储层流动单元。然后把取心井储层流动单元的划分结果进一步推广到未取心井，并借助井间地层对比建立储层流动单元的井间分布关系。该方法使得储层流动单元研究进入了一个崭新的阶段——定量描述。

1996年，H. Scott Hamlin研究储层流动单元时也是以沉积相的研究为理论基础，首先把每个相或者岩相看作一个储层流动单元，其次在进行井间对比时运用了建筑结构知识，将单井级别的储层流动单元相连，从而形成储层流动单元模式。虽然以上几种储层流动单元划分方法各不相同，但是其实质上都是一种利用半定量方法来划分储层流动单元。

1997 年，Alden 等人提出了应用高压压汞曲线上进汞饱和度达到 35%时的孔喉半径 R_{35} 的大小来反映岩石中的流体流动和油田开发动态，在此基础上，他们用 R_{35} 这个参数来划分储层流动单元，同时认为孔喉半径 R_{35} 均匀分布的、具有相似的岩石物理性质以及流体流动具有连续性的储集层段为同一类型储层流动单元。

在 2000 年，Barclay 运用流体包裹体地层学识别了油水界面与渗流隔挡层，同时以生产测井以及压力资料来识别储层流动单元。本次研究中提出当相邻井间流体包裹体物化性质有所差异时，说明有隔挡层的存在的观点；但是仍然存在着这么一个问题，即当相邻两个井间的流体包裹体物化性质无差异时，并不能断定隔挡层不存在。

在 2002 年，Aguilera 等人通过在 Pickett 图上的综合传输速度常数线来划分储层流动单元。本次研究中取得的认识是，对于传输速度为常数的地层，有效孔隙度与真电阻率的 Pickett 交汇图为一系列相互平行的直线。然后，通过这些直线，就可以直接确定每一类型储层流动单元在任意含水饱和度下的毛细管压力和孔喉半径，并认为储层流动单元的类型可以通过单对数坐标的 Pickett 图、毛细管压力、孔喉半径以及 R_{35} 等参数的一体化来确定。

近年来，众多学者将储层流动单元研究已经在低渗透砂岩储层中得以广泛应用，尤其是在碳酸盐岩等缝洞型复杂储层的表征和建模中的应用更为普遍，同时也在油气田开发中取得了比较好的效果。

1.2.2 国内研究状况

在国内，储层流动单元的研究较国外起步的比较晚。自“八五”中后期，储层流动单元这一概念才被国内众多学者广为接受，特别是在 1989 年的“第二届国际储层表征研讨会”召开以来，储层流动单元的概念在国内开始逐渐被接受，并且开始着手研究以及应用。但是，由于各个油田具体的地质条件以及实际生产资料的限制，同时不同学者研究(储层流动单元)问题的出发点不同，因此，对储层流动单元的认识及研究方法也不完全一致。

在 1991 年，张一伟在国内首次应用岩石物理相这一概念，同时将岩石物理相看作沉积相与成岩相的综合。

1994 年，谢家莹研究了火山碎屑岩的冷却单元、储层流动单元与堆积单元三者之间的关系。

1995 年，焦养泉等人利用露头层次界面研究成果来指导井下微相以及岩相非均质性研究与分析，然后再根据钻井和测井资料进行储层流动单元划分。其储层流动单元的划分方法的实质相当于地层精细划分和对比的定性分析方法。同年，姚光庆等人在研究新民油田低渗细粒储集砂岩时指出，岩石物理相是岩石物理特征的综合，它反映沉积、成岩和微裂缝对岩石孔隙结构影响方面的信息，同一种岩石物理相单元具有相近似的水力学特征；并认为岩石物理相是储层流动单元的最基本岩石单位。

1996 年，裘亦楠等人通过一系列研究，重新定义了储层流动单元的概念，他们认为储层流动单元是指受储层非均质性、隔挡以及窜流旁通等条件的影响，注入水沿着地质结构引起的一定途径驱油而自然形成的流体流动通道。本次研究得出的结论中，突出强调储层流动单元是一个流体流动的通道。

在1999年，中国石油大学(北京)吴胜和等人针对前人在储层流动单元研究中存在的一些问题，同时根据陆相储层的地质特征，以吐哈盆地温吉桑-米登油田(简称温米油田)中侏罗统三间房组辫状河三角洲储层为例，提出了一套陆相储层流动单元的研究思路和方法。他们提出了以地质研究为主的储层层次分析法，将储层流动单元研究分为两个层次：第一层次通过高分辨率层序地层学、储层结构、成岩非均质以及断层封闭性等方面的分析与研究，来确定连通砂体与渗流屏障的分布规律；第二层次则通过储层质量评价来确定砂体连通体内部的渗流差异。最后根据此思路，对工区辫状河三角洲储层进行了深入的储层流动单元研究，并取得了良好的效果。同年，桂峰、黄智辉等人对储层流动单元划分的方法有了进一步的研究，他们利用灰关联聚类法划分并定量识别了储层流动单元。

1999年，阎长辉等人在前人关于储层流动单元研究的基础上，提出了动态储层流动单元这一新的概念。他们认为储层流动单元不仅要反映流体流动的可能性，而且要反映流体流动的现实性，在油田的不同开发阶段具有不同的分布、开发特征，储层流动单元划分结果可以直接为油田开发方案的调整提供依据。同时，他们在研究的过程中，不仅以岩石地质、物理性质为基础，同时还引入油藏流体性质参数。其中，流体性质(含油饱和度)是变化的。

1999年，孙来喜等人运用生产压差来预测井间储层流动单元，该方法避免了关井测压造成的资源浪费和分层测压资料少之间的矛盾；但是，其准确性在一定程度上依赖于各个参数选取的准确性与储层流动单元划分结果的可靠性等。

2000年，窦之林在对孤东油田馆陶组河流相储集层的流动单元模型与剩余油分布规律研究时，综合应用多种学科理论，分析了形成储层流动单元的主要控制因素，提出了河流相储层流动单元识别、分类以及评价方法，建立了储层流动单元模型。在单井识别储层流动单元过程中，引用了活度函数以及层内差异等6种数学方法，同时应用地震属性分析等5种方法在剖面上识别储层流动单元，最终把孤东油田馆陶组上段河流相储集层划分为3种不同类型的储层流动单元。将沉积和层序等理论应用在储层流动单元研究工作中，其优点在于研究的成果基础扎实，缺点是在储层流动单元画舫方法上偏定性而定量化程度稍弱，同时沉积、层序的观点要通过其他研究方法来实现。

2000年，魏斌、陈建文等人以辽河油田欢26断块为例，进行了储层流动单元的划分。同时，基于密闭取心井岩心分析资料，建立了剩余油饱和度与储层流动单元之间对应关系，在此基础上提出了利用流动单元流动带指标计算剩余油饱和度的方法。沉积微相内部对应着多个流动单元类型的组合，不同的沉积微相其流动单元组合形式也不同，表现出的渗流能力亦存在较大的差异性，从而为表征流体渗流的平面差异性和评价剩余油分布奠定了坚实的基础。

2001年，中国石油大学彭仕宓、尹志军等人在国内首次将储层流动单元的划分推进了定量化研究的阶段。在研究过程中，他们以储层沉积微相以及小层划分与对比为基础，应用聚类和判别分析的方法，从取心井着手进行了储层流动单元划分，并通过建立不同类型储层流动单元的判别函数，将储层流动单元的划分扩展到非取心井；接着，又应用序贯指示模拟的方法对井间储层流动单元进行了预测，进而从定量的角度对储层流动单元的空间展布进行了研究。随后，关振良、姜红霞等人对海上油井井间储层流动单元进行了预测，对剩余油的分布规律做了进一步的研究。

2002年，刘吉余、王建东等人在研究、分析储层流动单元特征及其成因分类时，通过分析储层流动单元的基本特征，最后提出了储层流动单元的成因分类方案，把储层流动单元划分为受断层、隔层、夹层、渗透率韵律、层理构造、裂缝以及孔隙结构控制的7类储层流动单元。本次研究，突出强调了储层流动单元是具有相同渗流特征的同一储层单元，同时也认为储层流动单元具有相对性、层次性和规模性。

2002年，曾大乾、宋国英等人以濮城油田沙三上亚段地层为例，应用高分辨率层序地层学原理及其方法对储层进行了储层流动单元的划分。研究过程中，以研究地层基准面旋回类型为出发点，进而建立了高精度层序地层格架，然后利用储层非均质性的层次性以及储层流动单元层次性与基准面旋回级次性之间的相关性进行了储层流动单元的划分，并进一步分析了储层流动单元的特点及其变化规律。接着，张尚锋，洪秀娥等人也将高分辨层序地层学应用于泌阳凹陷双河油田进行储层流动单元划分与分析，取得了较为满意的效果。

2002年，王月莲、宋新民等人在分析研究砂层内不同类型储层流动单元的渗流特征差异的基础上，建立了测井储集层解释模型，并把其计算结果与岩心分析结果作了比较，取得了良好的结果；魏斌、张友生等人选取密闭取心井的岩心在储集层条件下，对不同类型储层流动单元的水驱油实验进行了研究，从而更为准确地对高含水储集层测井响应的规律和特征做了进一步的认识。

2002年，国内众多学者也开始对储层流动单元划分的新方法有了更多的研究和探讨，并取得了一些成果。张祥忠、吴欣松等人将模糊聚类与模糊识别两种方法相结合，对CN油田C9井区的储层流动单元进行了划分。该方法不仅解决了前人在储层流动单元划分时尚未解决的参数匹配问题，而且在储层流动单元的划分过程中实施了人工干预，使得最终划分结果更加符合油田生产开发的客观实际。接着，高兴军、吴少波等人采用Q型聚类分析方法对济阳坳陷孤岛油田渤21断块砂岩油藏和新疆克拉玛依油田八区克上组砾岩油藏的储层进行了储层流动单元的划分，从而对研究区的剩余油分布规律进行了研究，并取得了良好效果。

近十年来，在储层流动单元划分的方法方面取得了很大的进展，主要研究成果包括：

2006年，师永民、张玉广等人利用毛管压力曲线分形分维的方法定量地从微观的角度，进行了储层流动单元的划分，对不同类型储层流动单元的微观孔隙结构特诊进行了定量表征。

2006年，姚合法、林承焰等人以鄂尔多斯盆地L37井区延安组Y9段河流相储层为例，应用SPSS统计分析软件，通过综合表征储层的6项属性参数、判别流动单元的能力以及各个参数之间的相关性分析，选取粒度中值、孔隙度、流动层分层指数3项参数作为L37井区延安组Y9段河流相储层流动单元判别参数，建立了储层流动单元判别函数，将本区Y9段河流相储层划分为为Ⅰ、Ⅱ、Ⅲ、Ⅳ四类储层流动单元，研究了储层非均质特征。

2007年，李勤、王国会等人为了解决前人在储层流动单元划分中现存误判率较高的问题，应用可拓分类方法对储层流动单元进行了划分；李海燕、彭仕宓等人应用遗传神经网络对碎屑岩储层流动单元进行了研究；王大伟等人应用时移地震的一些特性对油藏流体储层流动单元进行了划分，并且进行了可行性研究。

2008年，郑红军、苟迎春等人针对储层流动单元的划分方法，提出了一套利用非均质性分维模型定量研究陆相储集层流动单元的方法和流程。该方法利用储集层非均质性分维模型有效地划分储集层宏观流动单元和微观流动单元，并为二者的划分提供参数依据；在储集层沉积微相研究和层组逐级细分与对比的基础上，从取心井入手，通过聚类分析优选评价参数，建立储集层非均质性分维模型，应用聚类和判别分析，划分储层流动单元类型，应用储集层随机建模中的分形随机模拟方法预测河流-三角洲沉积储集层井间流动单元，从而定量研究储层流动单元的空间展布特征。

2008年，姜平、李胜利等人以层序地层划分为基础，把崖13-1气田主力产层陵三段划分为8个四级层序，并以四级层序的海泛面为控制边界，在气田南区与北II区划分出8个垂向流动单元，而在北I区划分为7个垂向流动单元。这一储层流动单元划分方案得到了气田压力测试的验证，对该气田进一步开发具有很好地指导作用。

2009年，唐衔、侯加根等人以克拉玛依油田五3中区克下组油藏为例，提出了基于模糊C均值聚类模型划分储层流动单元的方法，解决了聚类分析指标优劣交叉的问题。

2010年，王志章、何刚等人通过主因子分析优选出符合研究区实际的7个评价参数，作为储层流动单元划分依据，然后应用聚类分析法建立判识函数，将研究区储层流动单元划分为3类，其划分结果与沉积微相展布特征及油田实际开发状况吻合较好。

2011年，黄进腊、孙卫以吴起油田X井区特低渗透长6_3储层25块样品为例，基于真实砂岩微观水驱油模型实验数据，应用灰色定权聚类分析方法进行了储层流动单元的划分，并取得了良好的效果。

2012年，任刚姜、振海为了识别复合河道砂体内的单一河道，提高该类油层的聚驱开发效果，利用模糊聚类分析方法，结合储层类型和油田开发实践，将大庆油田北二西葡一组6个沉积单元划分为4类储层流动单元；并结合油水井生产动态特征，进行聚合物驱开发后期措施调整和剩余油分布分析。从而，确定油层水淹状况和剩余油分布，为聚合物驱后期开发提供依据。

2013年，蒋平、赵应成等人以鄂尔多斯盆地姬塬地区长8_1^1储层为例，在划分储层流动单元过程中，除选取常用的孔隙度、渗透率、有效厚度等参数外，还选取重构曲线（AC-GR）的分形维数D进行综合聚类分析，按其综合渗流能力将研究区长8_1^1储层划分成4类储层流动单元，储层流动单元划分结果在一定程度上体现了裂缝的影响。

2016年，罗超、罗水亮等人基于岩心分析、测井及生产资料，针对马岭油田下侏罗统延9油层组辫状河储层纵横向相变快、非均质性强的特征，通过确定层序格架内储层及渗流屏障空间分布，优选参数将研究区延9油层组划分为E、G、M、P共4类储层流动单元，结合测井交绘分析、岩相相序解剖及沉积过程分析结果，对层序格架内储层流动单元空间分布的控制因素进行了研究，认为不同期基准面旋回对储层流动单元分布有一定影响。

上述这些数学方法的优点是可以借助较少的取心井岩心分析资料和研究区其余井的测井曲线资料，进行储层流动单元的定量划分。其缺点是对数据的要求较高，对取心井而言，取心井物性分析数据要尽可能控制整个研究区目的层，同时应该注意剔除掉一点歧义点，这样通过聚类和判别分析等数学方法所获得的结论才真实可靠。同时测井曲线要进行重新精细解释，才能保证精度达到要求。

在此同时，也有不少学者在努力对储层流动单元的应用进行了拓展，主要研究成果包括：

2004 年，朱玉双针对岩性油藏的特点，以鄂尔多斯盆地华池油田、马岭油田为例，建立了研究区的储层流动单元模型，对储层伤害进行了实验评价，得出了油层伤害对储层渗流特征及流动单元的影响。

2005 年，熊伟等人根据储层流动单元渗流特征的定义，设计了层间非均质水驱油实验模型，利用模拟试验研究了相同水动力条件下，不同渗透率级差模型的水驱油渗流规律和水淹规律。通过实验论证，提出了储层流动单元划分的渗透率差异指标。

2006 年，师永民等人利用取心井铸体薄片获得的图像资料和毛管压力曲线，通过图像分形几何学方法以分维数的形式定量地表征了储层微观流动单元特征。

2007 年，魏忠元等人以宝浪油田宝北区块的储层流动单元划分为基础，对水淹层进行了定量识别，并且还进行了生产测试验证；彭仕宓、王如燕等以储层流动单元划分为基础，对剩余油的分布规律进行了研究。

2008 年，白振强、杜庆龙等人为了确定利用渗透率差异划分层内流动单元划分的界限，根据流动单元的定义，设计了层内正韵律非均质模型，利用 Eclipse 数值模拟软件通过理论模型的模拟，研究了河流相储层层内非均质正韵律储层不同渗透率级差下垂向各部分的水淹特征、水淹规律和采出程度的关系。

2010 年，宋广寿、孙卫等人以鄂尔多斯盆地元 54 区长 1 油层组为例，在沉积微相、储层综合定量分析评价的基础上，选取了有效厚度、孔隙度、渗透率、突进系数、流动带指数等参数，将储层划分为 E、G、M、P4 类储层流动单元。结合油田生产动态资料，分析了不同类型储层流动单元的产能特征，发现各类储层流动单元与油层初始产能具有很好的对应关系，能够真实客观地反映特低渗砂岩储层物性差、非均质性强的地质特点。

2011 年，苗长盛、董清水等人以吉林油田乾 146 区块开发为例，运用多参数模糊聚类方法将该区高台子油层由好至差划分为 A、B、C、D、E5 类储层流动单元。综合油藏地质特征及油田开发动态数据，对各储层流动单元的注采渗流体系进行了深入剖析，归纳总结出乾 146 区块高台子油层Ⅻ砂组中剩余油分布规律，据此在剩余油分布预测区部署了 1 口扩边井和 2 口老区加密井，投产后分别获得了良好的效果。

2012 年，钟金银、颜其彬等人以宝浪油田三工河组储层为例，通过对砂层细分储层流动单元，采用聚类分析的方法将Ⅱ油组储层划分为 5 类独立的储层流动单元，在不同的储层流动单元内建立不同的测井解释模型，模型计算出的孔隙度和渗透率精度高，较好地反映了储层内部的非均质性特征，为精细油藏描述提供可靠的孔隙度、渗透率参数。

2013年，宋子齐等人以苏里格气田东区为例，提出利用岩石物理相储层流动单元“甜点”来筛选致密储层含气有利区。选用反映致密储层特征的流动层带指标、储能参数、单渗砂层能量厚度、气层有效厚度、含气层厚度、渗透率、孔隙度、含气饱和度等多种参数，利用灰色理论从不同角度对储层渗流、储集及含气特征进行全面分析，筛选出一、二类岩石物理相储层流动单元“甜点”，并圈定近期可开发或评价后可开发的多期叠置的一系列含气有利区。

2014年，范子菲、李孔绸等人综合考虑基质和裂缝建立双重介质储集层储层流动单元划分方法，以关键参数作为聚类变量，利用神经网络聚类分析技术，将孔洞缝复合型、裂缝孔隙型、孔隙型和裂缝型4种储集层类型划分为6类储层流动单元，建立储层流动单元三维地质模型和数值模拟模型，表征让纳若尔裂缝孔隙性碳酸盐岩油田Г北油藏剩余油分布规律。

2015年，万琼华等人以西非尼日尔三角洲深水浊积水道储层为例，在储层构型级次划分的基础上，分级次识别了渗流屏障和连通体；并运用多参数储层流动单元的划分方法，将储层划分为A、B、C、D四类储层流动单元；最后，在构型模式的指导下进行了储层流动单元的单井解释及单一水道剖面与复合水道平面的储层流动单元分布特征研究，并以此指导油气田开发。

2016年，武男等人基于水动力学原理及流线簇方程，提出储层中波及范围内具有相似流动规律及储层特征的渗流区域为微观储层流动单元；任颖等人以姬塬地区延长组长6段储层为例，分析不同储层流动单元微观孔隙结构特征及其对可动流体饱和度的影响，进而研究其生产动态的差异。

2017年，陈志强、吴思源等人以四川盆地广安地区须家河组致密砂岩气储层为例，利用859块标准柱塞样物性分析数据，根据储层流动单元指数(FZI)由小到大，划分出了5类储层流动单元，并建立了相应的孔隙度与渗透率统计回归模型，对致密砂岩气储层渗透率进行了测井评价。研究表明，储层流动单元分类的渗透率计算结果与岩心分析渗透率吻合度高，该方法有效地提高了渗透率测井评价的准确度。

综上所述，虽然国内外学者对储层流动单元概念开展了大量研究及扩展；在储层流动单元的划分方法上，从定性、半定量逐步发展到定量。但是，目前国内外学者对储层流动单元的概念及其划分方法还没有形成统一的认识，储层流动单元主要应用于储层早期评价上，将储层流动单元划分用于指导油气田开发和生产方面还处于探索阶段。对于油气田开发阶段，如何快速、定量地划分三维方向的储层流动单元的简便、有效方法还处于研究初期，尤其是在多井储层流动单元的快速、有效的划分方法上还需要进一步的探索研究。因此，储层流动单元的研究，尤其是不同类型储层流动单元的岩石学、微观孔隙结构、渗流特征以及对注水开发效果的影响等方面的研究仍需进一步深化。

1.3 储层流动单元研究存在的问题及发展趋势探讨

1.3.1 储层流动单元研究中存在的问题

储层流动单元作为储层开发研究的重要内容，虽然目前不同的研究者通过努力，取得了较大的进展，但还存在较多问题，主要体现在以下几方面。

（1）储层流动单元概念的理解和认识尚不统一

国外有学者认为储层流动单元是横向上和垂向上连续的、影响流体流动的岩石特征相近的储集岩体，这里的岩石特征包括岩性特征和储层物性特征。我国一部分学者认为储层流动单元是砂体内部建筑结构的一部分，是一个相对概念；还有一部分学者认为储层流动单元指一个油砂体及其内部因受边界限制，不连续薄隔挡层，各种沉积微相界面、小断层及渗透率差异等造成的渗流特征一致的储层单元。目前，国内外学者对储层流动单元概念的不统一以及认识的不一致，一定程度上限制了储层流动单元研究的深入发展。

（2）储层流动单元的研究手段略显单薄，研究的基础和综合性亟待加强

储层流动单元的研究不仅仅是几个储层性质参数的分类，科学的研究应该建立在层序地层学、储层沉积学等系统的研究基础之上，只有在等时层序地层格架内，在明确了储层成因意义的基础上，合理选择划分参数，进行储层流动单元划分，并结合油田生产实际，对其划分结果的准确性进行动态验证，这样才能够得到正确的认识。

（3）储层流动单元划分参数的选择

由于不同研究者对储层流动单元概念和内涵的理解不同，因此选择划分的参数也不同。目前在储层流动单元划分中，存在的一种误区就是似乎参数的选择越多越好，越多越科学。那么，从储层流动单元的定义本质而言，孔隙度和渗透率是最佳的选择，这两个参数最能反映储层流体流动特征。过多的参数加入，有时会导致错误的结果。比如在储层流动单元划分过程中如果同时加入渗透率和厚度两项参数，就很有可能导致大厚度低渗透层与小厚度高渗透层可能划为同一储层流动单元的错误。

（4）目前储层流动单元的研究主要集中在碎屑岩划分方面，其他岩类储层流动单元的研究较少

尤其是在国内，对碳酸盐和火山岩等其他岩类储层流动单元研究较少，以后随着油气勘探开发领域向碳酸盐和火山岩等岩类的扩展，针对其他岩类的储层流动单元研究也会逐渐增多。

（5）目前在储层流动单元研究中静态的研究观点多于动态观点

在开发过程中，储层孔隙结构及渗透率可能发生动态变化，因而，储层连通体的渗流差异也会发生相应的变化，故而储层流动单元的类型亦会有所变化。因此，储层流动单元可视为一个动态的概念，用静态的观点认识和研究储层流动单元很难与油田的动态开发实践相对应。

（6）储层流动单元研究方法和研究成果的应用范围尚需扩大

目前储层流动单元研究的方法和成果主要用于剩余油预测或储层渗透率等物性参数的研究，成果应用的范围还较窄，随着储层流动单元研究的不断深入，如何更有效地利用这些研究成果，推广储层流动单元研究，赋予储层流动单元研究更强的生命力，是每一个研究者必须思考的问题。

(7) 储层流动单元的层次划分还很薄弱，研究精度有待提高

目前一部分学者认为，储层流动单元研究分为二个层次：一是通过高分辨率层序地层学、储层结构分析、成岩非均质分析、断层封闭性分析确定连通砂体与渗流屏障的分布；二是通过储层质量评价确定连通体内部的渗流差异。另一部分学者认为储层流动单元研究包括两个层次：其一为渗流屏障和连通体分析；其二为渗流差异分析。还有学者在储层流动单元体系内部划分出储层流动单元、亚储层流动单元和渗流区三个不同层次。目前关于储层流动单元层次性划分的研究较少，这不利于储层流动单元研究精度的提高和研究的深入发展。

(8) 储层流动单元划分结果的验证还没有引起足够的重视，验证方法有待多元化

对于储层流动单元划分结果的验证目前所用方法包括真实砂岩微观模型实验、油田现场动态数据验证等。储层流动单元划分的结果直接影响到剩余油的预测和对生产动态情况的认识，与生产实践息息相关，因此应该成为储层流动单元研究中一项必不可少的重要内容。

1.3.2 储层流动单元研究的发展趋势

储层流动单元研究为认识油藏的(宏观、微观)非均质性提供了有效手段，是提高油藏描述精度、确定剩余油分布特征、改善开发效果的一种有效方法，对二次和三次采油具有重要意义，是当前研究的一大热点。储层流动单元研究的发展趋势大致有以下几点：

(1) 储层流动单元概念和内涵的认识不断深化

对储层流动单元概念和内涵认识的不断深化是储层流动单元研究最基本的内容之一。认识和理解的逐步统一，对于储层流动单元研究方法的选择、评价参数的选择等都具有十分重要的意义，有利于储层流动单元研究方法和取得成果的推广应用。

(2) 多学科交叉研究

由于流体活动和地下地质情况的复杂性，储层流动单元的研究仅依靠一种或几种单一的方法是远远不够的，尤其是面对我国东部油田陆相碎屑岩储集层非均质性较强，纵向上油层多且砂体规模小，平面上连通性差的现实。因此，随着勘探开发精度要求的不断提高，储层流动单元的划分必定越来越成为一个综合的过程和对储层各方面参数综合研究的结果，要综合岩心、测井、吸水剖面以及分层测试等静态、动态资料，同时应用野外露头研究、现代沉积调查、密井网解剖等资料，综合运用沉积学、高分辨率层序地层学、油气物理学、数学统计学、逻辑学、计算机技术等进行技术理论分析，紧密围绕渗流特征开展研究，使储层流动单元研究方法和手段的多样化和综合性不断加强，提高研究的准确性。

(3) 实践指导意义重大，具有可观的前景

储层流动单元研究的根本目的在于建立能准确反映油气藏非均质性的储层地质模型，指导油气田的勘探和开发，提高勘探的成功率和开发阶段的采收率。实践表明，储层流动单元的研究在合理划分储集层、预测储集层的分布及性质、提高渗透率的解释精度、确定剩余油的分布及加密调整挖潜的对象、为油藏数值模拟提供分层依据等方面都有了很好的应用效果。这说明储层流动单元的分析研究在油藏三维精细描述中起到了越来越关键的作用，随着其理论和技术的完善，日后将成为油藏描述与表征的核心。

（4）动态储层流动单元研究趋势

在开发过程中油藏流体是变化的，因此储层流动单元也是变化的。在开发的不同阶段有不同的储层流动单元分布特点。储层流动单元不仅要反映流体流动的可能性，而且要反映流体流动的现实性。所以，在研究岩石物理性质基础上，考虑流体性质（含水饱和度）的动态变化，并提出了动态储层流动单元的概念，即垂向及侧向上连续，影响流体流动的油藏性质相似的储集岩体。除此还必须考虑油气开采过程中的流固耦合渗流问题，即随油气不断开采，储层岩石骨架有效应力和储层孔隙结构的相互耦合影响，还有岩石骨架和流体之间发生各种强烈的风化、剥蚀、搬运和沉积作用。只有综合考虑开发过程中影响孔隙流体的渗流和开采的各种因素，才能对储层流动单元进行有效的动态研究。总之对储层流动单元采取动、静结合的具级次性的精细分析，是储层流动单元研究的趋势。

（5）储层流动单元立体建模

储层流动单元模型是由许多储层流动单元块体镶嵌组合而成的模型。在砂岩储层中储层流动单元的发育特征和空间分布受沉积作用、构造作用和成岩作用的共同控制；在垂向上常由隔、夹层（沉积和成岩的）以及微地质界面所分隔；在侧向上则由沉积微相、单砂体、内部结构、不连续薄夹层、物性非均质和断层遮挡等因素所限制。因此，在空间上被分割成相互嵌接的块体单元，每个块体都是具有一定物性变化范围和相似结构的相对均质单元，各自具有相对独立的地质特征和导流能力。这种非均质表现形式与用等值线表示的连续渐变型非均质模型截然不同，它既反映了单元间岩石物性的差异和单元边界，又突出地表现了同一储层流动单元内储层物性特征的相似性，因此，在平面和剖面上应该以离散型的变量分区、分块来表示。

（6）储层流动单元划分结果的验证

储层流动单元划分结果的验证必将成为研究中的重要内容之一。对于储层流动单元划分结果的验证，一方面深化了储层流动单元研究的深度；另一方面，通过油田动态资料的检验和调整，可以使研究成果更好更科学地应用于油田生产实践，具有十分重要的现实意义。

因此，储层流动单元研究的发展趋势包括：对储层流动单元概念和内涵的不断挖掘深化并逐步统一认识，储层流动单元研究方法和手段的多样化和研究的综合化，储层流动单元的成因分类方面，其他岩类储层流动单元研究，储层流动单元的动态研究，储层流动单元研究方法和研究成果应用范围的逐渐扩展，储层流动单元划分结果的验证以及各种新技术和新方法在储层流动单元研究中的不断使用等。

1.4 研究思路和方法

1.4.1 研究思路

在系统总结丘陵油田开发技术的基础上，归纳研究区地质特点及开发难点，室内研究与现场实验相结合，静态资料与动态分析相结合，理论研究与数值计算相结合，从地质、油藏、生产动态等多角度进行深入地研究与分析；从而探索吐哈油田三间房组油藏各小层剩余油分布规律，为侧钻技术的实施提供可靠且可行的技术方案指导。具体研究思路如下：

（1）储层宏观地质特征研究

结合有关研究区内或邻区相关文献、资料以及测试分析结果，深入分析丘陵油田三间房组储层区域构造特征、沉积砂体特征以及储层物性特征，在此基础上明确研究区三间房组储层各个小层砂体展布及物性特征。具体方案如下：

① 结合有关研究区内或邻区相关文献、资料以及地层划分与对比方案，深入分析丘陵油田三间房组储层区域构造特征与沉积背景，寻找特征明显、分不稳定的区域标志层，进行地层划分与对比。

② 研究区三间房组储层地层划分与对比的基础上，结合岩心观察资料、粒度分析资料以及测井曲线特征，进行沉积相研究，并确定研究区三间房组储层主要发育的沉积微相类型，绘制各小层沉积微相展布图，从而明确研究区三间房组储层各个小层沉积微相展布特征。

③ 在明确研究区三间房组储层各个小层沉积微相展布特征的基础上，深入分析各小层砂体展布特征。

④ 在明确研究区三间房组储层各个小层砂体展布特征的基础上，结合物性测试分析资料，深入研究各小层物性(孔隙度、渗透率)与含油性(含油饱和度)展布特征以及储层非均质性。

（2）储层流动单元划分

地下储层是一个多级次的复杂系统，而用于储层流动单元划分的参数与信息又总是不完备的。因此，为了使储层流动单元划分结果逼近地质实际，就需要具有科学的理念和思维，基于储层地质特征研究，优选出能准确表征储层非均质性的各项评价参数，建立储层流动单元划分评价体系，进行储层流动单元划分。具体方案如下：

① 基于研究区三间房组储层沉积特征、储层物质性特征研究结果，结合各种测试分析资料，选取能够表征储层沉积特征、储层物性与含油性特征、储层微观孔隙结构特征的参数，建立储层流动单元划分评价体系，分析这个较为复杂的评价系统中各个因素之间的相互关系，从而分解为相互支配的若干层次或子系统，即建立层次结构模型。

② 选取合适的数学方法，计算各个评价参数的主观或者客观权重，确定不同评价参数的相对重要性，然后求取综合权重。

③ 基于储层地质特征，制定合理的储层流动单元划分标准，对研究区三间房组储层进

行储层流动单元划分，绘制各小层储层流动单元平面分布图。

④ 分析研究区三间房组储层不同储层流动单元的分布比例以及储层物性(孔隙度、渗透率)特征。

(3) 不同流动单元储层特征及渗流特征

收集邻区相似储层的铸体薄片、扫描电镜、物性、微米CT(Micro-CT)、高压压汞法(MICP)、恒速压汞法(CVMI)、核磁共振法(NMR)、微观水驱油实验等多种先进测试技术资料，开展储层岩石学特征、成岩作用、微观孔隙结构特征以及微观渗流机理，在此基础上对不同动单元储层特征及渗流特征进行深入分析。具体方案如下：

① 将储层流动单元平面展布特征与各小层沉积微相平面展布特征相结合，深入分析储层沉积微相对储层流动单元展布特征的控制作用。

② 基于铸体薄片、扫描电镜等测试技术，进行储层岩石学特征、成岩作用以及储集空间等研究；针对研究目的筛选典型匹配的岩心样品，深入分析不同类型储层流动单元的储层岩石学特征以及成岩作用、填隙物、孔隙类型之间的差异及其成因。

③ 收集邻区沉积背景、储层物性相似储层的微米CT(Micro-CT)、高压压汞法(MICP)、恒速压汞法(CVMI)、核磁共振法(NMR)、微观水驱油实验等多种先进测试技术资料，进行储层微观孔隙结构研究，针对研究目的筛选典型匹配的岩心样品，深入分析不同类型储层流动单元的微观孔隙结构特征、油水相渗特征、X-CT成像特征、可动流体赋存状态与数量、水驱油特征等，探索不同储层流动单元的微观渗流差异及成因。

(4) 不同类型储层流动单元注水开发效果及油水运动规律分析

基于以上研究结果，收集研究区三间房组储层历年生产动态资料，采用动、静态相结合的方法，对不同类型储层流动单元注水开发效果进行深入分析，从而探索丘陵油田三间房组油藏各小层剩余油分布规律，为侧钻技术的实施提供可靠且可行的技术方案指导。具体研究思路如下：

① 收集研究区三间房组储层历年生产动态资料，对该油田生产动态变化特点进行深入分析。

② 将基础地质研究结果与油田生产动态资料相结合，深入分析影响研究区三间房组储层注水开发效果的主控因素。

③ 收集研究区三间房组储层历年生产动态资料，针对研究目的筛选典型匹配的岩心样品，深入分析不同类型储层流动单元的储层流动单元的初期产能、吸水特征、见水见效特征、水淹特征，从而明确不同类型储层流动单元的开发动态特征及注水开发效果。

④ 在以上研究的基础上，探索丘陵油田三间房组油藏各小层剩余油分布规律，为侧钻技术的实施提供可靠且可行的技术方案指导。

1.4.2 技术路线

本项研究拟采取的技术路线是综合应用岩心、录井、测井以及生产动态、测试等多方面的信息，根据沉积学、开发地质学以及地质统计学理论，动、静态结合，通过对岩心、录井、测井以及生产动态信息的定性、定量综合研究，分析丘陵油田三间房组油藏生产特征和剩余油分布规律，最终提出储层开发的技术措施方法和方案，从而有效地指导油田的下一步生产。技术路线见图 1-1。

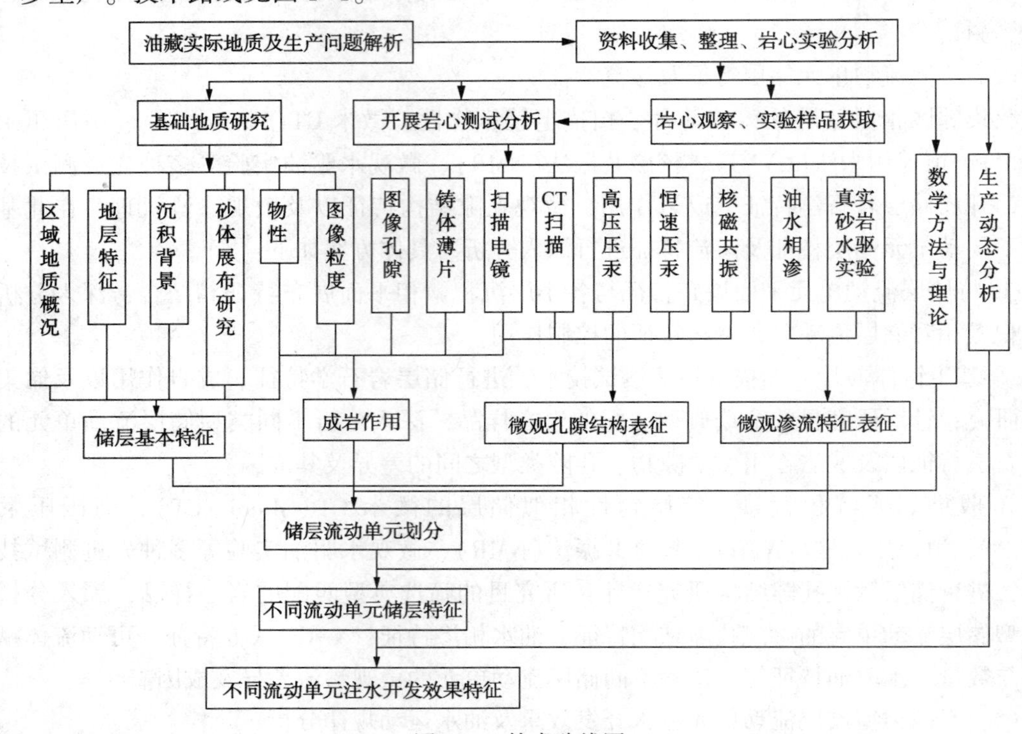

图 1-1　技术路线图

参　考　文　献

[1] 裘亦楠. 石油开发地质方法论(一)[J]. 石油勘探与开发，1996，23(2)：43-47.

[2] 刘建锋，彭军，贾松，等. 油气藏流动单元研究进展及认识[J]. 西南石油学院学报，2006，28(5)：19-22.

[3] 刘子晋. 对砂岩油藏水洗后岩石孔隙结构变化的探讨[J]. 石油勘探与开发，1980，7(2)：53-58.

[4] 黄福堂. 油田注水开发过程中储层岩石表面性质变化因素研究[J]. 石油勘探与开发，1985，2(3)：45-50.

[5] 王传禹，杨普华，马永海，等. 大庆油田注水开发过程中油层岩石的湿润性与孔隙结构的变化[J]. 石油勘探与开发，1981，7(1)：54-67.

[6] 王允诚. 油田开发和储集岩的孔隙结构[J]. 成都地质学院学报，1982，9(3)：97-114.

[7] 杨永林，黄思静，单钰铭，等. 注水开发对储层砂岩粒度分布的影响[J]. 西南石油学院学报，2002，29(1)：56-60.

[8] 黄思静，杨永林，单钰铭，等. 注水开发对储层孔隙结构的影响[J]. 中国海上油气(地质)，2000，14(2)：122-128.

[9] 万丙乾，马玉明，郭晓坤，等. 储层流动单元研究现状[J]. 天然气勘探与开发，2008，31(1)：5-8.

[10] Ebank W J. Flow unit concept-integrated approach to reservoir description for engineering projects [J]. AAPG bulletin，1987，71(5)：551-552.

[11] Guangming Ti. Use of flow units as a tool for reservoir description : a case study[J]. SPE Formation Evaluation, 1995, 10(2): 122-128.
[12] 刘吉余. 流动单元研究进展[J]. 地球科学进展, 2000, 15(3): 303-306.
[13] Hearn, C L., Ebanks, W J. Geological factors influencing reservoir performance of the Hartzog Dra field[J]. Wyoming. Petrol. Tech. , 1984, 36: 1335-1334.
[14] Ebanks W J Jr. Flow unit concept-integrated approach to reservoir description for engineering [J]. AAPG annual meetingAAPG Bulletin, 1987, 71(5): 551-552.
[15] Rodriguez, Maraven S A, Facies modeling and the flow unit concept as sedimentological tool in reservoir description: A Case Study [J]. SPE18154, 1989.
[16] Guangming Ti, et al. Use of flow units as a tool for reservoir description: A case study [J]. SPE Formation Evaluation, 1995, 10(2): 122-128.
[17] Scott H, Hamlin, et al. Depositional controls on reservoir properties in a braid-delta sandstone, Tirrawarra Oil Field, South Australia[J]. AAPG Bulletion, 1996, 80(2): 139-156.
[18] Canas J A, Ioopetrol, Malik I A. Characterization of flow units in sandstone reservoirs: La Cira Field, Colombia, South America [J]. SPE27732, 1994: 892-893.
[19] Guangming Ti, Baker Hughes INTEQ, et al. Use of flow units as a tool for reservoir description: A case study [J]. SPE Formation Evaluation, 1995, 10(2): 122-128.
[20] Barr D C, Altunbay M. Identifying hydraulic units as an aid to quantifying depositional environments and diagenitic facies[C]. Geological S oc. of Malaysia S ymp. on Reservoi r Evaluat ion/ Format ion Damage. Kuala Lumpur : [s. n], 1992: 61-73.
[21] Amaefule J O, Altunbay M, Tiab D, et al. Enhanced reservoir description : Using core and log data to identify hydraulic (flow) units and predict permeability in uncored interval/wells[J]. SPE 26436, 1993, 205-220.
[22] Alden J M, Stephen T S, Dan J H. Characterization of petro-physical flow units in carbonate reservoirs [J]. A A PG Bulletin, 1997, 81(5): 731-759.
[23] Barclay S A, Worden R H. Assessment of fluid compart mentalization in sandstone reserroris using fluid inclutions: An eaxmple from the magnus oil field [J]. AAPG Bulletion, 2000, 84(4): 489-504.
[24] Aguilera M S. Reservoir evaluation engineering[M]. Agullera SPE, USA, 2002: 465-470.
[25] Ehrenberg S N, Nadeau P H. Sandstone vs. Carbonate petroleum reservoirs: A global perspective on porosity-depth and porosity-permeability relationships [J]. A A PG Bulletin, 2005, 89(4): 435-445.
[26] Feazel C T, Byrnes A P, Honefenger J W, et al. Carbonate reservoir characterization and simulation: From facies to flow units [J]. A A PG Bullet in, 2004, 88(11): 1467-1470.
[27] 张一伟. 冷东雷家地区沙一、二段和沙三段油藏描述[R]. 北京: 石油大学, 1991.
[28] 谢家莹. 冷却单元、流动单元与堆积单元[J]. 火山地质与矿产, 1994, 15(1): 75-76.
[29] 焦养泉, 李祯. 河道储层砂体中隔挡层的成因及分析规律[J]. 石油勘探开发, 1995, 22(4): 78-81.
[30] 姚光庆, 赵彦超, 张森龙. 新民油田低渗细粒储集砂岩岩石物理相研究[J]. 地球科学: 中国地质大学学报, 1995, 20(3): 355-360.
[31] 裘怿楠, 王振彪. 油藏描述新进展[C]. 中国石油天然气总公司油气田开发会议文集. 北京: 石油工业出版社, 1996: 62-72.
[32] 吴胜和, 王仲林. 陆相储层流动单元研究的新思路[J]. 沉积学报, 1999, 17(2): 252-256.

[33] 桂峰，黄智辉，马正，等. 利用灰关联聚类法划分并预测流动单元[J]. 现代地质，1999，13(3)：339-343.

[34] 阎长辉，羊裔常，董继芬. 动态流动单元研究[J]. 成都理工学院院报，1999，26(3)：273-275.

[35] 尹太举，张昌民，陈程，等. 建立储层流动单元模型的新方法[J]. 石油与天然气地质，1999，20(2)：170-174.

[36] 孙来喜，孙建平，杨凤波，等. 井间不同流动单元生产压差预测方法[J]. 石油与天然气地质，1999，20(2)：176-178.

[37] 窦之林. 储层流动单元研究[M]. 北京：石油工业出版社，2000：38.

[38] 魏斌，陈建文，郑浚茂，等. 应用储层流动单元研究高含水油田剩余油分布[J]. 地学前缘，2000，7(4)：403-410.

[39] 彭仕宓，尹志军，常学军，等. 陆相储集层流动单元定量研究新方法[J]. 石油勘探与开发，2001，28(5)：68-70.

[40] 陈烨菲，彭仕宓，宋桂茹. 流动单元的井间预测及剩余油分布规律研究[J]. 石油学报，2003，24(3)：74-77.

[41] 林博，戴俊生，陆先亮，等. 井间流动单元预测与剩余油气分布研究[J]. 天然气工业，2007，27(2)：35-37.

[42] 关振良，姜红霞，谢丛姣. 海上油井井间流动单元预测方法[J]. 海洋石油，2001，18(4)：30-34.

[43] 刘吉余，王建东，吕靖. 流动单元特征及其成因分类[J]. 石油实验地质，2002，24(4)：381-384.

[44] 曾大乾，李中超，宋国英，等. 濮城油田沙三上地层基准面旋回及储层流动单元[J]. 石油学报，2002，23(3)：39-42.

[45] 张尚锋，洪秀娥，郑荣才，等. 应用高分辨率层序地层学对储层流动单元层次性进行分析——以泌阳凹陷双河油田为例[J]. 成都理工学院学报，2002，29(2)：147-151.

[46] 王月莲，宋新民. 按流动单元建立测井储集层解释模型[J]. 石油勘探与开发，2002，29(3)：53-55.

[47] 魏斌，张友生，杨贵凯，等. 储集层流动单元水驱油实验研究[J]. 石油勘探与开发，2002，29(6)：72-74.

[48] 张祥忠，吴欣松，熊琦华，等. 模糊聚类和模糊识别法的流动单元分类新方法[J]. 石油勘探与开发，2002，26(5)：19-22.

[49] 高兴军，吴少波，宋子齐，等. 八区克上组砾岩油藏储层流动单元研究[J]. 石油物探，2002，41(4)：439-442.

[50] 谭成仟，宋子齐，吴少波，等. 济阳坳陷孤岛油田渤 21 断块砂岩油藏流动单元研究[J]. 地质评论，2002，48(3)：330-333.

[51] 师永民，张玉广，何勇，等. 利用毛管压力曲线分形分维方法研究流动单元[J]. 地学前缘，2006，13(3)：129-133.

[52] 姚合法，林承焰，靳秀菊，等. 多参数判别流动单元的方法探讨[J]. 沉积学报，2006，24(1)：90-95.

[53] 李琴，王国会，陈清华. 可拓分类方法及其在流动单元分类中的应用[J]. 地球物理学进展，2007，22(6)：1975-1979.

[54] 李海燕，彭仕宓. 应用遗传神经网络研究碎屑岩储集层流动单元[J]. 地质科技情报，2007，26(3)：56-60.

[55] 王大伟，刘震，赵伟，等. 利用时移地震资料划分油藏流体流动单元的可行性分析[J]. 地球物理学

报. 2007, 50(2): 592-597.
[56] 郑红军, 苟迎春, 张瀛, 等. 利用储集层非均质性分维模型研究流动单元[J]. 西南石油大学学报(自然科学版), 2008, 30(1): 18-20.
[57] 姜平, 李胜利, 李茂文, 等. 以海泛面进行垂向流动单元划分[J]. 地学前缘, 2008, 15(1): 154-159.
[58] 唐衔, 侯加根, 邓强, 等. 基于模糊C均值聚类的流动单元划分方法——以克拉玛依油田五3中区克下组为例[J]. 油气地质与提高采收率, 2009, 16(4): 34-40.
[59] 王志章, 何刚. 储层流动单元划分方法与应用[J]. 天然气地球科学, 2010, 21(3): 362-366.
[60] 黄进腊, 孙卫. 基于灰色定权聚类的微观水驱油模型实验特低渗透储层流动单元划分及评价[J]. 地质科技情报, 2011, 30(3): 77-82.
[61] 朱玉双. 油层伤害对岩性油藏流动单元的影响[D]. 西安: 西北大学, 2004.
[62] 魏忠元, 姚光庆, 周锋德, 等. 基于流动单元基础上的水淹层定量识别方法研究[J]. 地质科技情报, 2007, 26(2): 86-90.
[63] 彭仕宓, 周恒涛, 李海燕, 等. 分段流动单元模型的建立及剩余油预测[J]. 石油勘探与开发, 2007, 34(2): 216-221.
[64] 王如燕, 侯向阳, 王明筱, 等. 流动单元在五3中低渗砾岩油藏的应用[J]. 石油天然气勘探与开发, 2007, 30(3): 40-44.
[65] 宋子齐, 成志刚, 孙迪, 等. 利用岩石物理相流动单元"甜点"筛选致密储层含气有利区——以苏里格气田东区为例[J]. 石油与天然气地质, 2013, 33(1): 41-78.
[66] 万琼华, 吴胜和, 陈亮, 等. 基于深水浊积水道构型的流动单元分布规律[J]. 石油与天然气地质, 2015, 36(2): 306-313.
[67] 武男, 朱维耀, 石成方, 等. 有效流动单元划分方法与流场动态变化特征[J]. 中南大学学报(自然科学版), 2016, 47(6): 1374-1382.
[68] 任颖, 孙卫, 张茜, 等. 低渗透储层不同流动单元可动流体赋存特征及生产动态分析——以鄂尔多斯盆地姬塬地区长6段储层为例[J]. 地质与勘探, 2016, 52(5): 974-984.
[69] 陈志强, 吴思源, 白蓉, 等. 基于流动单元的致密砂岩气储层渗透率测井评价——以川中广安地区须家河组为例[J]. 岩性油气藏, 2017, 29(6): 76-83.
[70] 范子菲, 李孔绸, 李建新, 等. 基于流动单元的碳酸盐岩油藏剩余油分布规律[J]. 石油勘探与开发, 2014, 41(5): 578 -583.
[71] 钟金银, 颜其彬, 杨辉廷, 等. 基于流动单元划分的储层测井二次解释[J]. 大庆石油学院学报, 2012, 36(3): 63-66.
[72] 任刚, 姜振海. 基于模糊聚类分析的北二西葡一组流动单元划分及其应用[J]. 大庆石油学院学报, 2011, 35(2): 73-77.
[73] 蒋平, 赵应成, 陈开远, 等. 裂缝型储层流动单元划分方法研究: 以鄂尔多斯盆地姬塬地区长 8_1^1 储层为例[J]. 现代地质, 2012, 26(4): 785-791.
[74] 罗超, 罗水亮, 窦丽玮, 等. 基于高分辨率层序地层的储层流动单元研究[J]. 中国石油大学学报(自然科学版), 2016, 40(6): 22-32.
[75] 苗长盛, 董清水, 张旗, 等. 储层流动单元研究在油田老区挖潜中的应用——以吉林油田乾146区块开发为例[J]. 吉林大学学报(地球科学版), 2011, 41(1): 39-45.
[76] 宋广寿, 孙卫, 高辉, 等. 储层流动单元划分及其对产能动态的影响——以鄂尔多斯盆地元54区长1

油层组为例[J]. 西北大学学报(自然科学版), 2010, 40(2): 299-303.
[77] 刘吉余, 郝景波, 尹万泉, 等. 流动单元的研究方法及其研究意义[J]. 大庆石油学院学报, 1998, 22(1): 5-7.
[78] 张吉, 张烈辉. 南力亚. 碎屑岩流动单元研究进展及认识[J]. 中国海上油气(地质), 2003, 17(4): 284 -288.
[79] 阎长辉, 羊裔常, 董继芬. 动态流动单元研究[J]. 成都理工学院学报, 1999, 26(3): 273- 275.
[80] 刘孟慧. 第二届国际储层表征技术研讨会译文集[C]. 东营: 石油大学出版社, 1990: 1 -34.
[81] 赵翰卿. 对储层流动单元研究的认识与建议[J]. 大庆石油地质与开发, 2001, 20(3): 8- 10.
[82] 隋淑玲. 河流相储层三维流动单元模型建立[J]. 油气地质与采收率, 2005, 12(3): 12-14.
[83] 张继春, 彭仕宓, 穆立华. 流动单元四维动态演化仿真模型研究[J]. 石油学报, 2005, 26(1): 70-73.
[84] 李娟, 孙松领. 储层流动单元研究现状、存在问题与发展趋势[J]. 特种油气藏, 2006, 13(1): 16-18.
[85] 陈欢庆, 胡永乐, 闫 林, 等. 储层流动单元研究进展[J]. 地球学报, 2010, 31(6): 875-884.
[86] 白振强, 杜庆龙, 王曙光, 等. 河流相储层层内流动单元数值模拟研究[J]. 大庆石油地质与开发, 2008, 27(3): 55-58.
[87] 胡文碹, 朱东亚, 陈庆春, 等. 流动单元划分新方案及其在临南油田的应用[J]. 地球科学: 中国地质大学学报, 2006, 31(2): 191-200.
[88] 石占中, 吴胜和, 赵士芹, 等. 黄骅坳陷王官屯油田官 104 断块古近系孔店组辫状河储层流动单元[J]. 古地理学报, 2003, 5(4): 486-496.
[89] 刘军海, 刘玉洁, 王永兴, 等. 基于显微图像的储层流动单元划分方法[J]. 大庆石油学院学报, 2005, 29(5): 4-5, 11.
[90] 卢毓周, 徐磊, 魏斌, 等. 利用流动单元计算高含水油田渗透率[J]. 物探与化探, 2004, 28(2): 156-158.
[91] 马世忠, 葛政俊, 王继平, 等. 远砂坝能量相单元沉积模式及流动单元划分[J]. 大庆石油学院学报, 2006, 30(2): 9-12.
[92] 李琴, 王国会, 陈清华. 可拓分类方法及其在流动单元分类中的应用[J]. 地球物理学进展, 2007, 22(6): 1975-1979.
[93] 李少华, 张昌民, 尹太举. 地理信息系统辅助划分储层流动单元[J]. 石油学报, 2007, 28(5): 114-117.
[94] 焦翠华, 徐朝晖. 基于流动单元指数的渗透率预测方法[J]. 测井技术, 2006, 30(4): 317-319.
[95] 胡友良, 李汉忠, 王良琼. 利用流动单元综合评价法识别油气层——在评价 Algeria 某油田高矿化度低电阻率油气层中的应用[J]. 国外测井技术, 2005, 20(4): 42-45, 69.
[96] 贾庆升. 流动单元约束的剩余油微观物理模拟实验[J]. 油气地质与采收率, 2006, 16(3): 90-91.
[97] 隋少强, 宋丽红, 龙国清. 应用流动单元指标评价储集层的非均质性——以焉耆盆地宝浪油田宝北区块为例[J]. 新疆石油地质, 2001, 22(5): 429-430.
[98] 唐华风, 徐正顺, 王璞珺, 等. 松辽盆地白垩系营城组埋藏火山机构岩相定量模型及储层流动单元特征[J]. 吉林大学学报(地球科学版), 2007, 37(6): 1074-1082.

第 2 章　丘陵油田三间房组储层地质特征

2.1　研究区构造位置及其构造特征

丘陵油田地处新疆维吾尔族自治区吐鲁番地区鄯善县城北东 25km 处。区域构造上位于吐哈盆地台北凹陷鄯善弧形构造带的西段，西与巴喀构造相邻，南与鄯善构造以断层相接，北靠台北生油洼槽，东与丘东温米构造以向斜(鞍部)相隔(图 2-1)。它是一个近东西的长轴断背斜，背斜东南翼以断层与鄯善背斜相接，西翼以鞍部向巴喀构造过渡。背斜长轴长度约为 14.5km，短轴长度为 2.5~5.0km，背斜南陡北缓，南翼倾角在 27°~34°之间，局部达到了 40°，北翼角度为 18°~22°，东翼平缓倾没，倾角在 14°~18°之间。构造高部位被平移大断层切割，将背斜分隔成东、西两个背斜，东半背斜是构造的主体，较为宽缓，东西长度约为 10.0km，南北宽为 4.0~5.0km。三间房组油层顶面圈闭面积大约为 53km^2，并且具有主次两个高点，主高点埋深约为 2200.0m，圈闭幅度为 700.0~850.0m。

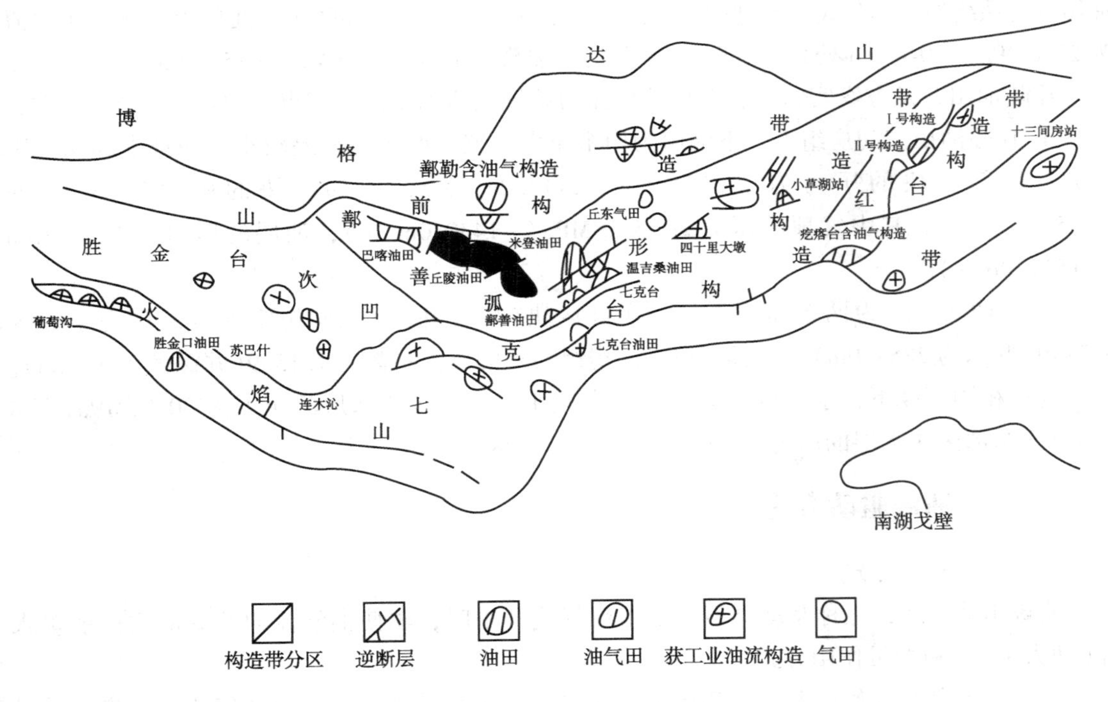

图 2-1　丘陵油田区域位置构造图

吐哈盆地基底发育了前寒武的结晶地块以及前二叠系的褶皱基底，并且从晚二叠世起沿博格达山前形成了断陷湖盆；进入中侏罗世以后，随着博格达山大规模的抬升，形成了山间充填式盆地。紧接着，随着陆相湖盆的演化发展，在基底之上发育了一套陆相地层。

2.2 油藏特征

2.2.1 油藏温度压力系统

(1) 油藏温度系统

通过对丘陵油田3口井的井温测井曲线(陵4、陵10、陵25)研究发现，丘陵油田的恒温层位于地表以下40.0m处，大气年平均温度T_0为11.30℃，通过计算得到油田温度，西块油气藏中部深度海拔为-1555.0m，温度为74.0℃；东块三间房组油气藏中部深度海拔为-2045.0m，温度为81.0℃，低于国内多数油田的温度。地温梯度比较小，从恒温层开始每下降100.0m，温度升高值为2.52℃。因此，丘陵油田三间房组储层温度偏低，属低温异常油田。

(2) 油藏压力系统

油层的压力是反映油藏驱动能力大小的重要指标，它在油田开发过程中具有重要的作用。原始油层压力越大，油藏存在的天然能量也就越大，越有利于油藏的开采。

在丘陵油田开发方案编制阶段，根据油田所测压力资料作压力与深度之间关系图，得出油田压力系统的计算公式，通过计算得到油气层中部压力，东部区块三间房组油藏的压力值为27.0MPa(-2044.0m处)，西部区块三间房组油藏的压力值为26MPa(-1555.0m处)。

丘陵油田开发方案实施后，对该油田压力系统又增加了以下三点认识：

① 丘陵油田三间房组上、下油组为两个压力系统，但压力相差较小，油藏中部原始压力为：东部区块的压力为27.50MPa(-2113.0m处)，西部区块的压力为26.0MPa(-1555.0m处)，其中气顶的压力为25.75MPa(-1430.0m处)，油层的压力为26.17MPa(-1517.0m处)。

② 东西两区块为两个压力系统，东部区块(陵2井区)三间房组油藏的压力系数为0.9899(井深为2854.0m)；西部区块三间房组油藏的压力系数为1.1539(井深为2305.0m)。

③在相同深度下，水层压的力由西向东减小，西部区块水层的压力为30.87MPa(陵4井区)，东部区块水层的压力为25.47MPa(陵2井区)。

2.2.2 油藏驱动方式

(1) 油藏驱动方式

油藏驱动方式，也称驱动类型，是指油气藏开采时，驱使油气流向井底的主要能量来源(动力来源)和能量作用方式。

油气藏中存在着各种天然驱动能量，这些能量在开采过程中驱使油气流向井底，并举升到地面。根据天然能量的来源和作用方式，油气藏中主要包括5种驱动方式及驱油动力，即水压驱动(刚性水压驱动和弹性水压驱动)、弹性驱动、溶解气驱动、气顶驱动和重力驱动。

油藏驱动方式决定着油气藏的开发方式以及油气井的开采方式，并且直接影响着油气开采的成本和油气的最终采收率。所以，一个油气田在其投入开发之前，必须尽量把油气藏的驱动方式研究清楚。

（2）丘陵油田三间房组油藏驱动方式

由于在天然驱动条件下，重力驱的采油速度很小，实际上难以利用。丘陵油田边水水体较小，并且不活跃。运用零维模型研究弹性驱动能量，通过计算得到三间房组油藏弹性驱动采收率为1.60%。通过溶解气驱采收率经验公式计算表明，研究区三间房组油藏溶解气驱采收率为15.60%。考虑到丘陵油田三间房组油藏原油具有弱挥发性，在衰竭式开采过程中，液相中一部分轻质组分将转入气相。因此，丘陵油田三间房组油藏的衰竭式采收率应该小于17.20%。

2.2.3 油藏类型

丘陵油田三间房组油藏原油具有弱挥发性，上、下油组之间以及平面各断块之间原油性质差别不大。研究区三间房油藏气顶气为凝析气，凝析气油比为3552.0m^3/m^3，凝析油密度为0.724g/cm^3，凝析油含量为263.27g/m^3，属于中等凝析油含量的凝析气。地层水性质为陆相半封闭地层水，Cl^-含量由北向南增加，反映外来水自北而南的侵入特点。因此，丘陵油田为一构造圈闭低渗透带凝析气顶的层状边水油气藏。

2.3 流体性质

丘陵油田三间房组油藏原油属于弱挥发性原油，性质具有“五低、六高、一中”的特点。其中，原油性质中的“五低”是指密度低、黏度低、含硫量低、含蜡量低以及酸值低；原油性质中的“六高”是指中间烃（$C_2 \sim C_6$）含量高、饱和压力高、原始汽油比高、体积系数大、压缩系数大以及含汽油成分高；原油性质中的“一中”是指原油的凝点中等。

2.3.1 原油性质

丘陵油田三间房组油藏原油密度为0.790～0.8128g/cm^3，温度30℃时黏度为3.3～4.8mPa·s，含蜡量为3.896%～10.2196%，胶质、沥青质含量比较低，一般为3.3%～8.4%，非烃含量则较高，一般为2.59%～7.59%，原油的黏度为0.264～0.292mPa·s，含硫量小于0.02%，酸值在0.18%～0.19%之间，原油中中间烃（$C_2 \sim C_6$）含量为28.0%～31.0%，饱和压力在21.0～24.0MPa，原始汽油比229.0～285.0m^3/m^3，原油体积系数为1.76～1.88，原油压缩系数为28.0×10^{-4} MPa^{-1}，含汽油成分为35.10%～37.10%，原油凝点为12.0℃。

油田西部陵4井区原油密度、黏度均比东部高，密度为0.833g/cm^3，温度20℃时为8.08mPa·s，其原因可能是受侵入水的氧化所致。

2.3.2 天然气性质

丘陵油田的天然气分为溶解气和气顶气。溶解气的组成为：东部区块三间房组储层C_1

含量为67.5%，C_2~C_5含量为31.84%；西部区块三间房组储层C_1含量为74.40%，C_2~C_5含量为25.44%；东部区块西山窑组储层C_1含量为67.35%，C_2~C_5含量为32.56%，中间烃含量高，属于富化气类型，相对密度在0.76~0.83之间。

丘陵油田陵4井取样分析发现，气顶气的组成为$N_2+CO_2+C_1$的摩尔分数为0.76，C_2~C_6的摩尔分数为0.21，C_7^+的摩尔分数为0.0382；凝析气油比为3552m^3/m^3，油罐凝析油密度为0.724g/cm^3；凝析油含量C_5^+的密度为263.27g/m^3，C_4^+的密度为340.45g/m^3，属于中等凝析油含量的凝析气。

2.3.3 地层水性质

地层水是指储集在油气储层中的水。地层水与油气组成统一的流体系统，气分布状态与岩石润湿性有关。地层水与油气组成一个统一的流体系统，它们以不同的形式与油气共存于油气藏的空隙之中。油气的生成、运移、聚集，都是在地层水存在的情况下进行的，因此研究油气藏的地层水可以了解油气藏的形成条件，同时地层水在油气藏分布和性质对油气开采也有重要影响。

(1) 地层水的组成

地层水的化学组成，实质上是指溶于地层水中溶质的化学组成。按照离子类型可划分为阳离子和阴离子两种类型，其中含量较多的有以下几种离子。

阳离子：Na^+、K^+、Mg^{2+}、Ca^{2+}，Fe^{3+}、Fe^{2+}、Ba^{2+}

阴离子：Cl^-、SO_4^{2-}、CO_3^{2-}、HCO_3^-

为了表示油气藏地层水中所含盐量的多少，常以地层水中各种离子、分子、盐类的总含量表示，称为地层水矿化度，单位为mg/L。

(2) 地层水类型

油气藏的生产实践表明，同一油气藏的不同油气层，或者同一油气层的不同构造部位，地层水的成分变化很大，这是因为地层水化学成分的形成，取决于它们所处的环境。这里主要按照成因来表述油气层地层水的类型，从一些主要盐类的组合可以反应地层水形成的地质环境。

① 硫酸钠(Na_2SO_4)水型：开启型。代表大陆环境，反映了环境封闭性差，不利于油气聚集保存。

② 重碳酸钠($NaHCO_3$)水型：还原氧化型。这种水型的pH值通常大于8，为碱性水，代表陆相淡水潮湿的湖盆沉积，是含油气的良好标志。

③ 氯化镁($MgCl_2$)水型：氧化还原型。代表海洋环境，说明油层与地面不连通，封闭条件好。很多情况下，$MgCl_2$水型存在于油气田内部。

④ 氯化钙($CaCl_2$)水型：还原封闭型。在完全封闭的地质环境中，地层水与地表水完全隔离不发生水的交替，这与油气聚集所要求的环境相同，是含油气的良好标志。

(3) 丘陵油田三间房组地层水特征

丘陵油田三间房组地层水为陆相半封闭地层水，Cl^-由北向南增加，反映外来水是自北而南侵入的。它有两种类型：一种是地层中的可动水，为开启型的$NaHCO_3$型，总矿化度

2000~5000mg/L，地层水黏度为0.368mPa·s，低于地层原油的黏度；另一种为油层和水层中的束缚水，其中侏罗统地层水的总矿化度为0.899~1.0788mg/L，Cl^-含量为3400~8800mg/L；三叠系地层水总矿化度为19447~79376mg/L，Cl^-含量为10116~37673mg/L。

2.3.4 流体分布特征

（1）油气界面

油气界面是指垂向上的油气界面，该界面与油层构造顶、底的交线。油气边界是控制含油分布重要的边界。

丘陵油田东部区块凝析气顶主要分布在构造高部的陵3井区，上、下油组为一个油气系统，平面上按油气界面的不同划分为三个断块：陵33断块、陵7-18断块和陵9-9断块。其中油气界面最高为海拔-1680m，最低为-1750m，相差70m。陵33断块三间房组上、下油组均含气，油气界面海拔为-1680m；陵7-18断块三间房上油组含气，下油组含油，油气界面为-1710m；陵9-9断块油气界面为-1750m。

（2）油水界面

油水界面是指垂向上的油水界面，该界面与油层构造顶、底的交线。油水边界是控制含油分布重要的边界。

在编制丘陵油田东部区块油田开发方案设计时认为三间房组为一套油水系统，但是实施后实际为上、下油组两套油水系统，平面上又进一步分为18个断块，各断块界面深度也不同。其中，上油组最高油水界面海拔为-1770.0m，其最低海拔为-2400.0m，相差630.0m；下油组最高油水界面海拔为-1800.0m，其最低海拔为-2490.0m，相差690.0m。在全区圈定了纯油气区分布面积为13.06km^2，占含油气面积(23.57km^2)的55.0%；上油组纯油区面积为11.99km^2，占上油组含油面积的69.0%左右；下油组纯油区面积约为15.46km^2，占下油组含油范围的71.0%左右。

丘陵油田西部区块的陵4断块三间房组油气界面海拔为-1562.0m，油层底部深度为-1582.0m，气柱高度为312.0m；陵27断块三间房上油组油水界面的海拔深度为-1585.0m，其下油组为油水同层。

丘陵油田三间房组油、气、水总体分布规律是：凝析气顶分布在构造高部的陵3井区和陵4井区，陵2井区以及北区为含油区；油水界面北高南低，西高东低，从西向东由北至南油水界面逐步下降；油水界面的变化不是一个自然的倾斜界面，而是受断层分割所形成的不同断块有不同的界面深度。

2.4 研究区地层系统

2.4.1 沉积地层概况

三间房组是丘陵油田中侏罗统的主力含油层系，地层厚度约为250~320m，平均厚度为284.5m，构造形态为被断层切割复杂化的短轴背斜，走向近东西，并且呈西高东低、顶缓翼陡、北缓南陡趋势。根据地层的沉积特征，将三间房组油层划分为上、下两个油组，油层组上部为一套灰绿色、杂色泥岩、灰白色砂岩以及砂砾岩等不等厚互层的辫状河三角洲沉积；油层组下部则为一套灰绿色、棕红色的湖沼相泥岩沉积，并且与下伏西山窑组呈整合接触。其储层岩性主要是一套河湖相沉积的中细-中粗粒为主的含砾砂岩、砾状砂岩和细砂岩，属于低孔、低渗油层。

丘陵油田揭穿地层自上而下依次为：第四系西域组、上第三系上新统葡萄沟组、上第三系中新统桃树园组、下第三系都善群、侏罗系上统喀拉扎组、侏罗系上统齐古组、侏罗系中统七克台组、侏罗系中统三间房组、侏罗系中统西山窑组以及侏罗系下统三工河组。地层厚度约为4000~5000m，各组沉积地层简要特点见表2-1。

表2-1 丘陵油田地层简表

地层层位	代号	地层厚度/m	岩 性	接触关系
名称				
第四系西域组	Q	0~360	冲积砾石，未成岩	不整合
上第三系上新统葡萄沟组	N_2P	0~460	灰黄色、灰色砾岩，粒状砂岩	不整合
上第三系中新统桃树园组	N_1t	190~600	两套砂泥岩层，每套中上部土黄色砂质砾岩，下部杂色泥岩	整合
下第三系鄯善群	Esh	300~400	棕红色砂质泥岩，灰色及淡黄色砾岩	不整合
侏罗系上统喀拉扎组	J_3k	0~424	浅棕色-桔红色砾岩	不整合
侏罗系上统齐古组	J_3q	675~1736	棕红色-紫红色泥岩	整合
侏罗系中统七克台组	J_3q	300~420	中上部灰绿、灰黑色泥岩，下部灰色粉细砂岩与灰黑色泥岩互层，夹薄煤层	整合
侏罗系中统三间房组	J_3s	300~370	深灰色泥岩与灰色砂岩-砂砾岩互层	整合
侏罗系中统西山窑组	J_3x	350~550	上部灰绿色-棕红色泥岩，下部灰绿、灰色砂砾与灰绿色泥岩互层，底部夹薄煤层	整合
侏罗系下统三工河组	J_3s	20~110 未完	灰绿-灰黑色泥岩与薄层砂岩互层夹煤层	

2.4.2 研究区沉积环境

2.4.2.1 沉积环境的概念

沉积环境是在物理上、化学上和生物上均有别与相邻地区的一块地表，是发生沉积作用的场所。沉积环境是由下述一系列环境条件(要素)所组成的：

① 自然地理条件，包括海、陆、河、湖、沼泽、冰川、沙漠等的分布及地势的高低；

② 气候条件，包括气候的冷、热、干旱、潮湿；

③ 构造条件，包括大地构造背景及沉积盆地的隆起与坳陷；

④ 沉积介质的物理条件，包括介质的性质(如水、风、冰川、清水、浑水、浊流)、运动方式和能量大小以及水介质的温度和深度；

⑤ 介质的地球化学条件，包括介质的氧化还原电位(E_h)、酸碱度(pH)以及介质的含盐度及化学组成等。

上述条件的综合即为沉积环境。

2.4.2.2 研究区沉积环境

储集层离物源区较近没有经过长距离的搬运就沉积下来，这样碎屑物质颗粒的大小相差就比较悬殊，分选就差；不同的孔隙中充填着不同粒径颗粒以及泥质，使储层中总孔隙以及连通孔隙都大幅度减小，形成低渗透储层。冲积扇相沉积就属于这一类型。冲积扇沉积是山地河流一出山口，坡度变缓、宽度扩大，加上地层滤失、水量减少、流速急速变小，河水携带的碎屑物快速堆积成扇体沉积。

丘陵油田三间房组储层发育的三角洲沉积，包括辫状河三角洲和扇三角洲两种沉积类型。其上油组发育一套辫状河三角洲前缘沉积体系，下油组则发育一套水下扇三角洲前缘沉积体系。虽然辫状河三角洲前缘碎屑岩复合体和扇三角洲前缘碎屑岩复合体都是在滨浅湖的沉积背景下形成，但是这两类复合体在埋藏期后却经历了不同的成岩作用和变化。通过对盆地不同时期沉降史的分析，认为侏罗纪吐哈盆地经历了三个沉积阶段：

第一阶段(J_1b—J_2x_3)：八道湾期是印支运动后的首次沉降期，其沉积范围主要是在十三间房至南单2井以西，其沉降中心位于北部，沉积最大厚度为700～1000m，北部和西部发育冲积扇、扇三角洲(如照壁山前、七个泉、艾维儿沟等)；而南部斜坡带则发育河流-三角洲(如疙瘩台、胜南等)，其沉积体系是湖泊以及湖泊沼泽环境。三工河期是缓慢沉降湖侵期，沉积范围较八道湾期略有所扩大，其沉积物以浅湖泥质沉积为主。西山窑期盆地演化进入全面沉降期(塔克泉隆起除外)，其沉降中心位在北部山前狭长地区，沉积的最大厚度大约在1000m左右。西山窑早期是在三工河期浅湖背景下的稳定沉降和普遍沼泽化，同时在此期间各种类型的河流三角洲也逐步开始发育。西山窑中期则是盆地强烈沉降期，大量碎屑物质向湖盆快速地推进，其物源主要来自南部。台北凹陷南部斜坡带东段则在很大程度上受塔克泉隆起的控制，坡度较大，并且在湖盆内部有同生断层发育，古地形相当复杂。因此，凹陷东南部以发育扇三角洲以及部分浊流沉积为其显著特征，塔克泉隆起南有冲积扇-扇三角洲以及沼泽沉积。凹陷西段地形相对开阔平缓，湖侵泥质沉积层分布在觉罗塔格山前。第一阶段的沉积是在潮湿气侯下沉积的。

第二阶段(J_2x—J_2s_3)：西山窑中期末盆地抬升，斜坡带及盆内局部地区可见削蚀现象。西山窑晚期各类河流三角洲除广泛分布于南部斜坡带外，来自北部物源区的扇三角洲、冲积扇和重力流沉积也见于北部山前带(如红台、四十里大墩、核1井和泉1井等)。三间房期斜坡带开始抬升，湖盆居间缩小，盆地稳定沉降，三间房早期的泥质沉积为灰色、灰绿色至杂色，代表了第二次湖侵期，水体比较浅；三间房中晚期，湖水面逐渐上升，沉积物补偿充足，南部斜坡带发育了一些规模相对较小辫状河三角洲，北部发育扇三角洲及冲积扇。第二阶段的沉积是在降雨量小，水流能量亦小的环境下沉积的。

第三阶段（J_2q—J_3k）：三间房末期盆地再一次抬升，湖盆及沉积范围逐渐缩小，地形平缓，入湖碎屑物质比较少，并且受到湖水的改造，形成广泛的滨浅湖滩砂（J_2q_1），大套暗色泥岩的出现代表了第三次湖侵期，且湖水较深。齐古期和喀拉扎期的红色沉积，代表了干旱气候条件下的极浅水湖盆至河流冲积平原环境，结束了吐哈盆地侏罗纪沉积史。

综上分析可知，在三间房组沉积时，盆地中部的碎屑粒度由南向北逐渐变细，古流向参数也显示沉积物搬运方向主要由南向北。因此，丘陵油田三间房组储集层的物源为其南部的博格达山。

2.5 地层划分方案

2.5.1 地层对比的目的及思路

油层对比是在油田范围内进一步按照油层分布的特点及其岩性和物性的变化将含油层段细分为更小的等时地层单元。这种等时地层单元是油层对比单元。精细地层划分与对比是油田开发中、后期的一项重要的基础工作，通过精细地层划分与对比，可提供研究小层特征的基础数据，同时亦可以解决油田开发过程中遇到的许多地质问题。在油田注水开发阶段，将含油层段分为不同的等时地层单元的主要目的在于：

① 利用精细地层对比成果，提取各小层顶面构造图，研究小层砂体平面展布特征以及沉积微相特征，对油藏富集因素做出合理的分析，最终预测油气富集有利区等。

② 在油田注水开发过程中，为开展储层连通性和注采对应关系分析、提高注水开发效果、稳定地层压力、提高油田产能提供依据。

③ 在油田注水开发中后期，为深入研究小规模的储层非均质性，分析剩余油的分布特征，进一步提高储量动用程度提供依据。

油层对比主要应用多井资料进行，即多井对比。多井对比的主要问题是：虽然地层本身具有侧向连续性，但由于井间具有较大的距离（往往数百米以上），难于直接追踪其连续性，可依据的资料主要为井内岩石记录（岩心和测井资料）。为此，岩石记录的相似性便是井间地层对比的主要依据。然而由于侧向相变，等时的地层不一定具有直观的岩石记录相似性。因此，多井等时地层对比的关键便是确定受相变影响小的对比依据，即标志层、沉积旋回和岩性组合。精细地层划分与对比的工作思路如下：

① 首先要了解研究区的区域构造、沉积演化规律，掌握研究区及其邻区延长期前后的构造变动和古地貌特征，测井曲线的识别标准并进行客观解释。

② 在此基础上，寻找、建立地层对比的综合标志，确定这些标志层的适用范围。具体首先确定区域标志层，再找辅助标志层，先对大段大层，再对小段小层、参考厚度、旋回控制，由近及远，闭合复查。

③ 依据以上原则，对研究区的目的层位进行精细划分与对比。垂向分层时密切注意岩层的穿时特征，横向对比时要注意识别等时地层界面。

2.5.2 研究区标志层特征

标志层是指地层剖面上特征明显(容易识别)、分布广泛(较稳定且厚度变化不大)、具有等时性(一定范围内同一时段形成)的岩层或岩性界面。

随着油田开发研究工作的不断深入，受丘陵油田断裂发育、构造破碎、砂体分布不稳定、储层渗透率低、孔隙结构复杂及储层物性非均质性强等客观因素影响，油田生产动态和油藏静态研究之间出现较大分歧，有许多地质问题还需不断地去加深认识，对地层划分和对比的要求越来越细。因此，针对研究区具体地质状况，将收集到的 406 口井的测井曲线进行了整理，在总结前人研究成果基础上，应用了层序地层中、短期基准面旋回分析，以地层厚度为辅，在注重区域标志层的基础上，重点结合研究区内的辅助标志层，逐井逐层，对研究区 406 口井进行了小层的精细对比划分、闭合复查，同时与研究区目前开发中的生产动态资料紧密结合，将研究区三间房油藏组细分为 5 个砂层(油层组)和 23 个小层(单砂体)，使研究区三间房油层组的小层划分更加趋于合理、精细，并将划分结果与丘陵油田研究院进行的小层划分进行了对应标注，为研究区今后开发中的生产动态、注水效果分析和油、水分布特征等研究奠定了基础。

在研究过程中，基于对丘陵油田中侏罗统三间房组的岩、电特征分析的基础上，根据丘陵油田的地质沉积特点，确定了以下小层对比原则：

① 标志层的选取一定要特征明显尤其是测井曲线的特征，分布稳定即在区域上或局部区块内具有明显的可对比性。

② 以油层组内的次级旋回划分对比小层，以小层内的砂体连续性沉积所显示的单一旋回划分对比沉积单元。

③ 在划分沉积单元(单砂体)时，以小层的顶底界作为对比标志，依据沉积旋回特征寻找相对稳定的旋回界限作为单砂体的分界。

④ 对于无砂体沉积的井各小层及单砂体对比主要采用等厚度而不考虑旋回性。

标志层控制是所有地层对比方法中最为有效的方法之一。但是，陆相地层相变复杂，缺少分布广泛而且稳定的标志层。常规生物地层方法一般仅能划分到组，通常适用于资料密集的小范围的地层划分，并往往受到岩石穿时性的干扰。这就要求必须综合运用多种标志，而且这种标志必须能够从测井曲线中识别出来，其特征必须明显，因此如何寻找和确定对比的标志层是开展地层对比工作的首要条件。

标志层的特点是，不论其上下如何变化，标志层段曲线形态总是相似，平面分布稳定。本次研究的目的层段为侏罗系中统三间房油藏组，其标志层具有如下特点：

标志层 1：七克台组下部砂泥岩段顶部 2~3 个“山”字型煤层标志。

标志层 2：以 S_2 与 S_3 之间的“低凹兜泥岩”标志层为例，小层对比界线划在低阻低伽玛段与其上相对高阻高伽玛段的分界处，在实际操作中有三种情况：

一是砂底型，S_2 底部砂岩发育好，下切深，S_3 顶部为低阻低伽玛泥岩，界限即划在砂岩底，这种情况是最典型的，占总井数的 45.0%。

二是泥岩型，S_2 底与 S_3 顶较长井段均为泥岩，这时要寻找 RD、GR 两条曲线最低值段，该段与其上段的转折点即为界线点，部分井存在两个“低凹兜”，在排除地层重复的可能性后确定下凹兜为准。

三是砂泥混合型，S_2底虽有砂岩发育，但下切作用不强，下伏泥岩保存较多，这时要在泥凹兜内寻找曲线变化的标志点，并结合厚度与邻井对比确定。

标志层3：在底部发育的三间房组砂泥岩段与西山窑组砂泥岩段之间的棕色-灰绿色泥岩可以作为全区的标志层。

除以上三个标准层外，还有两个较为重要的标志层：

① 据曲线形态有七克台组下部“方头”泥质粉砂岩及“小鼓包”粉砂质泥岩。“方头”泥质粉砂岩分布在距七克台组底部之上50.0m左右，双侧向电阻曲线呈一“方头”形态，厚约3.0m；“小鼓包”粉砂质泥岩分布在距离七克台组底部之上35.0m左右，双侧向电阻曲线呈一“小鼓包”形态，厚度约为2.0m。两个标志层形态特征明显，易于辨认，沉积稳定，全区均有分布。

② 三间房组S_5砂组顶部泥岩段。该段泥岩分布在S_4底部厚砂层以下，厚度一般为15.0~20.0m，具有高自然伽玛、低电阻等特征。该段泥岩沉积一般也比较稳定，油田内钻遇率50.0%以上，它是划分S_4和S_5的标志。

2.5.3 地层划分方案

地下地层划分与对比的基本步骤包括：

① 确定地层划分方案，选择对比标准井；

② 确定地层对比方式；

③ 全区对比与闭合；

④ 填写分层数据表。

在确定好标志层之后，就可以先对取心井以及剖面上的井进行划分。垂向上由油层组、砂岩组至小层逐级控制，平面上以沉积学为指导，以取心井为基础，应用各井自然电位、自然伽玛、4米电阻以及声波时差曲线，由点到线再到面，进行储集层对比。在对比划分的过程中，以沉积旋回为基础，地层厚度为辅，先对标志层，后对辅助标志层，先对大段，后对小段。研究区三间房组地层划分及对比结果具体见表2-2。

丘陵油田三间房油层组自上而下划分为S_1、S_2、S_3、S_4和S_5五个大的油层。为了对储层进行更加精细的描述，S_1又根据次级旋回分为S_1^1、S_1^2和S_1^3三个砂层；S_2又根据次级旋回分为S_2^1、S_2^2、S_2^3和S_2^4四个砂层；S_3又根据次级旋回分为S_3^1、S_3^2和S_3^3三个砂层；S_4又根据次级旋回分为S_4^1、S_4^2和S_4^3三个砂层；S_5又根据次级旋回分为S_5^1、S_5^2两个砂层。考虑到生产实际，进一步将上油组的S_2^3自上而下细分为S_2^{3-1}、S_2^{3-2}和S_2^{3-3}等3个小层；S_2^4自上而下细分为S_2^{4-1}和S_2^{4-2}两个小层。同理，进一步将下油组的S_3^1、S_3^2、S_3^3、S_4^1、S_4^2从上而下细分为S_3^{1-1}、S_3^{1-2}、S_3^{2-1}、S_3^{2-2}、S_3^{3-1}、S_3^{3-2}、S_4^{1-1}、S_4^{1-2}、S_4^{2-1}、S_4^{2-2}等小层。因此，丘陵油田三间房油层组自上而下可以细分为S_1^1、S_1^2、S_1^3、S_2^1、S_2^2、S_2^{3-1}、S_2^{3-2}、S_2^{3-3}、S_2^{4-1}、S_2^{4-2}、S_3^{1-1}、S_3^{1-2}、S_3^{2-1}、S_3^{2-2}、S_3^{3-1}、S_3^{3-2}、S_4^{1-1}、S_4^{1-2}、S_4^{2-1}、S_4^{2-2}、S_4^3、S_5^1、S_5^2，共计23个不同级别的小层。各小层厚度不等，延伸相对稳定。各小层精细划分剖面，见图2-2和图2-3。

表 2-2 研究区三间房油层组小层对比划分表

组	油组	砂层组	砂层	小层
三间房组	上油组	S_1	S_1^1	
			S_1^2	
			S_1^3	
		S_2	S_2^1	
			S_2^2	
			S_2^3	S_2^{3-1} S_2^{3-2} S_2^{3-3}
			S_2^4	S_2^{4-1} S_2^{4-2}
	下油组	S_3	S_3^1	S_3^{1-1} S_3^{1-2}
			S_3^2	S_3^{2-1} S_3^{2-2}
			S_3^3	S_3^{3-1} S_3^{3-2}
		S_4	S_4^1	S_4^{1-1} S_4^{1-2}
			S_4^2	S_4^{2-1} S_4^{2-2}
			S_4^3	
		S_5	S_5^1	
			S_5^2	

2.6 丘陵油田三间房组储层沉积相特征

2.6.1 沉积相的相关概念

相这一概念是由丹麦地质学家斯丹诺(Steno, 1669)引入地质文献的，并认为是在一定地质时期内地表某一部分的全貌。1838 年瑞士地质学家格列斯利(Gressly)开始把相的概念用于沉积岩研究中，他认为“相是沉积物变化的总和，它表现为这种或那种岩性的、地质的或古生物的差异”。自此以后，相的概念逐渐被地质界所接受和使用。

20 世纪以来，相的概念随着沉积岩石学和古地理学的发展而广为流行，对相的概念的理解也随之形成了不同的观点。一种认为相是地层的概念，把相简单地看作“地层的横向变化”；另一观点则把相理解为环境的同义语，认为相即环境；还有人认为相是岩石特征和古生物特征的总和。

油气田勘探及其他沉积矿产勘探事业的飞速发展促进了对相的研究，使人们对相这一概念的认识更加深入。目前较为普遍的看法是，相的概念中应包含沉积环境和沉积特征这两个方面的内容，而不应当把相简单地理解为环境，更不应当把它与地层概念相混淆。

沉积相是指沉积环境及在该环境中形成的沉积岩特征的综合，也是对沉积环境的岩性特征及古生物特征的综合。其中，沉积岩特征包括岩性特征(如岩石的颜色、物质成分、结构、构造、岩石类型及其组合)、古生物特征(如生物的种属和生态)以及地球化学特征等。沉积岩的这些要素是相应各种环境条件的物质记录，通常构成最主要的相标志。与沉积环境相关的概念已在本章 2.4 节内容阐述。

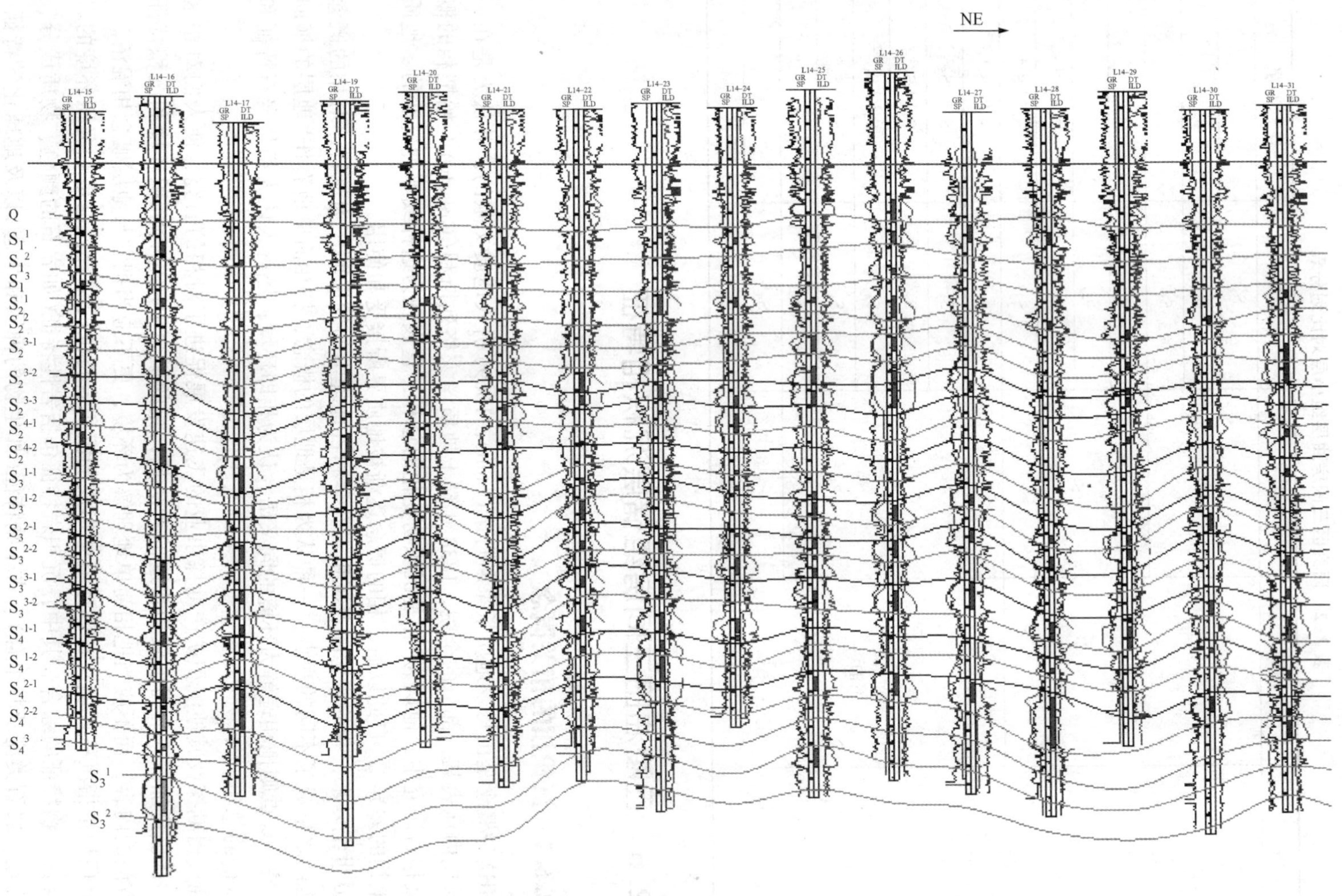

图2-2　丘陵油田三间房组地层精细划分与对比剖面（切物源方向）

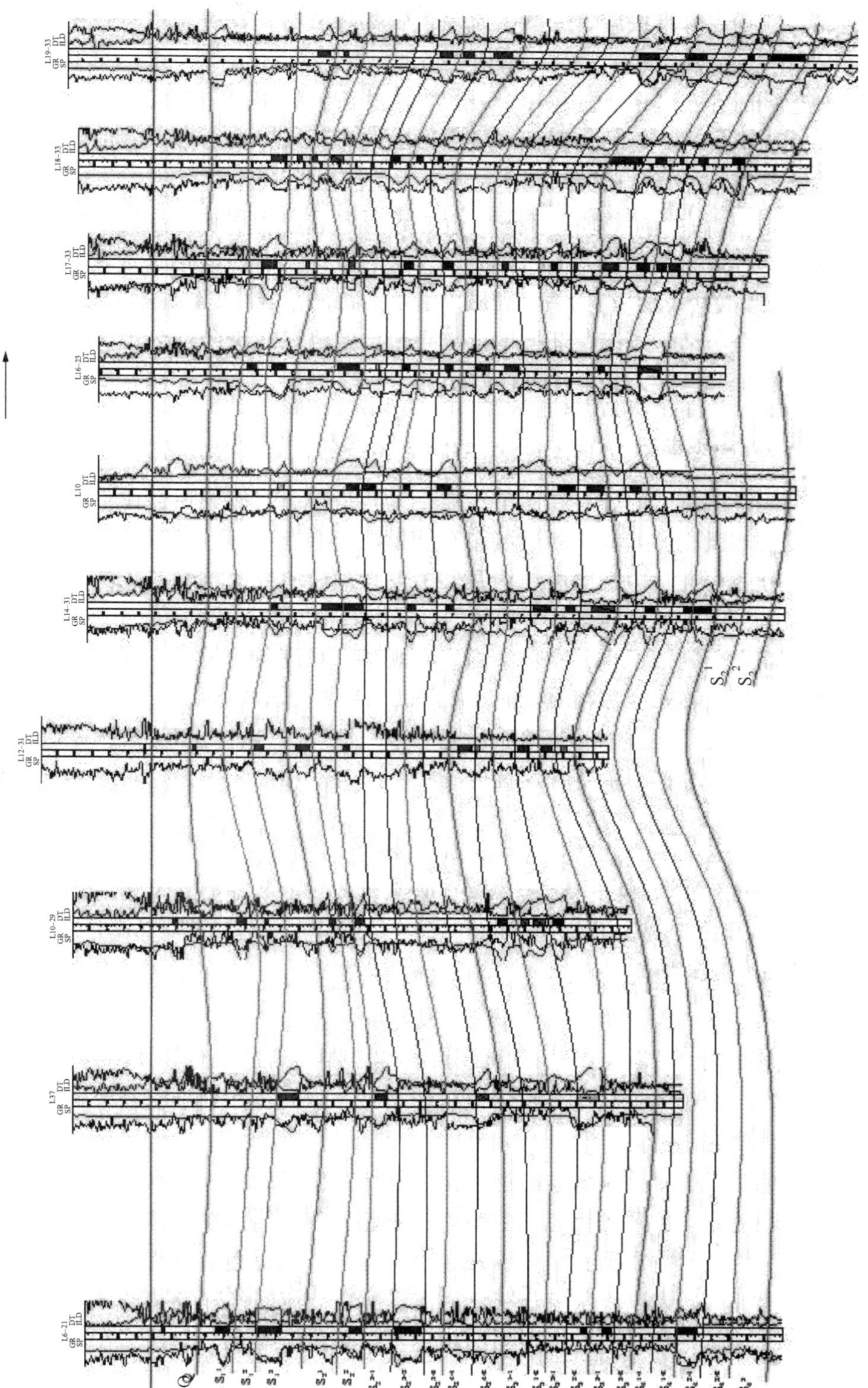

图2-3　丘陵油田三间房组地层精细划分与对比剖面（切物源方向）

综上所述，沉积环境是形成沉积岩特征的决定因素，沉积岩特征则是沉积环境的物质表现。换句话说，前者是形成后者的基本原因，后者乃是前者发展变化的必然结果。这就是相的概念中沉积环境和沉积岩特征的辩证关系。

与相的概念同时存在的还有沉积相、岩相等这些流行的术语。在沉积学中，相就是沉积相，两者是同义语。岩相是一定沉积环境中形成的岩石或岩石组合，它是沉积相的主要组成部分。岩相和沉积相是从属关系而不是同义关系。

沉积相可根据沉积岩原始物质的不同，分为碎屑岩沉积相和碳酸盐岩沉积相。前者以砂、粉砂、黏土等碎屑物质为主，沉积介质以浑水为特征，岩性以碎屑岩为主；后者以化学溶解物质(尤以碳酸盐岩物质)为主，介质以清水为特征，岩性以碳酸盐岩为主。

目前沉积相的分类通常以沉积环境中占主导地位的自然地理条件为主要依据，并结合沉积动力、沉积特征和其他沉积条件进行划分。

2.6.2 岩心相标志

沉积相控制着油气储层的分布和储集性能，尤其是碎屑岩储集层，在不同类型的砂体中，由于沉积亚相和微相的差异，砂层展布和储集性能会有明显的差异。总之，沉积相研究，特别是沉积微相研究是进行储层结构及储层发育规模研究的基础。丘陵油田三间房组的地质特征也显示了沉积相带的展布与油气的分布有着很好的相关关系。

本次进行微相划分的依据主要有：室内岩心观察、粒度特征分析、测井相分析等，这些方法可以有效地反映不同沉积相的特征，从而准确地划分沉积微相。

岩心是沉积相研究乃至整个油藏地质研究的第一性资料，岩心相分析则是沉积相研究最重要的基础。岩心相分析，主要是挖掘岩心中所蕴含的相标志信息。岩心相标志包括以下几个方面：

(1) 沉积岩的颜色

颜色是沉积岩最直观、最醒目的标志，是鉴别岩石、划分和对比地层、分析判断古地理的重要依据之一。

沉积岩的颜色，按照成因可以分为三类，即继承色、自生色和次生色。继承色和自生色都是原生色。

沉积岩的颜色变化，除取决于岩石的成分(即岩石中所含的染色物质——色素)和风化程度以外，还与岩石颗粒大小以及沉积环境密切相关。因此，在判别沉积环境时，沉积岩的颜色具有非常重要的作用。

岩石原生颜色对形成岩石时水体的物理化学条件有良好的反映。水体较浅或氧化环境中所形成岩石的颜色为浅色及氧化色，主要为浅灰色、灰色等；在水体较深或还原环境中所形成岩石颜色为深色，主要为灰色、深灰色、灰绿色、灰黑色、灰褐色、褐灰色、黑褐色或黑色。在三角洲的砂体以浅灰色、灰色为主；而在分流间湾和湖相的泥岩、粉沙质泥岩、泥质粉砂岩、碳质泥岩、油页岩则为深灰色、灰黑色至黑色。但是，在利用颜色分析沉积环境时，应注意区分自生色和次生色。

沉积岩的颜色变化，除了取决于其岩石的成分外，还与其沉积环境密切相关，沉积岩颜色最主要的色素为有机质和铁质。通常，随着有机质含量的增加，岩石颜色逐渐变深、变暗，如有 Fe^{2+} 成分则呈绿色，有 Fe^{3+} 成分则呈红色。沉积岩中含有的有机质如碳质和沥青，分散状硫化铁如黄铁矿和白铁矿，则呈暗色，如灰色和黑色。这些有机质的含量愈高，颜色就愈深，说明其岩石形成于还原环境或者强还原环境。通常情况下，碳质反映的是浅水沼泽弱还原环境，沥青质和分散状硫化铁则反映的是深水或者较深的停滞水环境。沉积岩中若是含有 Fe^{2+} 的矿物，如海绿石、绿泥石和菱铁矿等，则呈绿色，反映的是弱氧化或弱还原环境。但是，如果沉积岩中富含角闪石、绿帘石、孔雀石等绿色矿物，也呈绿色，则不反映其沉积环境。如果含有 Fe^{3+} 矿物如赤铁矿、褐铁矿，则呈红色或者褐黄色，反映的是氧化或者强氧化环境，如河流、冲积扇等。

通过岩心观察发现，研究区三间房组上油组以灰绿色、杂色泥岩和灰白色砂岩、砂砾岩为主，下油组则以灰绿色、棕红色泥岩为主。三间房组整体表现为水下还原条件的暗色特征。

(2) 岩石类型

陆相环境的岩石类型主要包括三类，即正常碎屑岩、火山碎屑岩和煤岩。其中，正常碎屑岩包括砾岩、砂岩、粉砂岩、黏土岩等，火山碎屑岩包括集块岩、火山角砾岩、凝灰岩、沉凝灰岩、熔结凝灰岩等。

岩石类型与特征是岩石生成环境和水动力条件的反映。岩心观察表明，丘陵油田三间房组储层岩石结构反映了其沉积物不是快速堆积形成的。在对研究区三间房组优选的取心井：L7 井、L25 井、L26 井、L13-211 井等井岩心观察以及取心井岩心详细描述的基础上，结合研究区已有的测井资料，发现本区三间房组储层岩石相类型丰富，概括起来主要有以下几种岩石类型，见图 2-4。

含砾粗砂岩和砂砾岩(图 2-4 照片 D、F)：这类岩石相在丘陵油田三间房组储层内分布比较局限，主要分布于三间房组的下油组，具有斜层理和平行层理，岩石颗粒以砂质颗粒为主，同时还含有大小不等的砾，代表了高能沉积环境，主要见于水下分流河道的底部。

粉砂岩(图 2-4 照片 A)：主要为岩屑砂岩，其发育块状层理等，代表了中高能沉积环境，常见于水下分流河道。

细砂岩(图 2-4 照片 B)：主要为细-中粒长石岩屑砂岩与细粒岩屑长石砂岩，分选比较好，磨圆程度中等，发育块状层理等，代表了中低能沉积环境，常见于水下分流河道以及河口坝沉积微相中。

泥质粉砂岩和泥岩(图 2-4 照片 C、E)：具有重力变形层理，为低能环境产物，多见于分流间湾和浅湖沉积中。

(3) 沉积构造特征

沉积岩的构造和颜色是沉积岩主要的宏观特征之一。

沉积岩的构造即沉积构造是指沉积物沉积时，或沉积之后，由于物理作用和生物作用形成的各种构造。在沉积物沉积过程中沉积物固结成岩之前形成的构造即原生构造，例如层理、包卷构造等；固结成岩之后形成的构造为次生构造，例如缝合线等。研究沉积岩的原生构造，可以确定沉积介质的营力及流动状态，从而有助于分析沉积环境，有的还可以

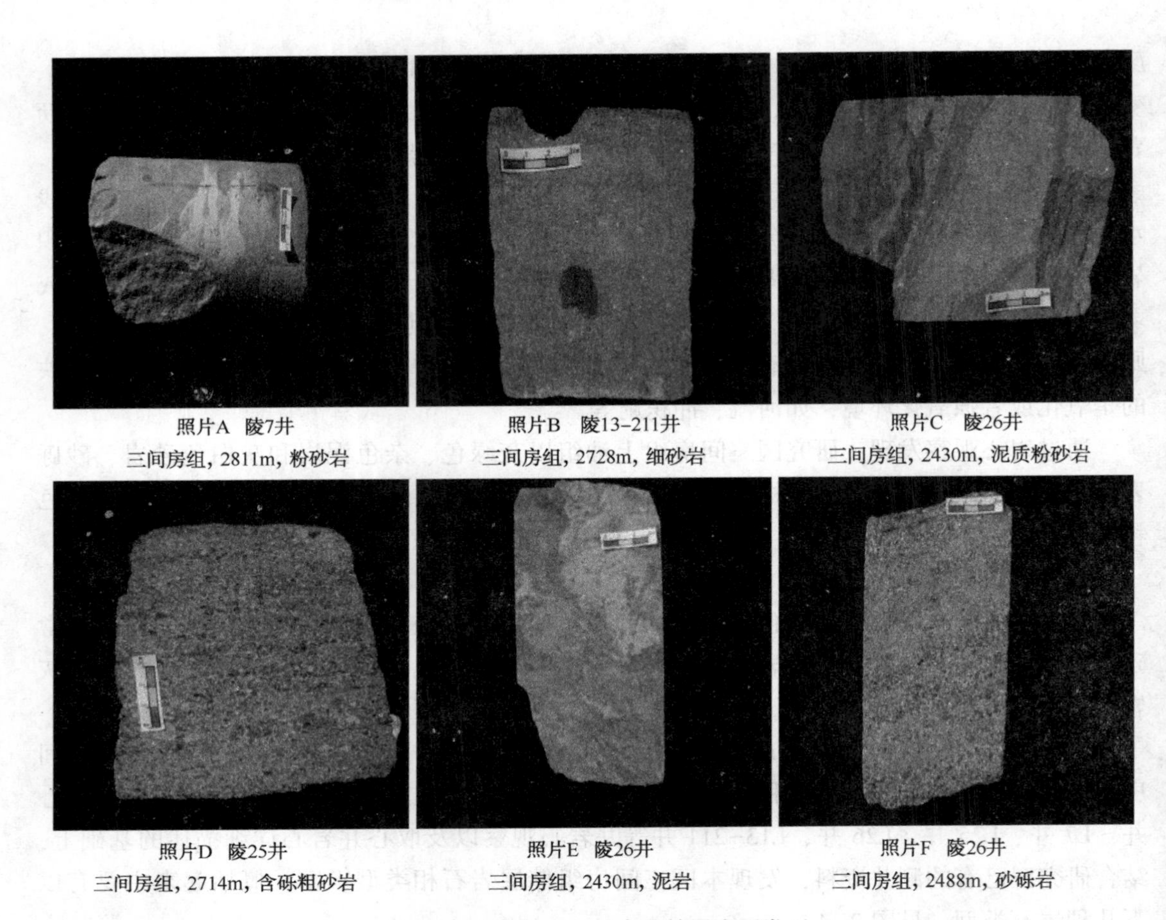
照片A 陵7井
三间房组，2811m，粉砂岩

照片B 陵13-211井
三间房组，2728m，细砂岩

照片C 陵26井
三间房组，2430m，泥质粉砂岩

照片D 陵25井
三间房组，2714m，含砾粗砂岩

照片E 陵26井
三间房组，2430m，泥岩

照片F 陵26井
三间房组，2488m，砂砾岩

图 2-4 丘陵油田三间房组储层岩石类型

确定地层的顶底层序等。

目前对沉积构造有两种分类方案，一种是构造形态分类，另一种是构造成因分类（物理成因及生物成因的构造均为原生构造；化学成因的构造可有原生的，也可有次生成因的）。

碎屑岩中的沉积构造，尤其是物理成因的原生沉积构造，最能反映沉积物沉积过程中的水动力条件，具有良好的指相性，而且它们在成岩阶段所受影响又比较小，所以一直被视为分析和判断沉积相的重要标志。它们可以提供沉积介质的性质和能量的强弱，从而成为判别沉积环境的重要标志之一。

层理构造是沉积岩中最重要的一种构造。它是沉积物沉积时在层内形成成层构造。层理由沉积物的成分、结构、颜色及层的厚度、形状等沿垂向的变化而显示出来。层理构造术语流动成因的构造，是沉积物在搬运和沉积时，由于介质（如水、空气）的流动，在沉积物的内部及表面形成的构造。

层理构造可按照层内粒度递变特征划分为块状层理、韵律层理、粒序层理；而按照细层的形态与层系界面的关系可以划分为水平层理、平行层理、波状层理、交错层理等。

根据取心井岩心观察发现，丘陵油田三间房组储层发育有各种类型层理（图 2-5）。在砂体较发育的水下分流河道、三角洲前缘河口坝沉积中普遍见到的是各种块状层理、平行层理、粒序递变层理等等；水下分流河道间湾微相沉积以水平层理最多，其次是波状层理。

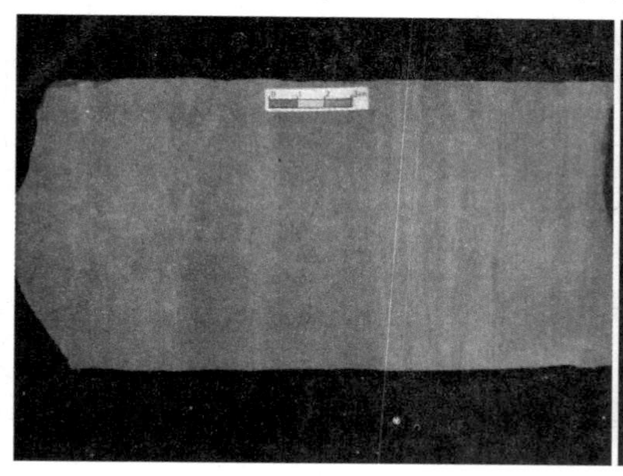

照片A　陵25井
三间房组，2762m，水平层理

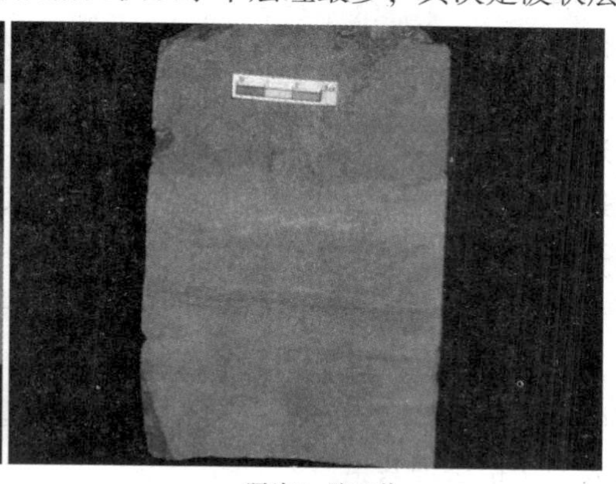

照片B　陵25井
三间房组，2756m，平行层理

照片C　陵13-211井
三间房组，2654m，块状层理

照片D　陵25井
三间房组，2712m，冲刷面

照片E　陵13-211井
三间房组，2731m，波状层理

照片F　陵26井
三间房组，2448m，斜层理

图 2-5　丘陵油田三间房组储层发育的层理类型

① 水平层理(图 2-5 照片 A)：主要发育在水下分流河道间湾沉积的粉砂质泥岩、细砂岩以及粉砂岩中，具有水平层理的粉砂岩常常呈薄层状夹于具有水平层理暗色泥质粉砂岩

中，细层平直并与层面平行、之间没有明显的冲刷关系，纹层细薄清晰，形成于比较安静的水体，为低能环境(湖泊深水区、泻湖及深海环境)下的悬浮物质沉积而成。

② 平行层理(图 2-5 照片 B)：平行层理较发育，在中-细粒砂岩和粉砂岩中均可以见到，通常呈薄层状产出。平行层理的形成是在高流态状态下，沉积物在河床的平坦床沙形态上迁移而形成的，因砂质物质在平坦床沙表面滚动而形成剥离线理。平行层理在外貌上与水平层理极度相似，是在较强的水动力条件下，高流态中由平坦的床沙迁移，床面上连续滚动的砂粒产生粗细分离而显出的水平细层，并且细层的侧向延伸较差，沿层理面容易剥开，在剥开面上可以见到剥离线层理构造。所以，平行层理反映了急流及能量高的沉积环境(如河道、湖岸、海滩等)，常在分流河道的局部地区作为河道的垂直生长沙滩出现。常与大型交错层理共生。

③ 块状层理(图 2-5 照片 C)：块状层理是层内物质均匀、组分和结构上无差异、不显细层构造的层理，反映了沉积物的快速堆积、来不及分异的沉积特征，主要见于细砂岩相，厚度一般为 20cm 左右，最大厚度可达 0.5m 以上，分选相对较好。砂岩中常含有砾石，砾石呈大小不等的团块状或者撕裂状分布于灰色块状细粒砂岩中，基本没有磨圆，一般为堤岸垮塌或者是水流强烈冲刷使得原沉积泥岩破碎而成，为同生的河床滞留沉积的产物，沿层面方向具有压扁、拉长的特征，并且常见有炭化植物径和干炭化植物碎片。底部常见冲刷面，常与下伏地层呈岩性突变的冲刷接触关系。块状层理反映了水动力较强、沉积物供应比较充分的水下分流河道沉积时期。

④ 冲刷面(图 2-5 照片 D)：由风暴流冲刷、搅动早期的沉积物(多为泥)而成。主要见于分流河道沉积的底部，冲刷面附近常见大量泥砾堆积，代表了一种高流态比较的强水动力环境。

⑤ 波状层理(图 2-5 照片 E)：层内的细层呈连续的波状；主要是由沉积介质的波浪振荡运动造成的，大部分发育在粉砂岩、泥质粉砂岩与泥岩以及粉砂质泥岩互层的地层中间。主要见于河道侧翼，代表了一种水介质稍浅的沉积环境。

⑥ 斜层理(图 2-5 照片 F)：在层系的内部由一组倾斜的细层(前积层)与层面或层系界面相交，也就是通常所说的交错层理中的板状交错层理，是最常见的一种层理类型。板状交错层理的层系之间的界面为平面，而且是彼此平行的。每一个单层中的前积细层(或纹层)比较直，而且是同向倾斜的，大致反映了单向水流的运动方向。有时层系底界面有冲刷面出现，纹层内常下粗上细，有的纹层向下收敛，主要发育在细砂岩中，指示了水下分流河道沉积环境。

(4) 粒度特征

粒度是表征沉积物和沉积岩的主要特征之一，它可以作为沉积物以及沉积岩分类的定量指标。粒度不仅可以反映沉积作用的流体力学性质，而且又能作为分析与对比沉积环境的一种依据。通常，粒度直接影响着沉积岩与沉积物的物理性能，例如储集性以及渗透性。因此，粒度分析在区分沉积环境、判定物质输运方式、判别水动力条件以及分析粒径趋势等方面具有极为重要的作用。表 2-3 是丘陵油田三间房组储层砂岩粒度统计表。

表 2-3 丘陵油田三间房组砂岩储层粒度统计表

小层	粒级/mm	砾	砂						粉砂			黏土
		>2	巨砂	粗砂	中砂	细砂	极细砂	合计	粗粉砂	细粉砂	合计	≤0.0039
			2~>1	1~>0.5	0.5~>0.25	0.25~>0.125	0.125~>0.0625		0.0625~>0.0312	0.0312~>0.0039		
S_1		0.00	0.03	2.74	24.37	24.68	20.56	69.04	14.24	17.76	24.05	6.79
S_2		0.27	1.44	6.60	26.16	25.47	19.05	73.24	12.05	21.10	25.10	1.39
S_3	含量/%	0.00	0.00	0.57	36.00	34.10	22.86	82.08	10.89	19.62	15.42	2.50
S_4		0.37	2.34	14.9	19.17	20.13	16.86	72.39	10.62	15.87	24.87	2.38
S_5		0.18	1.60	38.84	23.48	10.76	5.90	80.58	4.85	14.40	19.24	0.00

从岩石样品的薄片粒度图象分析测试可知，在研究区三间房组储层中，上油组(S_1、S_2)的砾石含量的平均值为 0.14%，巨砂含量的平均值为 0.74%，粗砂含量的平均值为 4.67%，中砂含量平均值为 25.27%，细砂含量平均值为 25.98%，极细砂含量平均值为 19.81%，粗粉砂含量平均值为 13.15%，细粉砂含量平均值为 19.43%，黏土含量平均值为 4.09%；下油组(S_3、S_4、S_5)的砾含量平均值为 0.18%，巨砂含量平均值为 1.31%，粗砂含量平均值为 18.1%，中砂含量平均值为 26.22%，细砂含量平均值为 21.66%，极细砂含量平均值为 15.21%，粗粉砂含量平均值为 8.79%，细粉砂含量平均值为 16.63%，黏土含量的平均值为 1.63%。

三间房储层依据粒度分析资料定量分析可知，由 S_1 储层到 S_4 储层粒度变粗，S_1 储层、S_2 储层以细粒级为主，次为中粒级，S_3 储层、S_4 储层以中粗粒级为主。

综上所述，我们将丘陵油田三间房组确定为三角洲前缘沉积，其中上油组发育辫状河三角洲前缘，下油组发育扇三角洲前缘。

2.6.3 沉积微相划分及测井相特征

(1) 沉积微相测井响应

测井相分析是指利用有效的测井方法所获得的地下岩层信息来判断和划分沉积相。首先在取心井中选择有效的测井方法，根据测井曲线形态或参数划分测井相，然后与岩心分析的测井相进行相关对比，建立测井相模式，以此为标准，对各井进行测井相分析。

不同的沉积微相形成时，物源、水流能量等都有差别，则会导致沉积物组成、结构、组合形式及垂向变化等不同，这些特征能够从测井信息中提取出来，主要从自然电位、自然伽马和电阻率等常规测井的曲线特征如曲线的韵律、平滑度、幅度、接触关系和组合形态等特征反映不同沉积微相，从而为划分沉积微相提供了依据。它们分别从不同方面反映地层的岩性、粒度、泥质含量和垂向变化等特征，不同的沉积微相所对应的测井相特征有所差异。

① 测井曲线幅度：测井曲线的幅度大小可以反映出沉积物的粒度、分选性、泥质含量等沉积特征的变化。粗粒沉积物是高能环境的产物，一般具有高电阻率、高自然电位负异常和低自然伽马等特征；细粒沉积物是低能环境的产物，一般具有低电阻率、低自然电位负异常和高自然伽马等特征。根据测井曲线幅度的变化，可以了解沉积环境能量的变化情况。

② 曲线形态：单层曲线形态在垂向上能反映沉积物的粒序变化特征，代表了沉积过程中的水流能量及物源供应变化情况，是判断沉积相的重要标志。测井曲线基本形态可分为箱形、钟形、漏斗形等。曲线为钟形，这代表水流能量逐渐减弱和物源供应越来越少，在垂直粒序上是正粒序的反映；曲线形态为漏斗形，是水流能量逐渐增强和物源供应越来越多的表现，在垂直粒序上是逆粒序的反映；曲线为箱形、对称齿形以及平直形，这代表了沉积过程中物源供应丰富与较强的水动力条件的结果，是沉积环境基本相同的快速沉积的表现。

③ 曲线光滑程度：曲线光滑程度是次一级的曲线形态特征，它反映了水动力环境对沉积物改造持续时间的长短。曲线越光滑，表示沉积时的水动力作用强，持续时间长，砂岩分选性好；曲线为微锯齿状的，则说明沉积物改造不充分；曲线呈锯齿状，则是间歇性沉积的反映。

(2) 不同沉积微相测井响应特征

丘陵油田三间房组发育的三角洲前缘沉积，包括辫状河三角洲前缘和扇三角洲前缘两种沉积类型。这两种亚相的岩、电特征相似，其发育的沉积微相主要有：水下分流河道微相、河口砂坝微相和水下分流河道间湾微相三种类型。通过对研究区 300 余口单井三间房组储层的测井相特征进行分析，对各个沉积微相测井曲线特征总结如下：

① 水下分流河道：是指河流沿湖底水道向湖盆方向继续作惯性流动以及向前延伸的部分，也称为水下分流河床。在向海延伸过程中，河道加宽，深度减小，分叉增多，流速减缓，堆积速度增大。沉积物以砂、粉砂为主，泥质极少。由于水下分流河道的位置一般不是很稳定，分流汇合以及侧向迁移比较频繁，因而在同一时期里发育的水下分流河道在平面上常常呈宽带状和网状分布。水下分流河道是研究区沉积的主体，具有河流的沉积特点，呈南北向网状展布。在横向上，水下分流河道砂体的厚度也不稳定；从垂向剖面上看，辫状河三角洲体也呈楔状插入湖相泥岩中。因此，水下分流河道砂体具有成层性好和可对比性强的特点。通常，水下分流河道微相的沉积物颜色比较深，一般呈灰色、深灰色，在岩性和沉积旋回特征上表现为，在砂体的底部常见冲刷充填构造，并与下伏滨浅湖泥岩呈冲刷接触，向上碎屑颗粒逐渐由粗变细，依次为含砾砂岩、粗砂岩、中细砂岩和粉砂岩，具有下粗上细的正韵律结构，且河道砂体一般砂岩颗粒较细，为粉砂岩、细砂岩。研究区发育的水下分流河道微相其岩性主要是灰绿色细砂岩、含砾砂岩、细砾岩。砂层薄、层数多，粉砂质泥岩比较厚，一般显示为多个正韵律层的叠加，在横向上砂体厚度亦不稳定。从电性特征上来看，水下分流河道沉积的自然电位曲线以中-高幅度的钟形为主，亦有呈箱状，视电阻率曲线呈高阻峰状(如图 2-6A、B)。

② 河口砂坝微相：也称为分流河口坝微相，是由于河流带来的砂泥物质在河口处因流速降低堆积而成。其岩性主要由砂和粉砂组成，一般分选较好，质较纯净。砂层中化石稀少，但有时可见到由其他环境搬运来的介壳。河口坝的形态在平面上多呈长轴方向与河流

方向平行的椭圆形，横剖面上呈近于对称的双透镜状，其周围为三角洲泥沉积。因为丘陵油田三间房组储层水下分流河道微相比较发育。所以相对来说，河口坝微相不是很发育，一般呈朵状、新月状分布于水下分流河道末端，是河水携带的载荷在河口附近的湖区快速卸载的产物，其岩性以浅灰、灰绿色含砾不等粒砂岩、砂岩、粉砂岩为主，通常具有明显的反韵律结构：下部砂岩的粒度细、厚度比较薄，泥岩夹层厚；向上砂层粒度逐渐变粗、厚度也随之增大，但泥岩夹层却逐渐变薄，砂岩中常见交错层理以及搅扰构造，时常有低角度的交错层理出现。由于上部河道砂体对下部河口坝砂体的切割，经常使河口坝砂体保存的不是很完整，或者有些在主河道部位消失，从而表现为河道沉积的特征。在平面上，通常这些砂坝砂体多分布于河口的两侧或者是倾向于沿岸展布；在纵剖面上，河口坝砂体多位于水下分流河道的下部。从电性特征上来看，河口坝微相的电测曲线一般表现为中幅-中高幅的漏斗-钟形曲线组合和连续的前积式幅度组合。在砂体展布上，河道砂体与河口坝砂体常常叠加出现，下部常为先期沉积的河口坝砂体，被后来的水下分流河道砂体所切割，从而在其上部迭加着水下分流河道的正粒序砂体。砂体粒度比河道砂体略细一些，并且分选性比较好，砂体的结构以及成分成熟度均比水下分流河道砂体高，粒度概率曲线表现为三段或者四段，电测曲线表现为漏斗状(如图2-6C)，反映了水动力条件递增的沉积特征。

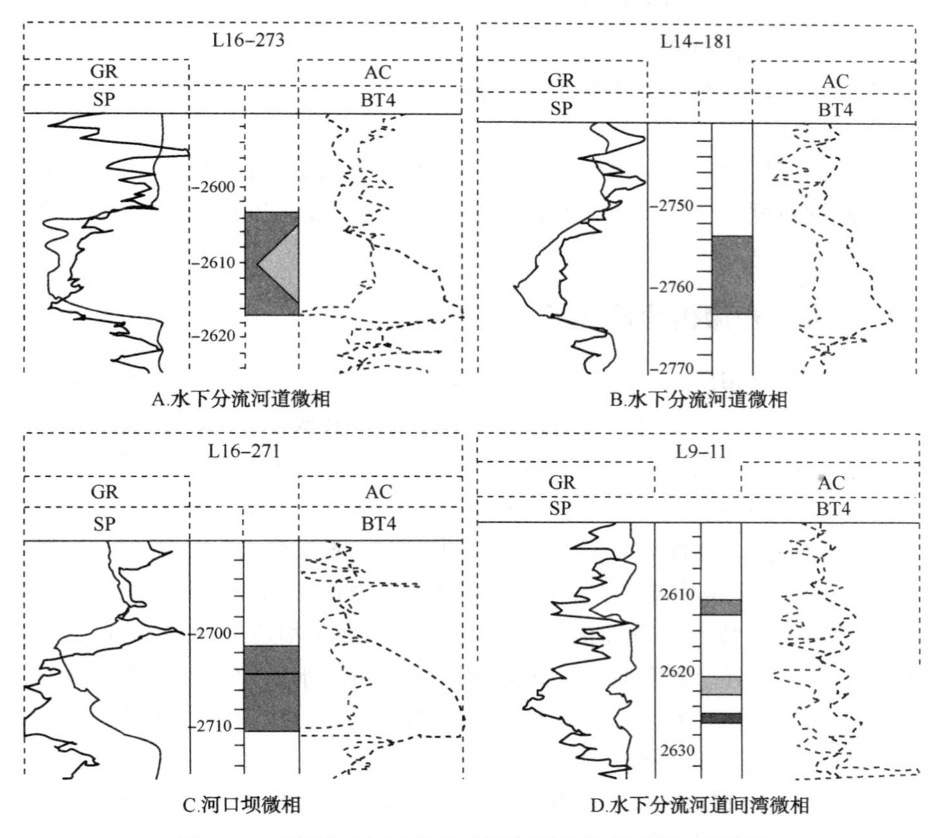

图2-6　丘陵油田三间房组储层主要发育的沉积微相类型

③ 水下分流河道间湾微相：通常为水下分流河道之间相对低洼的地区，与开阔湖相通。当三角洲向前推进时，在分流河道间形成的一系列尖端指向陆地的楔形泥质沉积体，也被称为“泥楔”。由于水下分流河道间湾主要分布在河道砂体与浊积砂体之间，其岩性主要为灰、灰绿色粉砂质泥岩、泥岩和少量粉砂岩，富植物碎屑，见钙质斑块，微波状和水平层理比较发育。在垂向剖面上，通常分流间湾微相夹于水下分流河道砂体和河口砂坝砂体之间。在层序上，下部为三角洲黏土沉积，向上变为富含有机质的沼泽沉积。自然电位曲线呈低平或者微齿形，自然伽玛和电阻率曲线呈微齿形，见图 2-6D。

2.6.4 沉积微相对储层结构的控制作用

通常，沉积相既控制着储层岩性的发育，同时又控制着储层的原始质量，而且对储层后期的成岩作用还有一定的影响。主要表现在以下几点：

首先，沉积相控制着储层结构和砂体形态的发育。丘陵油田三间房组储层砂体主要发育水下分流河道砂体、河口坝砂体以及水下分流河道间湾砂体。其中，水下分流河道砂体基本与水流方向是一致的，呈南-北方向展布，并且多为复合河道；河口坝砂体主要位于分流河道的交汇处。三间房组储层(主力层)沉积微相平面展布，见图 2-7、图 2-8 及图 2-9。

其次，沉积微相的展布在一定程度上控制着储层的岩石类型以及砂岩发育程度。丘陵油田三间房组的上、下两个油组水下分流河道十分发育，尤其是 S_4 砂层组的单层砂体厚度比较大，砂岩粒度较粗；而三间房组各个小层河口坝均不太发育，其砂岩粒度较水下分流河道要细；水下分流河道间湾砂体则主要以泥质沉积为主，砂体厚度相对较小，而且砂体粒度较细，岩性比较致密。

最后，砂体的储层原始质量也在一定程度上受控于沉积微相类型。由于不同类型的沉积微相具有不同的粒度、分选以及杂基含量组合等等，因此它们影响着砂体的原始储集性能和渗流能力。

2.6.5 不同沉积微相物性特征

在一般情况下，沉积微相、砂体展布和物性特点是：既是基本相符的，又是互相匹配的。因为沉积微相在一定程度上决定着砂体的展布以及其延伸的方向；储集层物性的好坏决定于储层的沉积以及其成岩两方面的因素，而在较小的区域内成岩作用对物性的影响程度基本相似，所以物性的好坏主要受控于沉积方面的因素。例如，沿主水下分流河道方向，砂体厚度大、连通性好、物性亦好；然而，在垂直于主水下分流河道方向上，边部的溢岸沉积，砂体厚度比较薄，虽然砂体连片性好，但是其物性却相对较差。因此，由于沉积微相、砂体展布以及物性特点等方面的共同作用，不同沉积相带砂体的厚度、粒度、分选、杂基含量等均有明显差异。甚至在同一沉积相带中，由于水动力条件的不断变化，从而引起沉积物成分也随之变化，导致渗透率也会存在很大差异，注入水的运动规律不同，进而决定着剩余油的分布规律亦不同。

丘陵油田三间房组油层为一套三角洲前缘相沉积，主要发育水下分流河道、河口坝以及水下分流河道间湾三种沉积微相，岩性为灰绿色厚层块状、细粒硬砂质长石砂岩，粒度主要为中细砂和粉砂为主。

图2-7 丘陵油田S_2^{3-1}小层沉积微相平面分布图

图2-8　丘陵油田S_2^{3-2}小层沉积微相平面分布图

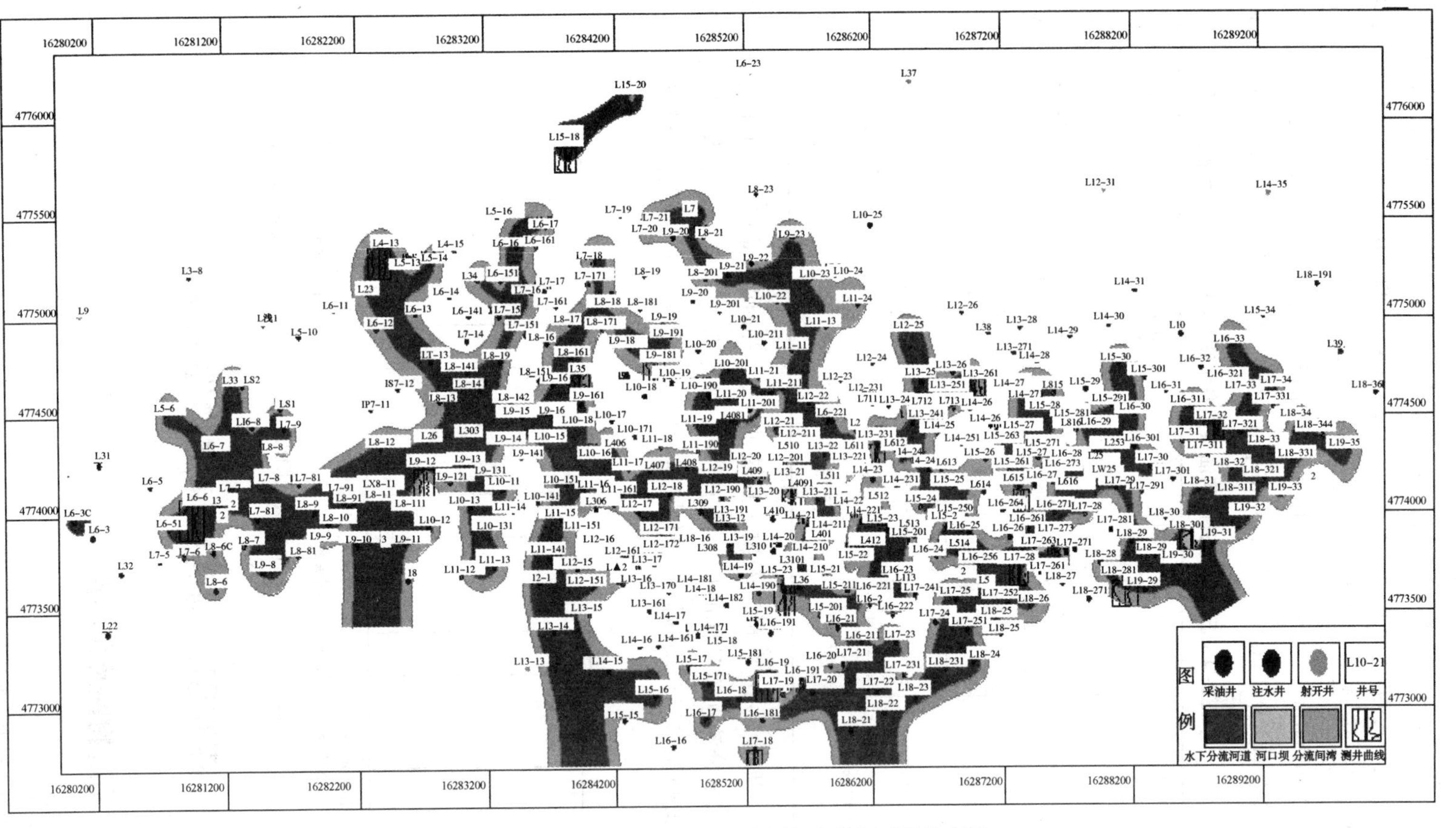

图2-9 丘陵油田S_2^{3-3}小层沉积微相平面分布图

对全区428口井各种沉积微相的统计发现，以上三种沉积微相所占的比例分别为84.37%、1.58%、14.05%。水下分流河道砂体的孔隙度值介于5.2%~25.6%之间，平均值为13.5%。渗透率值介于(0.1~2993.8)×10^{-3}μm^2之间，平均值为20.00×10^{-3}μm^2。河口坝砂体的孔隙度值介于10.1%~25.0%之内，平均值为14.00%；渗透率值介于(1.2~525.9)×10^{-3}μm^2之间，平均值为21.2×10^{-3}μm^2。水下分流河道间湾砂体的孔隙度值介于1.6%~22.7%之间，平均值为11.6%；渗透率值介于(0.1~167.6)×10^{-3}μm^2之间，平均值为8.1×10^{-3}μm^2，见表2-4。

表2-4 丘陵油田三间房油层组各沉积微相物性参数对比表

微相类型	类别	孔隙度/%	渗透率/10^{-3}μm^2
水下分流河道	最大值	25.60	2993.80
	最小值	5.20	0.10
	平均值	13.50	20.00
河口坝	最大值	25.00	525.90
	最小值	10.10	1.20
	平均值	14.00	21.20
水下分流河道间湾	最大值	22.70	167.60
	最小值	1.60	0.10
	平均值	11.60	8.10

由表2-4及图2-10中可以看出，丘陵油田在三间房组储层中，河口坝微相的物性最好，其次是水下分流河道砂体的物性处于中间，水下分流河道间湾砂体的物性最差。可见，水下分流河道微相与河口坝砂体微相是丘陵油田三间房油层组主要的有利储层。

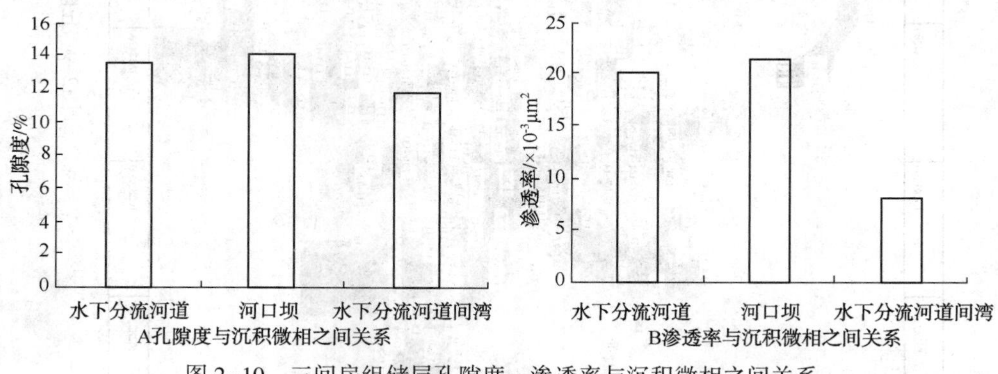

图2-10 三间房组储层孔隙度、渗透率与沉积微相之间关系

2.7 丘陵油田三间房组储层物性及含油性

2.7.1 储层物性及含油性

(1) 储层物性

表征储层质量的宏观岩石物理参数主要为有效孔隙度和绝对渗透率。

有效孔隙度(简称孔隙度)为岩石中互相连通的，且在一定压差下允许流体在其中流动的有效孔隙体积与岩石总体积的比值，常用百分数表示。岩石总孔隙体积的大小，直接反映储层储集流体的能力。

绝对渗透率为当单相流体充满岩石孔隙，流体不与岩石发生任何物理、化学反应，且流体的流动符合达西直线渗滤定律时，所测得的岩石对流体的渗透能力。绝对渗透率(简称渗透率)是与流体性质无关而仅与岩石本身孔隙结构有关的物理参数。渗透率直接反映了储层岩石在一定压差下允许流体(油、气、水)通过能力，或直接反映了岩石的渗透性。渗透率的大小对油田的生产能力影响很大，其数值越大，储集层渗透性越好，油汽越容易通过，油气井产能越高。目前绝对渗透率一般是用空气测定的空气渗透率。

(2) 含油性

表征储层含油性的宏观岩石物理参数主要为含油饱和度。

含油饱和度是指储层岩石孔隙中油的体积与岩石孔隙体积的比值，常用百分数表示。储层含油饱和度越高，表示单位孔隙体积中的原油数量越多。油气储层中含油饱和度一般都小于1。

2.7.2 丘陵油田三间房组储层物性及含油性

储层物性分析资料表明，丘陵油田三间房组油藏上油组孔隙度范围是0.2%~25.0%，平均13.28%；渗透率范围是(0.1~923.2)×$10^{-3}\mu m^2$，平均值为17.63×$10^{-3}\mu m^2$；三间房组油藏下油组孔隙度范围是1.2%~25.6%，平均值为12.83%；渗透率范围是(0.1~2993.8)×$10^{-3}\mu m^2$，平均值为16.86×$10^{-3}\mu m^2$，含油性也比较好，属于典型的低孔、低渗油藏。

丘陵油田三间房组储层的物性变化比较大。从整体上看来，上油组的物性要好于下油组的物性，S_2、S_4砂层组中物性好的小层多于S_1、S_3、S_5砂层组。厚度大、物性好的小层多分布于各砂层组的中下部。通过对S_1、S_2、S_3、S_4、S_5砂层组的孔隙度的分布频率统计资料(图2-11)可知，S_1砂层组孔隙度分布的基本特征是：孔隙度值在10.0%~15.0%之间最多，所占比例为62.74%；其次是15.0%~20.0%，所占比例为24.06%；孔隙度小于10.0%和大于20.0%的所占比例很小，分别为12.26%和0.94%。S_2砂层组孔隙度分布的基本特征是：孔隙度值在10.0%~15.0%之间最多，所占比例为66.74%；其次是15.0%~20.0%，所占比例为24.45%；孔隙度小于10.0%和大于20.0%的所占比例很小，分别为7.52%和1.28%。S_3砂层组孔隙度分布的基本特征是：孔隙度值在10.0%~15.0%之间最多，所占比例为63.31%；其次是15.0%~20.0%，所占比例为24.46%；孔隙度小于10.0%和大于20.0%的所占比例很小，分别为9.78%和2.45%。S_4砂层组孔隙度分布的基本特征是：孔隙度值在10.0%~15.0%之间最多，所占比例为71.74%；其次是15.0%~20.0%，所占比例为14.23%；孔隙度小于10.0%和大于20.0%的所占比例很小，分别为12.85%和1.19%；S_5砂层组孔隙度分布的基本特征是：孔隙度值在10.0%~15.0%之间最多，所占比例为76.81%；其次是孔隙度小于10.0%，所占比例为14.49%；孔隙度在15.0%~20.0%范围内和大于20.0%的所占比例很小，分别为7.25%和1.45%。

通过对S_1、S_2、S_3、S_4、S_5砂层组的渗透率的分布频率统计资料(图2-12)可知，在上油组中，S_1 砂层组的渗透率分布的基本特征是：渗透率值在(1.0~10.0)×$10^{-3}\mu m^2$ 范围之间最多，所占比例为54.55%；其次是渗透率值在(10.0~50.0)×$10^{-3}\mu m^2$ 范围之间的，所占比例为28.53%；渗透率值小于1.0×$10^{-3}\mu m^2$ 的比较少，所占比例为10.50%；渗透率值大于100.0×$10^{-3}\mu m^2$ 和在(50.0~100.0)×$10^{-3}\mu m^2$ 范围之间的所占比例很小，分别为2.98%和3.45%。S_2 砂层组的渗透率分布的基本特征是：渗透率值在(1.0~10.0)×$10^{-3}\mu m^2$ 范围之间的最多，所占比例为56.93%；其次是渗透率值在(10.0~50.0)×$10^{-3}\mu m^2$ 范围之间的，所占比例为19.37%，渗透率值小于1.0×$10^{-3}\mu m^2$ 的比较少，所占比例为6.85%；渗透率值大于100.0×$10^{-3}\mu m^2$ 和在(50.0~100.0)×$10^{-3}\mu m^2$ 范围之间的所占比例很小，分别为2.33%和4.52%。

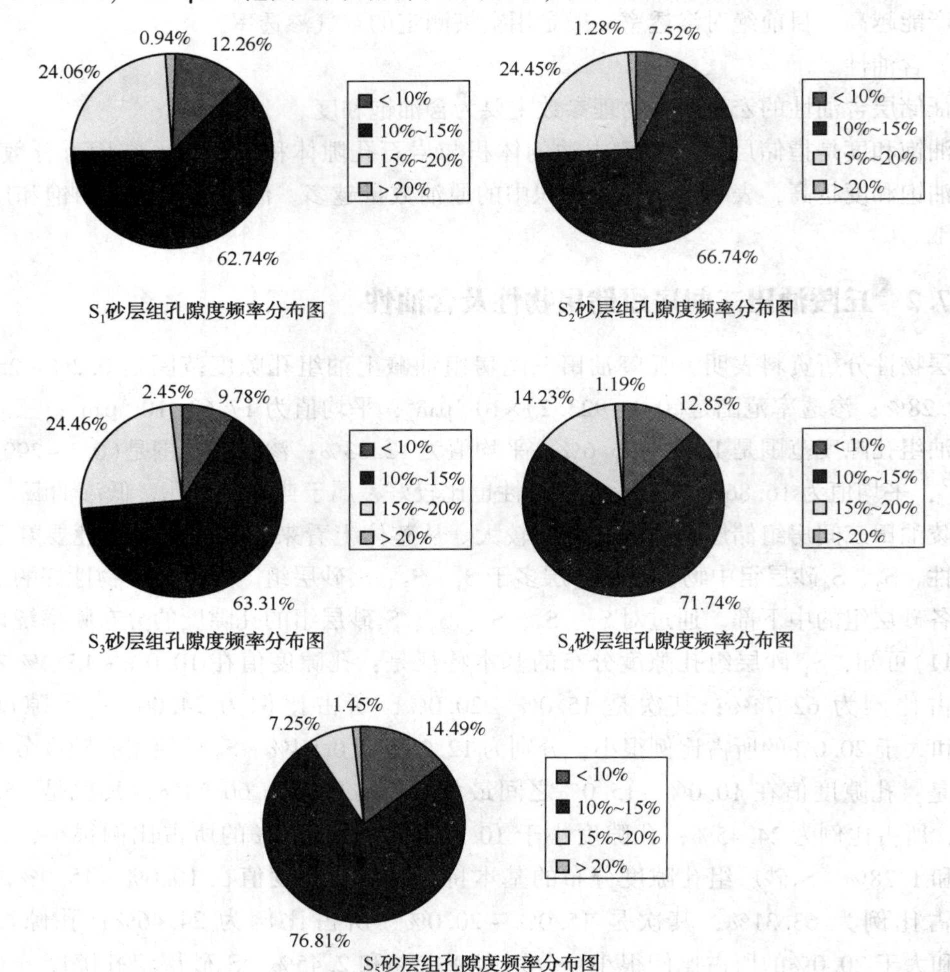

图 2-11　丘陵油田三间房组储层各砂层组孔隙度分布频率图

在下油组中，S_3砂层组的渗透率分布的基本特征是：渗透率值在(1.0~10.0)×$10^{-3}\mu m^2$ 范围之间最多，所占比例为52.17%；其次是渗透率值在(10.0~50.0)×$10^{-3}\mu m^2$ 范围之间的，所占比例为30.64%；渗透率值小于1.00×$10^{-3}\mu m^2$ 的比较少，所占比例为9.10%；渗透率值大于100.0×$10^{-3}\mu m^2$ 和在(50.0~100.0)×$10^{-3}\mu m^2$ 范围之间的所占比例很小，分别为3.47%和4.62%。S_4砂层组的渗透率分布的基本特征是：渗透率值在(1.0~10.0)×10^{-3}

μm^2 范围之间最多，所占比例为 61.78%；其次是渗透率值在$(10.0\sim50.0)\times10^{-3}\mu m^2$ 范围之间的，所占比例为 23.76%；渗透率值小于 $1.0\times10^{-3}\mu m^2$ 的比较少，所占比例为 10.89%；渗透率值大于 $100.0\times10^{-3}\mu m^2$ 和在$(50.0\sim100.0)\times10^{-3}\mu m^2$ 范围之间的所占比例很小，分别为 2.38%和 1.19%。S_5砂层组的渗透率分布的基本特征是：渗透率值在$(1.0\sim10.0)\times10^{-3}\mu m^2$ 范围之间最多，所占比例为 75.36%；其次是渗透率值小于 $1.0\times10^{-3}\mu m^2$ 和在$(10.0\sim50.0)\times10^{-3}\mu m^2$ 范围之间的，所占比例为 11.59%；渗透率值大于 $100.0\times10^{-3}\mu m^2$ 的占 1.45%，不存在$(50.0\sim100.0)\times10^{-3}\mu m^2$ 之间的渗透率值。

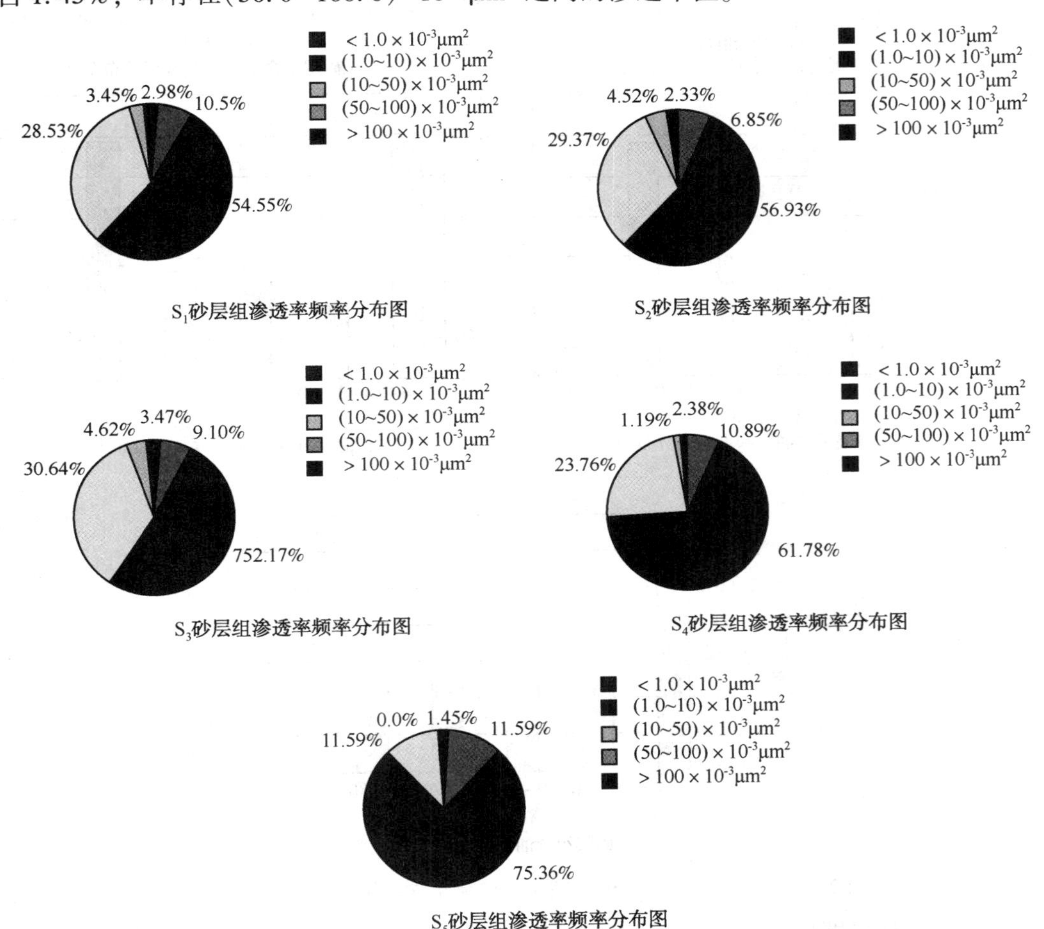

图 2-12　丘陵油田三间房组储层各砂层组渗透率分布频率图

通过对 S_1、S_2、S_3、S_4、S_5砂层组的含油饱和度分布频率统计资料(图 2-13)可知，S_1 砂层组孔隙度分布的基本特征是，整个油组的平均含油饱和度值为 54.80%。其中，含油饱和度值在 60.0%~70.0%之间最多，所占比例为 27.70%；其次是含油饱和度值在 70.0%~80.0%之间的，所占比例为 22.85%；含油饱和度值小于 40.0%的占 20.66%，含油饱和度值大于 80.0%和含油饱和度值在 40.0%~50.0%之间的所占比例最少，所占比例均在 10.0%以下，所占比例分别为 1.56%和 9.39%。S_2 砂层组含油饱和度分布的基本特征是，其平均值为 52.70%。含油饱和度值小于 40.0%的最多，所占比例为 26.88%；其次是 70.0%~80.0%，所占比例为

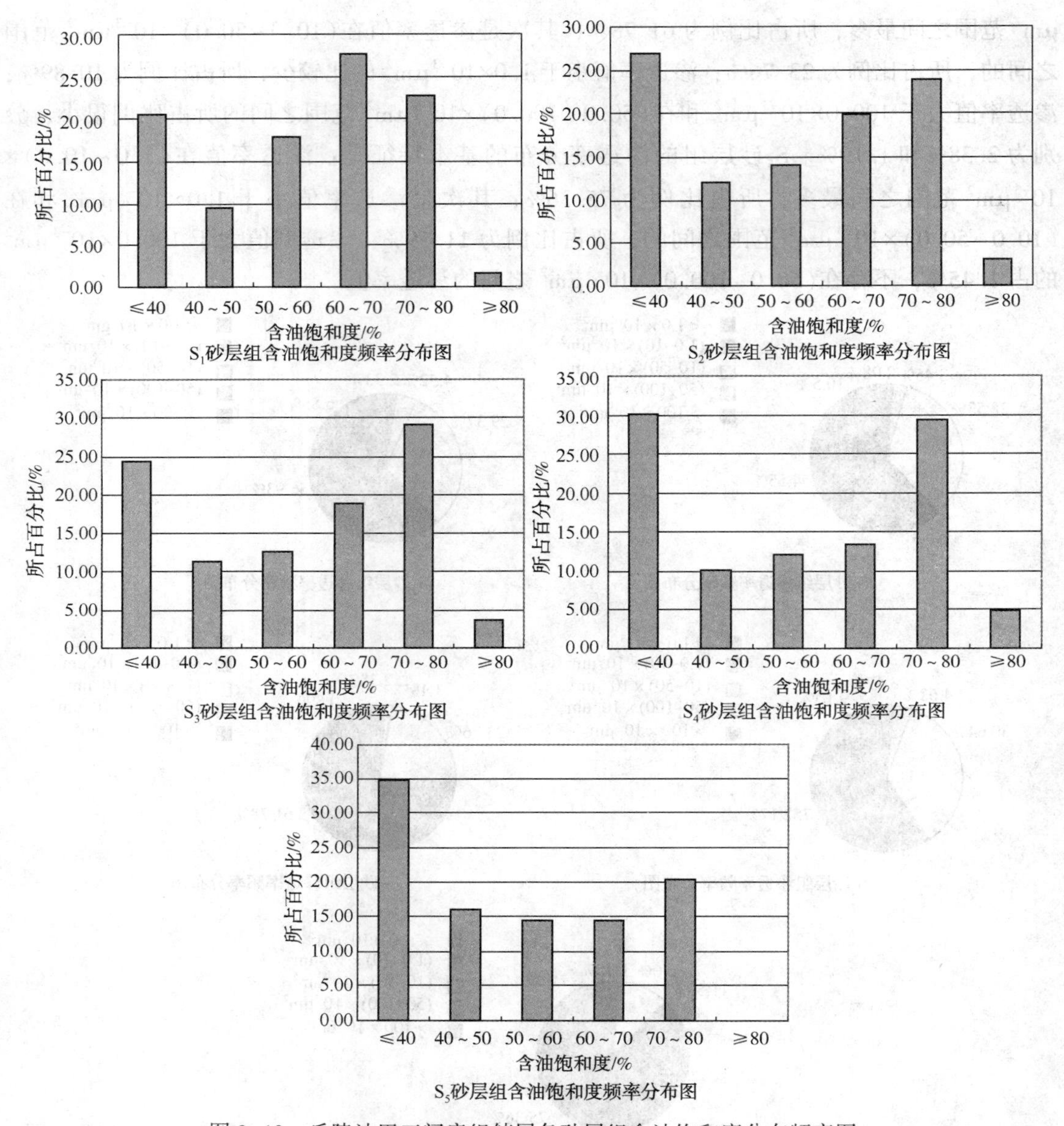

图 2-13　丘陵油田三间房组储层各砂层组含油饱和度分布频率图

23.95%；含油饱和度值在 40.0%~50.0%、50.0%~60.0%、60.0%~70.0%之间以及大于 80.0%的均所占比例很少，其所占比例均小于 20.0%，其中含油饱和度值大于 80.0%的所占比例最少，仅为 3.09%。S_3砂层组含油饱和度分布的基本特征是，其平均值为 54.9%。含油饱和度值在 70.0%~80.0%之间的最多，所占比例为 29.21%，其次是含油饱和度值小于 40.0%的，所占比例为 24.32%；含油饱和度值在 40.0%~50.0%、50.0%~60.0%、60.0%~70.0%之间以及大于 80.0%的均所占比例很少，其所占比例均小于 20.0%，其中含油饱和度值大于 80.0%的所占比例最少，仅为 3.60%。S_4砂层组含油饱和度分布的基本特征是，其平均值为 52.3%。含油饱和度值小于 40.0%的最多，所占比例为 30.10%；其次是含油饱和度值在 70.0%~80.0%之间的，所占比例为 29.95%，含油饱和度值在 40.0%~50.0%、50.0%~60.0%、

60.0%~70.0%之间以及大于80.0%的均所占比例很少，其所占比例均小于20.0%，其中含油饱和度值大于80.0%的所占比例最少，仅为4.95%。S_5砂层组含油饱和度分布的基本特征是，其平均值为45.80%。含油饱和度值小于40.0%的最多，所占比例达到了34.78%；其次是含油饱和度值在70.0%~80.0%之间的，所占比例为20.29%；含油饱和度值在40.0%~50.0%、50.0%~60.0%、60.0%~70.0%之间以及大于80.0%的均所占比例很少，其所占比例均小于20.0%，其中不存在大于80.0%的含油饱和度值。

丘陵油田三间房组储层S_1、S_2、S_3、S_4、S_5五个砂层组的孔隙度与渗透率之间的关系如图2-14所示，孔隙度与渗透率之间存在很好的正相关关系。S_1砂层组孔隙度与渗透率之间

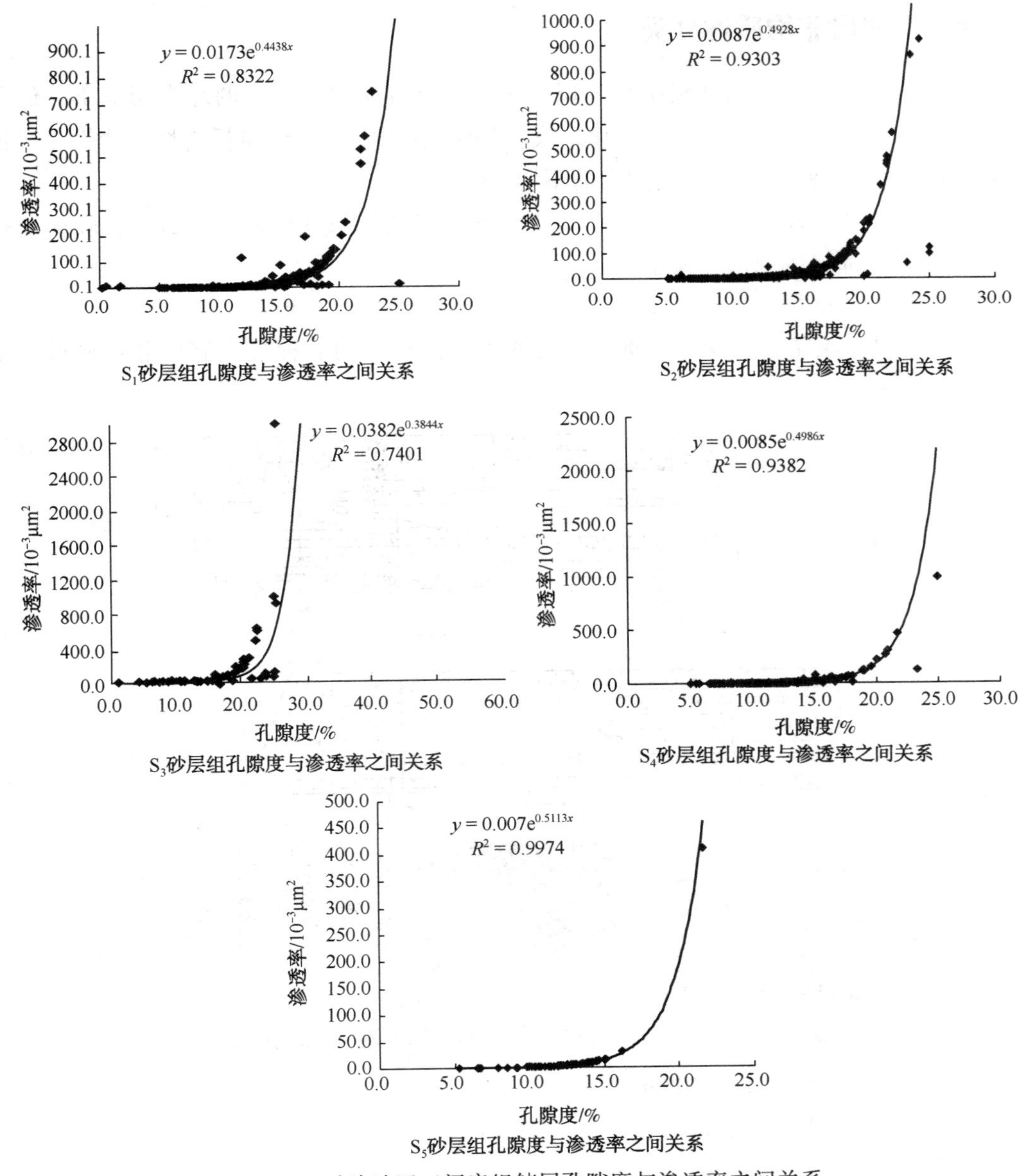

图2-14　丘陵油田三间房组储层孔隙度与渗透率之间关系

关系的表达式为 $y=0.0173\times e^{0.4438x}$，相关系数为 $R^2=0.8322$；S_2 砂层组孔隙度与渗透率之间关系的表达式为 $y=0.0087\times e^{0.4928x}$，相关系数为 $R^2=0.9303$；S_3砂层组孔隙度与渗透率之间关系的表达式为 $y=0.0382\times e^{0.3844x}$，相关系数为 $R^2=0.7401$；S_4砂层组孔隙度与渗透率之间关系的表达式为 $y=0.0085\times e^{0.4986x}$，相关系数为 $R^2=0.9382$；S_5砂层组孔隙度与渗透率之间关系的表达式为 $y=0.007\times e^{0.5113x}$，相关系数为 $R^2=0.9974$。

2.8 丘陵油田三间房组储层非均质性

2.8.1 储层非均质性分类

储层的非均质性是指油气储层在沉积、成岩以及后期构造作用的综合影响下，储层的空间分布及内部各种属性的不均匀变化，或者是储层的基本性质(包括岩性、物性、含油性及微观孔隙结构等特征)在三维空间上的不均一性。

可根据非均质规模大小、成因和对流体的影响程度等来进行分类。目前，较为流行的分类方法基本上都是按规模、大小来分。

(1) Pettijohn 分类

Pettijohn 对河流储层，按非均质性规模的大小，提出的五种规模储层非均质性，见图 2-15。

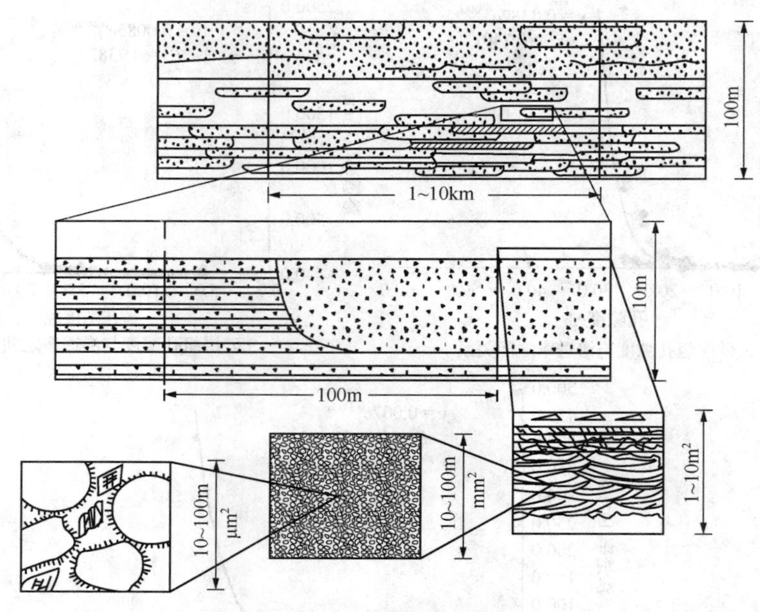

图 2-15 Pettijohn 储层非均质性分类(以和流沉积储层为例)

层系规模 1～10km×100m

砂体规模 100m×10m

层理系规模 1～$10m^2$

纹层规模　　10～100mm²

孔隙规模　　10～100μm²

（2）Weber 分类

Weber 根据 Pettijohn 的思路，不仅考虑非均质性规模，同时考虑非均质性对流体渗流的影响，将储层的非均质性分为七类，见图 2-16。

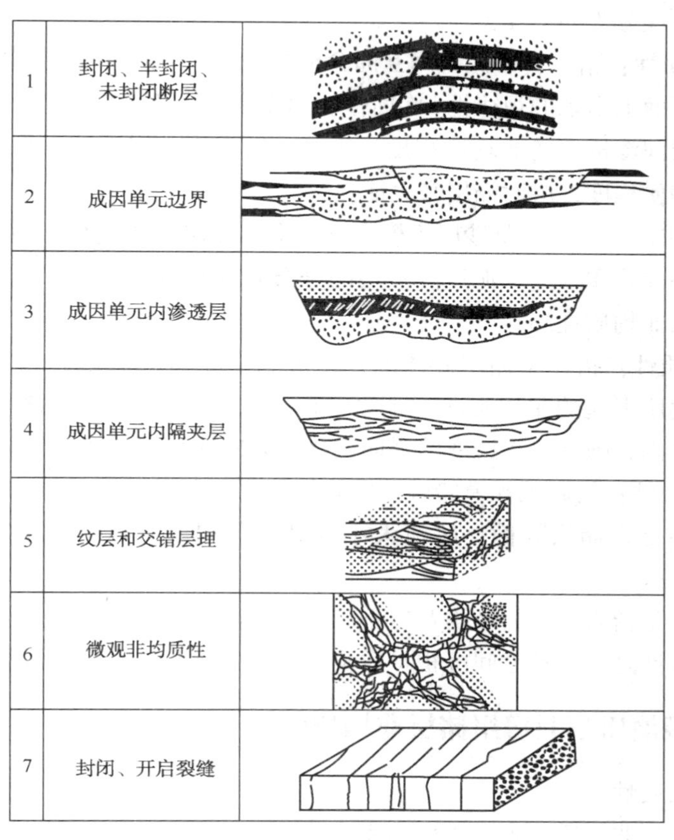

图 2-16　Weber 的储层非均质分类

① 封闭、半封闭、未封闭断层：是一种大规模的储层非均质属性，断裂的封闭程度对油区内大范围的流体渗流具有很大影响。

② 成因单元边界：成因单元边界为岩石变化边界，通常是渗透层与非渗透层的分界线，至少是渗透性差异的分界线。

③ 成因单元内渗透层：在成因单元内部，具不同渗透性的岩层在垂向上呈网状分布，因而导致储层在垂向上的非均质性。

④ 成因单元内隔夹层：成因单元内，不同规模的隔夹层对流体渗流影响很大，

主要影响流体垂向渗流，也影响流体的水平渗流。

⑤ 纹层和交错层理：层理构造内部纹层方向具较大的差异，这种差异对流体渗流有较大影响，从而影响注水开发后剩余油的分布。

⑥ 微观非均质性：是最小规模的非均质性，即由于岩石结构和矿物特征差异导致的孔

隙规模的储层非均质性。

⑦ 封闭、开启裂缝：储层中若存在裂缝，裂缝的封闭和开启性质亦可导致储层的非均质性。

(3) 裘怿楠的分类

根据我国陆相储层特征(规模)及生产实际，裘亦楠提出了一套较完整且实用的分类方案，将储层非均质性分为如下几类。

① 层间非均质性：指一套砂泥岩间互的含油层系(油层组)中的层间差异。包括各种沉积环境的砂体在剖面上出现的规律性(旋回性)、泥质岩类隔层的发育和分布规律——砂体的层间差异、砂层间渗透率的非均质程度，等等。通常用分层系数、垂向砂岩密度、各砂层间渗透率的非均质程度、层间隔层来表征。

② 层内非均质性：指一个单砂层规模内垂向上的储层性质变化。通常用粒度韵律、渗透率韵律、渗透率非均质程度、泥质隔夹层的分布频率和分布密度、沉积构造、颗粒的排列方向来表征层内非均质性。

③ 平面非均质性：指一个储层砂体的几何形态、规模、连续性，以及砂体内孔隙度、渗透率的平面变化所引起的非均质性。通常用砂体几何形态、砂体规模及各向连续性、砂体的连通性、砂体内孔隙度、渗透率的平面变化及方向性来表征平面非均质性。

④ 微观非均质性：指微观规模储层性质的差异性。主要包括：

孔隙非均质性是指储层孔隙、吼道大小及其均匀程度，孔隙吼道的配置关系和连通程度。

颗粒非均质性是指岩石碎屑结构及岩石矿物学特征。

填隙物非均质性是指颗粒之间沉积基质及胶结物的类型、含量、分布、产状等。

2.8.2 丘陵油田三间房组储层非均质性

(1) 平面非均质性

储层在平面上的非均质，主要受砂体发育带及砂体展布方向的控制。三间房组储层孔隙度单井的平均最大值为 15.0%，最小值为 12.4%；渗透率单井的平均最大值为 $202.5\times10^{-3}\mu m^2$，平均最小值为 $6.4\times10^{-3}\mu m^2$，级差为 31.70。

(2) 层间非均质性

通过对系统取心井的岩心渗透率分析，计算出渗透率级差、变异系数和突进系数，结果显示三间房组储层层间非均质严重，属非均匀-严重非均匀，渗透率变异系数 0.75~1.28，突进系数 2.9~4.3。

(3) 层内非均质性

丘陵油田三间房组储层的层内非均质性强，通过对取心井岩心样品的分析可知，相对均质的储层占到 11.80%，非均质储层占到 41.20%，严重非均质储层所占比例相对较高，所占比例为 47.10%。

(4) 单砂层内垂向韵律特征

单砂层内部垂向上粒度组成的韵律特征主要包括正韵律、正韵律叠加、复合韵律、反韵律和均质段5种类型。三间房组储层上油组以正韵律和正韵律叠加型为主，所占比例达到57.0%以上；复合韵律次之，占23.0%~31.0%；均质段和反韵律段分布相对比较少，仅占13.0%左右。下油组则以复合韵律为主，所占比例在59.0%~64.0%范围之内，正韵律和正韵律叠加型次之，所占比例在28.0%~30.0%之间；反韵律和均质段分布相对较少，仅占8.0%~12.0%。

（5）层内低渗透夹层的分布

砂体内部夹层包含有泥岩夹层、粉砂岩夹层和钙质砂岩夹层三种。丘陵油田三间房组储层夹层不发育，夹层以粉砂岩夹层为主，占60.6%左右；钙质砂岩夹层孔隙被钙质充填，没有渗透性，占夹层总数的21.6%左右；泥岩夹层占夹层总数的17.8%。

造成丘陵油田三间房组储层非均质性严重的原因主要是：①储层中存在大量的孤立分布孔隙，彼此之间不连通，对储层渗透率贡献较低；②砂岩的有效孔隙度中包括大量的微孔与胶结物填充，如碳酸盐胶结与伊利石胶结使微孔渗流能力变得很差，因而孔隙度与渗透率的相关性较差；③低渗透储层的压实程度、微裂缝发育程度与被填充程度也大大影响了其物性的相关性。

参 考 文 献

[1] 李文厚，柳益群，冯乔．等．吐哈盆地侏罗系沉积相带与砂体的展布特征[J]．石油实验地质，1997，19(2)：168-172.

[2] 邵磊，李文厚，袁明生．吐鲁番-哈密盆地陆源碎屑沉积环境及物源分析[J]．沉积学报，1999，17(3)：435-441.

[3] 李文厚．吐哈盆地台北凹陷侏罗系层序地层学研究[J]．石油与天然气地质，1997，18(3)：210-215.

[4] 刘林玉．新疆鄯善油田三间房组的小层对比[J]．沉积与特提斯地质，2000，20(3)：26-32.

[5] 孙卫，曲志浩，刘林玉．三间房组油藏沉积旋回及对注水开发的影响[J]．西北大学学报(自然科学版)，1998，28(4)：321-324.

[6] 樊拥军，王福生．沉积岩和沉积相[M]．北京：石油工业出版社，2009：15-50.

[7] 李文厚，林晋炎，袁明生，等．吐鲁翻合密盆地的两种粗碎屑三角洲[J]．沉积学报，1996，14(3)：113-119.

[8] 王洪建，刘文正，陈杨艾，等．温西一、温五区块三间房组沉积微相与油气产能[J]．石油与天然气地质，1997，18(3)：253-256.

[9] 吴胜和，蔡正期，施尚明．油矿地质学(第四版)[M]．北京：石油工业出版社，2011.

[10] 贾文瑞，李福垲．低渗油田开发部署中几个问题的研究[J]．石油勘探与开发，1995，22(4)：47-51.

[11] 孙卫，曲志浩，岳乐平，等．鄯善油田东区油藏注水开发的油水运动规律[J]．石油与天然气地质，1998，19(3)：190-194.

[12] 梁晓伟，孙卫，朱玉双，等．丘陵油田陵2西区三间房组油藏注水运动规律[J]．西北大学学报(自然科学版)，2005，35(3)：331-334.

[13] 朱玉双，孙卫，梁晓伟，等．丘陵油田陵二西区三间房组油藏注水开发动态特征[J]．石油勘探与开发，2004，31(4)：116-119.

[14] 李阳，刘建民．油藏开发地质学[M]．北京：石油工业出版社，2007，97.

[15] 刘宝，张锦泉．沉积成岩作用[M]．北京：科学出版社，1992.
[16] 吴元燕，吴胜和．油矿地质学[M]．北京：石油工业出版社，2005.
[17] 解伟，马广明，孙卫．吐哈盆地丘东凝析气藏中侏罗统储层流动单元划分[J]．现代地质，2008，22(1)：81-85.
[18] 吴胜和．储层表征与建模[M]．北京：石油工业出版社，2010.
[19] 朱筱敏．沉积岩石学[M]．北京：石油工业出版社，2008.
[20] 姜在兴．沉积学[M]．北京：石油工业出版社，2003.

第三章　储层流动单元划分

3.1　储层流动单元的基本概念与划分原则

3.1.1　储层流动单元的基本概念

Hearn C. L. 等(1984)在美国石油技术杂志(JPT)发表了一篇题为《怀俄明州 Hartzog Draw 油田控制油藏开发动态的地质因素》的论文，认为沉积相不足以解释油田不同部位的产能差异及开发特征，从而提出了储层流动单元(reservoir unit)的概念。他将储层流动单元定义为“一个纵横向连续的，内部渗透率、孔隙度、层理特征相似的储集带”。在该带内，各部位的岩性特点相似，影响流体流动的岩石物性特征也相似。

Hearn C. L. 的合作者 Ebanks W. J. (1987)进一步阐述，储层流动单元是一个影响流体流动的岩性和岩石物理性质在内部相似的储集岩体，并与其他岩体的岩石物理性质有一定的差别。按照这一概念，一个储集体可划分为若干个岩性/岩石物理性质各异的储层流动单元块体。在块体内部，影响流体流动的地质参数(储层孔隙度、渗透率、孔隙结构、表面性质以及相对渗透率曲线)相似，块体间则表现了岩性、岩石物理性质的差异性，从而具有不同的流体流动特征。

这一研究对油气田开发特别是二次采油和三次采油具有较大的实际意义。它不仅使地质体描述定量化，而且促使地质与油藏工程的结合，因而这一研究对地下油水运动规律分析、剩余油分布预测具有很大的实际意义。

Amaefule 等(1993)基于孔隙几何学对流体渗流具有很大影响的认识，提出了水力储层流动单元的概念，认为储层流动单元是“给定岩石中水力特征相似的层段”。Amaefule (1993)根据 Kozeny-Carman 的孔渗关系方程，提出了 FZI 指标，认为具有相似 FZI 的岩石具有相似平均水力半径，因而属于同一水力流动单元。

20 世纪 90 年代，我国学者开始对储层流动单元进行研究。裘亦南(1994 年)、焦养泉(1995 年)认为储层流动单元是砂体内部建筑结构(储层构型)的一部分。裘亦南(1996 年)进一步认为储层流动单元是指由于储层的非均质性，隔挡和窜流旁通条件，注入水沿着地质结构引起的一定途径驱油、自然形成的流体流动通道。穆龙新(1996 年)认为储层流动单元是一个相对的概念，应根据油田的地质、开发条件而定。在开发初期合注合采的条件下，储层流动单元为油砂体；在细分层系开发条件下，储层流动单元为成因单元砂体组合；在加密井网开发条件下，储层流动单元为成因单元砂体；在厚层提高采收率条件下，储层流动单元为孔隙单元。

从本质上讲，储层流动单元是具有相似渗流特征的储集单元，不同的单元具有不同的渗流特征，单元间界面为储集体内分隔若干连通体的渗流屏障界面以及连通体内部的渗流差异“界面”。

因此，我国学者吴胜和将储层流动单元定义为“储层内部被渗流屏障界面及渗流差一界面所分隔的具有相似渗流特征的储集单元”。

连通体为内部连通的储集体，其间为渗流屏障所隔档，不发生流体渗流。渗流屏障界面为确定的物理界面，包括泥岩屏障(隔层、横向隔挡体)、成岩胶结屏障、封闭性断层屏障等。界面的识别取决于资料丰富程度及人们的研究水平。

渗流差异“界面”可以是明确的物理界面，如复合砂体内单砂体间或者韵律层间的边界；也可以是不具有物理意义的“人为”边界，如在一个正韵律砂体内根据储层质量差异人为划分的几个相对均质段之间的边界。渗流差异是一个相对的概念，取决于研究者对渗流性能的分类。

总之，自从1984年，Hearn等人提出储层流动单元的概念“一个纵横向连续的，内部渗透率、孔隙度、层理特征相似的储集带”以来，很多学者应用这一概念开展了储层表征或储层评价研究。然而，不同学者对这一概念的理解尚存在一定的分歧，而且结合各自研究工区的地质特点，提出不同的储层流动单元研究方法，可谓百家争鸣。

3.1.2 储层流动单元的层次性

由于非均质储层的固有特点及油田开发阶段的要求，储层流动单元应该具有层次性。吴胜和(1999年)提出将储层流动单元分为两个层次(连通体和渗流单元)。后来，又进一步将储层流动单元分为三个层次：第一层次为连通体，第二层次为部分连通单元，第三层次为渗流单元(即狭义的储层流动单元)。

(1) 连通体

连通体为储层流动单元的第一层次。在连通体内部，虽然储层质量有差别，但各处是连通的。连通体外缘被层间隔层、横向隔挡体和(或)封闭性断层所限定。连通体之间不发生流体渗流。

根据连通体的分布形态和规模，可将其分为片状连通体、带状连通体、透镜状连通体等。

根据连通体内部夹层产状、规模及其渗流性能的影响，又可将其分为泛连通体和半连通体等。泛连通体的基本特点是连通体规模大(一般为片状连通体)，夹层少，规模小，并多呈水平产状，如辫状河砂体常被看成为泛连通体；半连通体的基本特点是连通体规模较小，夹层往往与层面斜交，导致在连通体内部一部分连通而另一部分不连通，如曲流河点坝砂体，其底部连通，上部被多个侧积泥岩层部分隔挡，即为一个下部连通、上部侧向不连通的半连通体。

值得注意的是，连通(connection)与连续(continuity)是两个不同的概念。连续分布的砂体之间可能被封闭性断层、泥质薄层或者钙质胶结层所完全隔挡而不连通。还有一种情况，由于分层太粗，多个层的条带或者透镜状砂体“叠合”成一个连续的、连片状分布的砂体，这实际上是一种由多个独立的连通体组成的“假连片状”砂体。

（2）连通单元

在连通体内部，往往存在一定数量、一定规模的渗流屏障，将连通体分隔成若干个部分连通的储集单元，即部分被渗流屏障所隔挡，但另一部分又与其他单元连通。这些在连通体内部被渗流屏障部分分隔的单元可称为部分连通单元，简称连通单元，曲流河点坝内的侧积体。在油田注水开发过程中，这一层次的单元影响着注采对应关系，易导致剩余油的富集，是油田开发中后期的重点研究单元。

在连通体内部划分连通单元为储层流动单元的第二层次。连通单元划分实际上就是储层内部构型分析。由于储层构型的多层次性，各级界面均可形成渗流屏障。因此从理论上讲，在连通体内部由各级渗流屏障所部分隔挡的储集单元均可称为部分连通单元，只是级次不同而已。由于1、2级界面处的渗流屏障规模小(如层理级别)，所以在实际应用中可暂不考虑这些层理级的屏障，而主要研究连通体内3级界面以上(一般为3~5级)的渗流屏障级其部分隔挡的连通单元。

（3）渗流单元

在连通单元内部，储层质量可存在交大的差异。为了表达这种差异，需将连通单元进一步细分，将其分为若干个具有相似储层质量及渗流特征的单元，即渗流单元，此为储层流动单元的第三层次，也就是狭义的储层流动单元。

3.1.3 储层流动单元的动态性

在油田开发过程中，储层孔隙结构和渗透率可能发生动态变化，从而导致渗流差异的变化，因此渗流单元的类型也会有所变化。从这一点出发，储层流动单元又可视为一个动态的概念。

值得注意的是，储层流动单元的动态性，或者说动态储层流动单元，只涉及储层流动单元的第三层次，即渗流单元，因为在油田开发过程中，连通体以及渗流屏障是不会变化的，变化的只是储层质量。

为了提高油田开发效果，就必须对储层内部结构、地质界面、岩石物理参数、流体性质等这些因素进行深入的研究，并且深入地表征其性质和分布及其对流体渗流的影响。在储层流动单元研究中，充分考虑储层内部影响流体渗流的地质因素，并应用这些因素(地质界面及地质参数)对储集体进行深入的表征。

本章节主要以连通体为研究对象，通过渗流差异分析，划分储层流动单元。为了客观、综合地对研究区三间房组储层进行储层流动单元划分，将其评价准则分为沉积作用、成岩作用、微观孔隙结构特征和含油性等4个因素。在储层流动单元的划分过程中，不能将其中的某一个因素孤立起来讨论评价，必须同时考虑与其相关的各种因素，因此完全用定量的方法来分析是很困难的。于是选择合理的、切合实际的决策分析方法是相当关键的。

3.1.4 储层流动单元的划分原则

（1）逐级细分对比原则

储层流动单元是具有相似的影响流体流动的岩石特征和流体本身渗流特征的储集体，

受沉积环境控制。因此，在识别和划分储层流动单元过程中应以沉积学理论为指导，根据沉积层序、沉积特征和相变特征，综合利用地震、测井以及地质资料，由粗到细，在油层组划分和对比的基础上，首先对小层进行对比划分，然后依据岩石物理参数，进行储层流动单元的划分，逐级控制，逐步细分。

（2）等时面对比原则

在地质历史时期中，同一地质年代的沉积物在小范围内的展布是具有一定规律的，这样就可以把沉积时间相同作为对比标志，进行储层流动单元的划分和对比。我们常常所说的等时面是指距标志层距离相等的砂体顶底面，将发育在这两个等时面之间具有相同相似岩石物理性质的储集体划分为同一储层流动单元。

（3）旋回分级对比原则

充分考虑沉积特征，客观地按固有的沉积层序及沉积旋回进行储层流动单元划分和分类。

（4）储层流动单元划分的优选性原则

优选性定量划分储层流动单元的方法很多，不同方法划分的精度有所差异，各个评价参数的权重亦有所差异。因此，我们在本研究区选择了最能代表孔隙结构特征、沉积环境以及储层宏观物性的参数来划分储层流动单元。

（5）储层流动单元划分的可分性原则

划分储层流动单元时在一定程度上具有很大的可操作性，并且储层流动单元之间具有可区别性。储层流动单元在垂向上应当是有相对连续隔层分隔的井间可对比、可作图的最小沉积单元，储层流动单元之间储层物性和渗流特征要具有明显的区别，而储层流动单元之内储层物性和渗流特征却应该相同或者相似。

（6）储层流动单元划分的合理性和实用性原则

储层流动单元划分的精细程度应该以满足现阶段油田开发的需要为前提，不宜过粗，也不宜过细。如果储层流动单元划分过粗的话，虽然操作起来比较简单，但储层流动单元内储层物性和渗流特征差别太大，划分的储层流动单元不能满足开发动态分析的精度要求；若划分过细的话，则储层流动单元不仅可操作性差，而且可对比性亦差，同时也会抹杀同类储层的共性特征。因此划分尺度要适应油田开发调整的需要和油藏数值模拟的实际能力。

（7）储层流动单元划分的全面性原则

储层流动单元的划分不能仅仅片面地强调数学、计算机方法的应用，追求定量化。因为如果本研究区裂缝和微裂缝比较发育的话，就会导致不同储层物性和渗流特征的储集体单元联通，并形成统一的储层流动单元。因此在储层流动单元划分中应与生产动态和地质实际相结合。

3.1.5 划分储层流动单元参数的选取

3.1.5.1 划分储层流动单元参数的选取原则

在储层流动单元划分的过程中，参数的选取是非常重要的。储层流动单元划分参数的选择应该遵循对研究区通用、有效、简便以及易得的原则，同时所选择的划分储层流动单元的参数能在很大程度上能反映出储层流动单元的地质特征，作为定量描述的依据，而且划分储层流动单元所选取的参数必须易于求取和统计分析，并且在空间上具有一定可比性。因此，在选择有效参数时应该考虑到以下几点原则：

① 首先是所选取的参数应该具有合理性。即选取的参数在很大程度上表征以及反映储层流动单元的特征。

② 尽可能全面地选取反映以及表征储层流动单元各种特征的参数，这些特征参数既包括体现地质成因的静态参数，同时又包括反映渗流特征的动态参数；既包括储层宏观特征参数，同时又包括微观孔隙结构特征的参数。并且，所选取的这些参数之间不存在较大的相关性，也就是要求选取的评价参数不具有重复性。

③ 所选取的这些特征参数是易于求取和统计分析的。

④ 所选取的这些特征参数在空间上具有一定的可比性。

⑤ 值得注意的是，不同参数在控制流体渗流所起的作用不同，并且同一种参数在不同储层中对控制流体渗流的影响作用也可能是有所差别的。

3.1.5.2 划分储层流动单元参数的选取

储层流动单元的划分应充分考虑影响储层流动单元的多种因素，主要包括：沉积相、储层岩石物理特征、成岩作用以及岩石的微观孔隙结构等。

从目前研究成果来看，用于储层流动单元划分的参数主要包括：孔隙度(φ)，反映储层物性特征,%；渗透率(K)，反映储层渗流能力，$10^{-3}\mu m^2$；流动带指数(FZI)，反映储集特征、渗流特征及其非均质特征；砂层厚度(H)，小层中砂岩的厚度，m；有效厚度(h)，具有产工业油气能力部分的厚度，m；泥质含量(V_{sh})，反映岩性特征及沉积环境特征,%；砂地比(S_n)，指垂向剖面上的砂岩总厚度与地层总厚度之比,%；储层品质系数[$(\varphi/K)^{1/2}$]，衡量储层质量好坏的指标；地层系数($K*H$)，渗透率乘以砂层厚度，表征小层内渗透层能力大小；粒度中值(M_d)，反映岩性粗细，沉积韵律；储油能力($\varphi*S_o*H$)，反映储集层储油能力，S_o为含油饱和度；渗透率变异系数(V_k)，反映层间渗透率的非均质程度；渗透率突进系数(T_k)，纵向上最高渗透率与各砂层总平均渗透率的比值；渗透率级差(J_k)，纵向上砂层最高渗透率与最低渗透率的比值；渗透率均值系数(k_p)，渗透率均质与最大渗透率比值；隔夹层分布密度(D_k)，单位厚度储层内的隔夹层厚度。

由于储层流动单元的划分受沉积相、储层岩石物理相特征、成岩作用及岩石的孔隙结构等方面因素的共同控制，而且各油田的储层地质特征差异很大，所以选取正确的划分方法和选取表征其研究区地质因素的参数就显得极为关键。丘陵油田三间房组储层属于辫状河三角洲前缘沉积体系，主要发育水下分流河道、河口坝、水下分流河道间湾等三种沉积微相。砂体厚度横向变化较大，储层受到沉积环境、成岩作用、构造因素的影响，物性较差，非均质较强，形成了现今的低孔、低渗的特征。因此，储层流动单元划分的参数的选取要体现宏观与微观、沉积与成岩、岩石骨架与流体性质各个方面。经综合分析，可归纳为以下几个方面：

(1) 反映沉积作用的参数

沉积单元一般是可以识别的，即使成岩作用变化非常强烈，它们仍能部分地控制储层性质。因此，虽然沉积旋回并不能代表储层流动单元的几何形状，但储层流动单元的分布与沉积相分布却有着紧密的关系。在众多反映沉积环境和沉积特征的参数中，粒度中值和泥质含量是最常用的两个参数。由于粒度中值与泥质含量之间存在很大的相关性，因此为了确保参数选取的唯一性，同时考虑到资料收集的丰富程度，本次研究选取泥质含量(V_{sh})来进行储层流动单元的划分。

(2) 反映储层宏观物性的参数

通常，渗透率(K)和孔隙度(φ)两个参数是表征储层宏观物性特征的评价指标。岩石物理特征对于储层流动单元的划分是起着决定性作用的，其中，孔隙度表征储层储集流体的能力，渗透率表征流体的渗流能力。在描述储层流动单元流体渗流特征时，渗透率就尤其重要。但在一个储层流动单元内部，渗透率的分布并不是均一的。由于储层砂岩的层理特征引起渗透率的各向异性，使之在垂向和侧向上都是连续变化的。

(3) 反映储层微观孔隙结构的参数

孔隙结构是影响油水运动规律的主要因素之一。本次研究选取了饱和度中值压力和退汞效率作为评价参数。饱和度中值压力(P_{c50})是指在非润湿相对50%时相应的注入曲线的毛管压力，这个数值不仅反映了孔隙吼道的大小及分选性，同时在某种意义上表征了油田开发的可动资源量及产能；退汞效率不仅反映了孔隙吼道的连通性，同时在一定程度上表征了油田开发中的最终采收率。

(4) 反映储层含油性的参数

含油饱和度不仅与岩石、流体有关，同时还可以反映岩石饱含流体后的性质。在开发过程中，它随开发措施和时间而变化，且是一个动态参数。饱和度的这种变化，也反映开发措施是否合理，是衡量开发效果的重要参数。同时用原始含油饱和度参数划分的动态储层流动单元代表油藏原始状态。反映流体性质的参数还有黏度 μ、压缩系数 C_t、密度 ρ、体积系数 B_0 等，但这些参数在油中变化不大，一般均以常数处理，因此本次研究不予以考虑。

在研究过程中，选取孔隙度、渗透率、泥质含量、砂体厚度、饱和度中值压力、退汞效率和含油饱和度等7个能够反映储层物性与含油性特征、储层微观孔隙结构特征以及沉积环境特征的参数作为储层流动单元划分的评价指标，基于各参数的化验分析结果(表3-1)，运用AHM法、熵权法、熵权-AHM法对研究区三间房组储层进行了储层流动单元划分，并将三种数学方法划分的储层流动单元结果进行对比分析，验证了熵权-AHM法进行储层流动单元划分的可行性与实用性。

表3-1　岩心样品各参数的原始分析化验结果

井号	孔隙度/%	渗透率/$10^{-3}\mu m^2$	含油饱和度/%	饱和度中值压力/MPa	退汞效率/%	泥质含量/%	砂体厚度/m
L13-211	16.7	157.695	53.4	0.1491	26.83	1	6.8
L7	13.3	6.786	72.1	1.3108	23.72	2	7.7
L25	12.9	1.469	51.5	4.5944	29.19	2	4.5

续表

井号	孔隙度/%	渗透率/$10^{-3}\mu m^2$	含油饱和度/%	饱和度中值压力/MPa	退汞效率/%	泥质含量/%	砂体厚度/m
L25	11. 6	2. 764	58. 8	2. 8082	21. 33	2	6. 4
L13-211	15. 1	34. 952	61	0. 6195	14. 48	1. 5	5. 0
L26	12. 6	18. 162	81	7. 9916	24. 18	1. 5	5. 8
L13-211	11. 7	0. 395	38. 5	12. 4157	32. 41	5	3. 2
L26	13. 3	98. 75	62. 5	0. 185	16. 12	3	4. 8
L7	12. 3	51. 032	62. 5	0. 3511	20. 9	2	12. 9

由于取心井及实验岩样有限，可以通过绘制饱和度中值压力(P_{C50})与储层渗透率(K)的相关关系图，确定二者之间拟合关系式，从而计算出未取心井目的层段的饱和度中值压力(P_{C50})，见式(3-1)。

$$P_{C50}=16.636\times K^{-1.0443} \tag{3-1}$$

相关系数：$R=0.8726$

由于取心井及实验岩样有限，可以通过绘制退汞效率(E_w)与储层渗透率(K)的相关关系图，确定二者之间拟合关系式，从而计算出未取心井目的层段的退汞效率(E_w)，见式(3-2)。

$$E_w=741.23\times e^{-0.1866K} \tag{3-2}$$

相关系数：$R=0.6873$，其中，P_{C50}为饱和度中值压力，MPa；K为渗透率，$10^{-3}\mu m^2$；E_w为退汞效率,%。

3.2 数学地质与储层流动单元划分方法

3.2.1 数学地质

数学地质学是一门地质与数学交叉的新兴学科。国内外的生产实践表明，数学地质学除了在找矿勘探、矿体圈定、储量计算、采矿设计、矿山生产及地学科研等方面具有明显的优越性外，它在石油地质、第四纪地质、地层学、生物学、生态学、岩石学、地球化学、构造地质、地震地质、海洋地质、农业、水文地质、工程地质、古气候、古地理、气象学、遥感地质、环境、林业、医学等许多方面都有成功应用的实例。

3.2.1.1 数学地质学概念

数学地质是在地质学与数学互相渗透，紧密结合的基础上产生的一门边缘学科。它是运用数学的理论和方法研究地质学基础理论和解决地质学中实际问题的地质学分支。电子计算技术是数学地质研究的主要技术手段，目的是从量的方面研究和解决地质科学问题。它的出现反映地质学从定性的描述阶段向着定量研究发展的新趋势，为地质学开辟了新的发展途径。其应用范围是极其广泛的，几乎渗透到地质学的各个领域，目前在国际上已经有了比较普遍的开展，对某些地质问题的研究取得不少的实际效果。关于对数学地质的其他几种观点：

① Davis(1973 年)把数学地质定义为“地质数据的定量分析方法”。

② Agterberg(1974 年)把数学地质定义为“地球科学中的全部数学应用”。

③ 美国 J·W·哈博、D·F 梅里亚姆把数学地质定义为“数学地质就是指计算机在地质学中的应用”。

④ 赵鹏大院士(1983 年)认为“数学地质就是研究最优数学模型并查明地质运动数量规律性的科学”。

无论采用何种定义，我们都可以把数学地质理解为以数学作为基本的理论和方法，以计算机为工具，对地质现象进行定量化研究的一门边缘学科，是由地质学、数学和计算机科学互相结合而逐渐发展完善的。

3.2.1.2 数学地质学的发展历史

数学地质学的思想来源很早，开始于 18 世纪中叶，20 世纪 50 年代才逐步形成一门独立的边缘学科，其发展可大致分为以下 4 个阶段：

(1) 孕育阶段(1950 年以前)

1840 年英国地质学家 Lyell 首次以古生物化石的统计分析为依据，对第三纪地层进行了划分，确定了岩石地层次序，著述了《定量动物学》一书，开创了数学方法引入地质问题研究的先例。20 世纪 30 年代后期，Simpson(1939 年)著的《分析地质学》一书中列举了统计学在生物研究中的多方面应用。Burma(1949 年)在“多元分析——地质学和古生物学中的一种模型分析工具”一文中明确提出了多元统计方法是一种最有前景的生物计量方法。Krumbein 和格里菲斯在沉积学研究中也使用了概率统计方法，为用数学方法研究地质现象和个别指标的统计分析解决具体地质问题奠定了基础。这一阶段也是统计分析在地质学中应用的可能性问题讨论最为激烈的时期。

(2) 早期阶段(1951—1960 年)

Krumbein(1956 年)在研究岩石的矿物成分、岩性和化学成分时，应用了多元统计方法，并把岩石成分作为 n 维空间中的一个点或向量进行统计处理。尤其值得指出的是，1958 年由 Krumbein 和斯洛斯公开发表了第一个面向地质应用的计算机程序，标志着计算机技术在地质研究中应用的开端，加速了地质学的定量化研究进程。1958 年，Sichel 和 Kridge 编著的《地质统计学》及 Allais(1957 年)发表的“单元中岩床数服从泊松分布的矿产资源定量评价”等重要文献奠定了地质统计学分支学科的基础，是数学地质早期发展的重要阶段。

(3) 形成发展阶段(1961—1980 年)

自 1968 年在布拉格第 23 届国际地质大会上成立国际数学地质协会(LAMG)并由维斯捷列马斯任第一届国际数学地质协会主席以来，数学地质这一边缘交叉学科得到了长足发展。1969 年出版了两种专门的数学地质刊物(《Mathematical Geology》和《Computers & Geosciences》)，后来又设立了新刊物《Nonnewreable Resources》。随着人类对资源需求的增加，社会对资源评价和预测研究精度的要求也逐渐提高，迫使地质学家和工程技术人员寻求更加可靠和精确的评价和预测模型。例如，在石油禁运和社会对油气需求增大的背景下，Harris(1973 年)发表了多元统计评价及主观概率评价两种油气资源评价模型。为了加强矿产资源的定量评价，Agterberg(1974 年)针对法国和非洲的一些固体矿床的储量和品位的评价，提出了矿产资源评价的逻辑模型。

(4) 深入广泛的发展阶段阶段(1980 年至今)

这一阶段中，数学地质向更广泛和更高水平发展。随着超大规模集成电路的计算机的研制成功和各种新的应用数学模型的建立，促进了数学地质向更加深入和稳健的方向发展。例如，日本林知己夫的数量化理论，美国麦克卡门和波特波尔的特征分析和苏联的康士坦丁诺夫的逻辑信息方法等为定性地质变量和定量地质变量的联合数学模型的建立提供了基础。地质过程的计算机模拟、地质数据库的建立和地学领域内人工智能专家系统的研制和应用，为数学地质的广泛应用提供了更加先进和方便的手段。

由于计算机和计算数学的发展，新的多元统计分析方法和新的数学理论和方法不断与地质结合，使数学地质更加完善和成熟。人们开始研究一些新的数学地质方法，如法国著名数学家 Tom(1968 年)提出了用数学工具描述灾难性或突如其来的变化现象的突变理论，后来又将微分拓扑学的研究成果应用于地质学，建立了地质学中的突变理论模型，用于研究断层运动、二叠纪海洋无脊椎动物的灭绝原因等。

人工智能及专家系统的研究使专家的知识和经验能为他人所用，充分发挥了计算机和专家的作用；自美国斯坦福国际人工智能研究所于 1976 年研制成果地学领域内的第一个专家系统(Prospector)以来，美国的一家勘探公司利用该系统在华盛顿州发现了一个钼矿床。美国的石油资源评价专家系统及斯仑贝谢跨国测井公司研制的地层倾角测井资料处理解释咨询系统(Dipmeter Advisor)已在油气勘探和开发中取得了很好的效果。地质数据库的成功应用为资料的交流和综合应用提供了可能。

3.2.1.3 国内外数学地质的现状与发展方向

数学地质和地学信息是地球科学中新的研究方向和研究领域，是具有较强生命力和自己特色的新学科。数学地质的最新进展大致方向为：

(1) 地质体和地质过程的数学模拟

主要分为理论模拟和实际应用两个方面，在理论方面为了地球科学数据标准、词典与技术的发展和现状、空间数据库、地球科学中的球状问题，建立地质体和地质过程的数学模型，应用了各种新的数学模型和方法，并将数学模拟的结果用于延伸地质解释和进行地质预测，同时在很多方面得到了实际应用。例如，将地下流体模拟结果用于石油开采和地下水资源开发，将质体和地质过程数学模拟结果用于废弃矿山研究、环境污染评价、矿产资源评价，储层的开采和设计以及地质数据的三维可视化显示等。

(2) 地质统计学

目前，地质统计学仍然是数学地质的一个重要分支方向，在 2000—2006 年期间，国内外的重要数学地质期刊有相当多数量的地质统计学论文发表，这些论文的内容主要涉及：快速克立格研究，协同克立格研究，普通克立格、泛克立格和距离加权的比较研究，条件克立格和非线性体积均值研究，地质统计学中的空间、时间模型研究，条件模拟研究以及变异函数研究，地质统计建模与不确定传播，地质统计模拟，多变量地质统计学和数据同化，GIS 与地质统计学的桥接和结合。

(3) 地质多元统计研究

地质统计学是充分考虑数据空间分布特性的统计学方法，是一个在数学地质发展的早、中期就已经存在的研究方向，近年来仍有一些研究进展。例如，判别分析可靠性研究、空间因子分析的应用研究等。主要体现在：①基于变差函数和交叉变差函数的最短距离均值法纹理分类；②光谱信息和变差函数相结合用于距离计算的、基于变差函数和交叉变差函数的最短距离均值法纹理分类。

(4) 其他方面

在数学形态学研究、分维和分形、闭合数组研究、谱分析研究等方面均取得了一定进展。

3.2.1.4 现代数学地质包含的主要内容

根据以上对数学地质定义的理解，我们可以说数学地质是一门迅速发展、开放的学科。随着计算机技术的不断提高和地球科学的发展，计算机应用的日益普及，地质现象的定量化研究已经成为一个必然趋势，数学地质要解决的问题正是地质现象的定量化这一极为困难的问题。作为一门把地质问题定量化不断推向深度和广度的、具有生命力的综合性边缘学科，正蓬勃发展着，它以多种数学方法为基础，同时吸收了现代物理学、化学、社会科学等研究成果，借助于计算机，实现对地质过程的模拟、对地质现象时空变化的分析、对多种变量之间相互关系的刻画，而以各种预测为最终目标，为人类的生产实践提供决策的量化依据。现代数学地质一般包括以下几方面的内容：

① 数据分布类型及预处理：地质数据的分布类型及其检验数据的特征分析，变量的选择及最佳组合，地质数据之预处理；

② 属性分析与综合：相关、聚类、判别、对应、因子分析等；

③ 地质多元统计分析方法：趋势面分析、特征的空间分布、单位向量场分析；

④ 矿产资源统计预测：Delphi 法、主观概率、蒙特卡罗、条件概率等；

⑤ 时间序列分析预测；

⑥ 地质统计学；

⑦ 模糊数学和突变论；

⑧ 分形理论；

⑨ 灰色系统；

⑩ 地质过程的计算机模拟；

⑪ 地质数据库及地质数据处理系统；

⑫ 人工智能专家系统。

3.2.2 储层流动单元划分方法

储层流动单元研究可以分为 2 个层次：第一层次确定连通砂体与渗流屏障的分布；第二层次确定连通体内部导致渗流差异的储层质量差异。储层流动单元的识别和划分，是应用如储集层的沉积、岩石物理和渗流特征等相关参数将储集体进行合理的进一步划分，一般在储层结构研究的基础上进行。根据优选的地质参数的数量，分类方法主要有以下几种。

3.2.2.1 单井识别方法

（1）孔渗参数法

这一研究思路最早是在1984年由Hearn提出，基本方法是：首先，通过沉积学研究在垂向上划分若干个成因单元；然后，主要根据孔渗参数对成因单元进行进一步的细分，划分出若干个纵向上和横向上岩石性质和孔渗性质相似的储集单元，即储层流动单元。

国内外一些学者根据单一参数(如渗透率)，通过截断值，将储层流动单元分为若干类别。

Jackson(1989年)在对美国蒙大拿州钟溪油田障壁岛储层进行储层流动单元划分研究时，按渗透率根据3个截断值$100\times10^{-3}\mu m^2$、$1000\times10^{-3}\mu m^2$、$2000\times10^{-3}\mu m^2$将储层流动单元分为四类。其中，一类储层流动单元渗透率为$(2000\sim5500)\times10^{-3}\mu m^2$，二类储层流动单元渗透率为$(1000\sim2000)\times10^{-3}\mu m^2$，三类储层流动单元渗透率为$(100\sim1000)\times10^{-3}\mu m^2$，四类储层流动单元渗透率为$(0\sim100)\times10^{-3}\mu m^2$。然而，在Jackson(1989年)的论文中，并没有说明确定不同储层流动单元渗透率截断值的依据。

有学者曾质疑，在单一参数(如渗透率)空间分布已确定的情况下，再将其截断为若干储层流动单元，是否已经没有实际意义了。确实，如果截断后的各类储层流动单元没有各异且鲜明的渗流特征，储层流动单元的划分确实没有意义了；但若截断后的各类储层流动单元具有各异且鲜明的渗流特征，则储层流动单元的划分意义仍然很大。

我国学者吴胜和对我国大庆萨北油田生产层段进行储层流动单元研究。通过岩心渗透率、水洗程度、驱油效率的分析发现，渗透率$400\times10^{-3}\mu m^2$和$1200\times10^{-3}\mu m^2$两个值具有较大的开发意义。当渗透率小于$400\times10^{-3}\mu m^2$时，砂体(即使是砂体底部)水驱后难于达到强水洗程度，而多为弱-中水洗；当渗透率小于$1200\times10^{-3}\mu m^2$时，驱油效率不大于65%。强水洗段累积驱油效率为65%是一个重要的拐点。而岩心分析表明，在该拐点之上，砂体内部更容易形成大孔道。据此，可按上述两个渗透率截断值将储层流动单元划分为三类。

（2）孔喉结构参数法

许多学者着重于孔隙几何学对流体渗流的影响，依此对储层流动单元进行划分和研究。孔喉类型、几何形状、孔喉配置关系等是储集层的岩石物理特征和渗流特征的重要因素，不同储层流动单元有不同的孔喉结构参数特征。

（3）储层流动单元指数法

通过对Kozeny-Carman的孔渗关系等式修改后，可推导出划分储层流动单元的流动层段指标*FZI*。利用*FZI*可以提高渗透率的解释精度，是目前国内外研究及应用较为广泛的方法。

1）常规均质砂岩储层

Kozeny提出的渗透率解释模型：

$$K=\frac{\varphi r^2}{8\tau} \tag{3-3}$$

基于上述方程，Carman给出了渗透率解释模型，即Kozeny-Carman方程：

$$K=\frac{(f_g\tau^2S_{gv}^2)^{-1}\varphi_e{}^3}{(1-\varphi_e)^2} \tag{3-4}$$

式中　f_g——形状系数，无因次；

τ——孔隙介质迂曲度，无因次；

S_{gv}——单位质量的颗粒表面积，μm^{-1}；

φ_e——有效孔隙度，小数；

K——渗透率，μm^2。

公式(3-4)表明，渗透率(K)与有效孔隙度(φ_e)成正比，与形状系数(f_g)、孔隙介质迂曲度(τ)和单位质量的颗粒表面积(S_{gv})成反比。

当渗透率(K)的单位为×10^{-3}μm^2 时，公式(3-4)可以改写为：

$$0.0314\sqrt{\frac{K}{\varphi_e}}=\left(\frac{\varphi_e}{1-\varphi_e}\right)\left(\frac{1}{\sqrt{f_g}\,\tau S_{gv}}\right) \tag{3-5}$$

令公式(3-5)中：

$$RQI=0.0314\sqrt{\frac{K}{\varphi_e}}$$

$$\varphi_z=\frac{\varphi_e}{1-\varphi_e}$$

$$FZI=\frac{1}{\sqrt{f_g}\,\tau S_{gv}}$$

则有：

$$FZI=\frac{RQI}{\varphi_z} \tag{3-6}$$

式中 RQI——储层流动单元储层质量指数；

φ_z——标准化孔隙度指标；

FZI——储层流动单元指数。

对式(3-6)两边取对数，得 K-C 方程：

$$\lg FZI=\lg RQI-\lg\varphi_z \tag{3-7}$$

利用式(3-7)识别储层流动单元的理论基础是储层孔隙度和渗透率的差异(渗流特征)，没有显示出岩石孔喉特征的作用。

2) 非均质性较强的储层

对于非均质性较强的储层，孔隙结构变化大。岩石孔喉和渗流特征的变异，对储层流动单元指数(FZI)的计算结果影响较大。那么就需要运用改进的储层流动单元识别指数来进行储层流动单元划分。

Wyllie 等人将迂曲度 τ 定义为地层电阻率 F_R 与孔隙度 φ 乘积的平方：

$$\tau=(F_R\times\varphi)^2 \tag{3-8}$$

根据阿尔奇公式，式(3-8)中的 F_R 又可以表示为：

$$F_R=\frac{a}{\varphi^m} \tag{3-9}$$

式中 a 为岩性系数；m 为胶结指数。因此，式(3-8)又可改写为：

$$\tau=\left(\frac{a}{\varphi^{m-1}}\right)^2 \tag{3-10}$$

将式(3-10)代入式(3-3)可以得到改进的Kozeny-Carman方程：

$$K=\left(\frac{1}{f_g a^2 S_{gv}^2}\right)\frac{\varphi^{2m+1}}{(1-\varphi)^2} \tag{3-11}$$

变换式(3-11)可以得到：

$$0.0314\sqrt{\frac{K}{\varphi}}=\left(\frac{1}{\sqrt{f_g}\tau S_{gv}}\right)\frac{\varphi^m}{1-\varphi} \tag{3-12}$$

令公式(3-12)中：

$$RQI=0.0314\sqrt{\frac{K}{\varphi}}$$

$$\varphi_z=\frac{\varphi}{1-\varphi}$$

$$FZI_m=\frac{1}{\sqrt{f_g}\tau S_{gv}}$$

则公式(3-12)变为：

$$RQI=FZI_m\times\varphi_z\times\varphi^{m-1} \tag{3-13}$$

在此称 FZI_m 为改进的储层流动单元识别指数。对式(3-13)两边取对数得：

$$\lg FZI_m=\lg RQI-\lg\varphi_z-(m-1)\lg\varphi \tag{3-14}$$

根据式(3-14)识别流动的理论基础是储层流动单元的岩石孔喉和渗流特征的差异。

当 m 为1时，FZI 与 FZI_m 相同，也就是说 FZI 仅是 FZI_m 的特例。因此，FZI_m 既适用于常规均质砂岩，也适于致密砂岩储层流动单元的识别。

储层流动单元指数法优点突出：①划分指标量化，标准统一；②可供使用的资料多(岩心分析、测试和测井资料)；③研究的经济成本和时间成本低。但是，各类储层流动单元的展布及渗流屏障分析仍然不够。因而，储层流动单元指数法难以准确把握剩余油分布区。

(4) R_{35}孔喉半径法

Hartmann等人将储层流动单元定义为“具有相似孔喉类型的一个连续的地层储集体”。Martin等人在碳酸盐岩储层流动单元的研究过程中指出，认识和预测储层的关键之一是将储层划分成不同的储层流动单元，每一类储层流动单元都具有统一的孔喉大小分布和相似的储层性质。

Alden等人提出的利用 R_{35}孔喉半径来划分和评价岩石物理储层流动单元。在压汞曲线上，进汞饱和度达到35%所对应的孔喉半径(R_{35})可反映储层孔隙结构。R_{35}的值可以通过压汞法、图像分析法或直接通过测试数据获得，也可以利用Winland公式，见公式(3-15)。

$$\lg R_{35}=0.372+0.588\lg K-0.6841\lg\varphi \tag{3-15}$$

式中 K——渗透率，$10^{-3}\mu m^2$；

φ——孔隙度。

Alden等学者根据 R_{35}孔喉半径的分布范围，将岩石物理储层流动单元分为4种类型，即：①巨孔喉储层流动单元，R_{35}大于10μm；②大孔喉储层流动单元，R_{35}介于2~10μm；③中孔喉储层流动单元，R_{35}介于0.5~2μm；④微孔喉储层流动单元，R_{35}小于0.5μm。

（5）多参数综合分类方法

当优选的渗流地质参数为多个时，需要综合多参数进行储层流动单元分类。分类方法主要为数学方法，如聚类分析法、模糊综合评判法等。

TiG等(1995年)在研究阿拉斯加北斜坡Endicott油田储层流动单元时提出了一种较有意义的定量化研究方法，利用岩心和测井资料，应用传导系数、存储系数、净砂岩含量等三个参数通过聚类分析方法对储层流动单元进行分类，将一个实例区的储层流动单元分为E、G、M、P四类。首先，根据岩心描述，将沉积层段分成若干个层，并根据岩石特征和物性特征将这些层进一步分为若干个亚层；然后，通过岩心、测井信息计算出各井各亚层的传导系数、储存系数和净砂岩含量，并应用聚类分析，将这些亚层归属于不同的储层流动单元。此种分类结合了储层流动单元的物性特征，可有效指导注水开发，避免注入水窜进现象。

Davies Vessell(1996年)在对美国西得克萨斯海相碳酸盐岩储层进行储层流动单元研究时，综合孔隙大小、形状、孔喉比、配位数、孔喉分布等参数将储层分为八种岩类，每种岩类即为一类储层流动单元，且均具有一定的、良好的孔渗关系。

值得注意的是，多参数综合分类(如聚类分析法、模糊综合评判法等)毕竟为数学方法，据此划分的储层流动单元类别应该赋予明确的物理含义，即各类储层流动单元的开发动态相应特征。

（6）多参数综合分类方法

焦养泉等人根据露头资料识别各种影响和控制流体渗流的沉积和成岩隔挡层(渗流屏障)，提出储层流动单元最基本的物质构成单位是岩性相。该方法具有直接、直观的优点，适用于对储层流动单元开展解剖性研究。其难点在于如何把根据有限露头得出的认识准确推广到地下储层。

（7）层次分析法

该方法基于层次分析思想，首先，应用高分辨率层序地层学等时对比法则，建立高分辨率等时地层格架，并研究间隔层、夹层的分布；然后，在等时地层单元内，按照其中不同级次沉积界面和结构单元的特征，把储层详细解剖到成因砂体或成因单元，并进一步分析界面间沉积、成岩胶结屏障及断层遮挡状况，建立精细的储层结构模型及渗流屏障模型；最后，通过影响渗流的储层地质参数分析，在成因砂体或成因单元内定量划分储层流动单元，建立储层流动单元三维定量分布模型。该方法思路明晰，综合了多参数分析法的优点，重视储层流动单元渗流屏障的成因及分布。

上述方法主要针对有取岩心的目的层，依靠岩心分析资料进行储层流动单元的识别和划分。但大部分油田生产井都未取心，测井资料却十分丰富，故用测井资料来进行储层流动单元的识别和划分具有现实意义。

3.2.2.2 多井识别方法

（1）地震识别法

1）地震多参数法

依据多种地震参数的特征和规律，用数理统计方法识别地震参数所属的储层流动单元类型。首先根据井的资料确定储层流动单元类型和特征，据此确定辨别函数，使该辨别函数能最大限度地将各类储层流动单元区分开。

2）地震属性分析法

利用波阻抗信息、地震记录道振幅与反射系数的相似性及相邻地震记录道的高度相关性，由井旁外推到其他地震道，建立波阻抗岩性剖面。由于砂岩的波阻抗值比泥岩大许多，据此可以直观地求得砂体的边界及厚度，或利用振幅属性确定砂体边界和砂层厚度。

（2）生产动态参数法

根据油田生产过程中井间流体流动速度及流动能力资料，对哥伦比亚 LaCira 油田一个曲流带砂岩储层进行了储层流动单元研究，主要应用了井间流动能力指数来描述储层流动单元。即若 2 口井位于同一储层流动单元，则 2 口井的地层系数之比与其流量之比有很好的相关性；否则，相关性差。由此可以判断储层流动单元的分布范围及连通性。

（3）聚类分析法

聚类分析是以每个数据体选定最佳中心并且用聚类识别标记隔离那组数据为基础，按照储层流动单元在性质上或成因上的亲疏关系，对储层流动单元进行定量分类的方法，属于一种数理统计法，是目前较常用的一种储层流动单元分类方法。这种分类不仅综合考虑了储层流动单元所有的因素，而且不受分类结构的影响，即只以某种分类统计量为依据，故较为合理。总之，科学地对渗流单元进行分类，使之与油田开发效果相匹配，才能达到储层流动单元研究的目的。

总之，科学地对渗流单元进行分类，使之与油田开发效果相匹配，才能达到储层流动单元研究的目的。

3.2.3 储层流动单元划分思路

地下储层是一个多级次的复杂系统，而用于储层流动单元划分的参数与信息又总是不完备的。因此，为了使储层流动单元划分结果逼近地质实际，就需要具有科学的理念和思维，基于储层地质特征研究，优选出能准确表征储层非均质性的各项评价参数，建立储层流动单元划分评价体系，分析这个较为复杂的评价系统中各个因素之间的相互关系，从而分解为相互支配的若干层次或子系统。即建立层次结构模型，选取合适的数学方法，计算各个评价参数的主观或者客观权重，确定不同评价参数的相对重要性，然后求取综合权重，最后基于储层地质特征制定合理的储层流动单元划分标准，并且进行储层流动单元划分。储层流动单元划分流程见图 3-1。本章后续章节将以丘陵油田三间房组储层为例，基于选择相同的储层评价参数(能反映储层沉积特征、储层物性特征以及储层微观孔隙结构特征)，介绍几种储层流动单元划分方法。

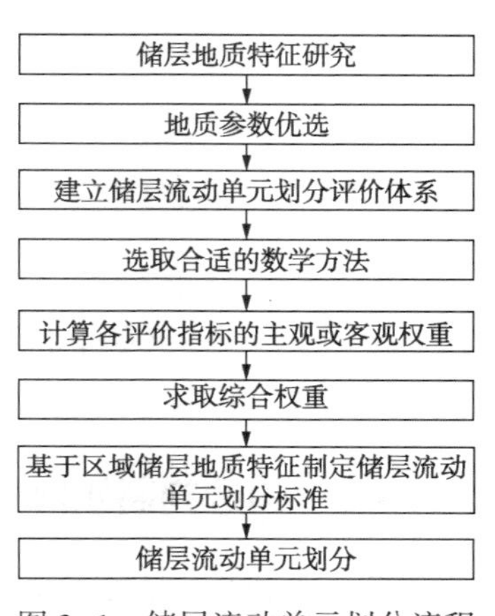

图 3-1　储层流动单元划分流程

3.3 基于 AHM 法的低渗透砂岩储层流动单元划分

1997 年，北京大学程乾生教授在属性测度基础上，提出了一种新的无结构决策方法——属性层次模型 AHM。下面是对应用 AHM 法进行储层流动单元划分的计算原理及基本步骤的叙述。

3.3.1 建立递阶层次结构模型

在属性层次分析法中，首先要建立决策问题的递阶层次结构的模型。通过调查研究和分析，明确决策问题的范围和目标、问题包含的因素，各因素之间的相互关系。然后按性质将因素分成若干层，构造成一个以目标层、若干准则层和方案层组成的递阶层次结构，见图 3-2。

一般来说，可以将层次分为三种类型：

① 最高层：只包含一个元素，表示决策分析的总目标，因此也称为总目标层。

② 中间层：包含若干层元素，表示实现总目标所涉及的各子目标，包含各种准则、约束、策略等，因此也称为目标层。

③ 最低层：表示实现各决策目标的可行方案、措施等，也称为方案层。

典型的递阶层次结构如下：

一个好的递阶层次结构对解决问题极为重要，因此在建立递阶层次结构时，应注意到：

① 从上到下顺序地存在支配关系，用直线段(作用线)表示上一层次因素与下一层次因素之间的关系，同一层次及不相邻元素之间不存在支配关系。

② 整个结构不受层次限制。

③ 最高层只有一个因素，每个因素所支配元素一般不超过 9 个，元素过多可进一步分层。

④ 对某些具有子层次结构可引入虚元素，使之成为典型递阶层次结构。

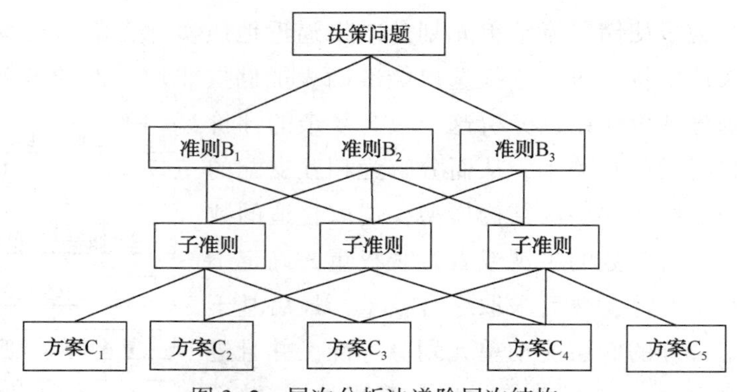

图 3-2　层次分析法递阶层次结构

3.3.2 构造判断矩阵

设有 m 个目标(方案或元素)，根据某一准则，将这 n 个目标两两进行比较，把第 i 个目标($i=1,\ 2,\ \cdots,\ n$)对第 j 个目标的相对重要性记为 a_{ij}($j=1,\ 2,\ \cdots,\ n$)，这样构造的 m

阶矩阵用于求解各个目标关于某准则的优先权重，成为权重解析判断矩阵，简称判断矩阵，记作 $A=(a_{ij})_{n\times n}$。

$$A=(a_{ij})_{n\times n} \tag{3-16}$$

其中，$a_{ij}>0$　　　$a_{ij}=1/a_{ji}$

$a_{ii}=1$　　　$i, j=1, 2, \cdots, n$

Satty 于 1980 年根据一般人的认知习惯和判断能力给出了属性间相对重要性等级表(表 3-2)，称为 1-9 标度方法。利用该表取 a_{ij}的值。

表 3-2　目标重要性判断矩阵 A 中元素的取值

标　　度	意　　　义	说　　明
1	两个因素相比同样重要	
3	两个因素相比，一个因素比另一个因素稍微重要	
5	两个因素相比，一个因素比另一个因素明显重要	
7	两个因素相比，一个因素比另一个因素强烈重要	
9	两个因素相比，一个因素比另一个因素极端重要	
2、4、6、8	上述两相邻判断的中间值	

3.3.3　构造属性判断矩阵

对最高层和中间层的每一元素，以它为准则，构造与它有关的下一层元素的属性判断矩阵，并计算相对属性权，即主观权重。

设 B 为一个准则，b_1，b_2，…，b_n 为 n 个元素，对于准则 B，比较两个不同元素 b_i 和 b_j ($i\neq j$)，b_i 和 b_j 对准则 B 的相对重要性分别记为 u_{ij}和 u_{ji}。按属性测度的要求，u_{ij}和 u_{ji}满足：

$$u_{ij}\geqslant 0,\ u_{ji}\geqslant 0,\ u_{ij}+u_{ji}=1,\ i\neq j \tag{3-17}$$

$$u_{ij}=0,\ i=j,\ 1\leqslant i\leqslant n,\ 1\leqslant j\leqslant n \tag{3-18}$$

满足式(3-17)、式(3-18)式的 u_{ij}称为相对属性测度，其组成的 n 阶矩阵$(u_{ij})_{1\leqslant i,j\leqslant n}$称为属性判矩阵。$(u_{ij})_{1\leqslant i,j\leqslant n}$可由层次分析法判断矩阵$(a_{ij})_{1\leqslant i,j\leqslant n}$转换得到，转换公式可规定如公式(3-19)，其中 k 为大于等于 1 的正整数，a_{ij}的值可由 1-9 比例标度确定。

$$u_{ij}=\begin{cases}\dfrac{k}{k+1}, & a_{ij}=k,\ i\neq j\\[2ex] \dfrac{1}{k+1}, & a_{ij}=\dfrac{1}{k},\ i\neq j\\[2ex] 0, & a_{ij}=1,\ i=j\end{cases} \tag{3-19}$$

3.3.4　权重确定

(1) 属性权重确定

属性判断矩阵$(u_{ij})_{1\leqslant i,j\leqslant n}$具有一致性，因此不需要计算矩阵的特征根和特征向量，也不需要进行一致性检验。其中，权重 W_b 的计算公式为：其中，属性权重 W_b 的计算公式为：

$$W_b = [W_b(1),\ W_b(2),\ \cdots,\ W_b(n)]^T = \frac{2}{n(n-1)}\sum_{j=1}^{n} u_{ij},\qquad 1 \leqslant i \leqslant n \tag{3-20}$$

其中，$W_{b(n)}$ 表示第 n 个指标的相对权重。

(2) 组合权向量计算

计算同一层次所有因素对于最高层相对重要性的排序权重，称为层次的合成权重，这一过程是从上往下逐层进行的。假设上一层次 A 包含 m 个因素 A_1，A_2，…，A_n 其层次总排序权重为 a_1，a_2，…，a_n；下一层次 B 包含 n 个因素 B_1，B_2，…，B_n，它们对于因素 A_j 的单准则排序权重分别为 b_{1j}，b_{2j}，…，b_{nj}(当 B_k 与 A_j 无联系时，$b_{kj}=0$)，这时层次 B 的合成权重，由式(3-21)计算。

$$b_k = \sum_{j-1}^{m} a_j b_{kj} \tag{3-21}$$

即第二层对第一层的权向量

$$w^{(2)} = (w_1^{(2)},\ \cdots,\ w_n^{(2)})^T \tag{3-22}$$

第三层对第二层各元素的权向量

$$w_k^{(3)} = (w_k^{(3)},\ \cdots,\ w_k^{(3)})^T,\ k=1,\ 2,\ \cdots,\ n \tag{3-23}$$

构造矩阵 $W^{(3)} = [w_1^{(3)},\ \cdots,\ w_n^{(3)}]$

则第三层对第一层的组合权向量 $w^{(3)} = W^{(3)} w^{(2)}$

根据公式(3-21)求得第三层各因素对第一层的合成权重。

3.3.5 基于 AHM 法的低渗透砂岩储层流动单元划分

以丘陵油田三间房组储层为例，采用 AHM 法对储层流动单元划分体系中的各个评价指标进行量化分析、综合评判，确定各指标的相对权重，对储层进行储层流动单元划分，为合理开发、利用油气资源提供科学依据。

3.3.5.1 评价指标的选取

在综合考虑了丘陵油田的地质、工程和油田实际开发因素，有机地把静态和生产动态结合起来的基础上，选取孔隙度(φ)、渗透率(K)、含油饱和度(S_0)、饱和度中值压力(p_{C50})、退汞效率(S_{Hg})、砂体厚度(H)以及泥质含量(V_{sh})共 7 个参数作为研究对象。其中，泥质含量反映沉积相及沉积环境；砂体厚度反映了地层的沉积速率和物源供应情况；孔隙度和渗透率既是储层岩石物性参数，也是联系储层宏观与微观分类的桥梁，可以从测井解释和取心资料分析获得；饱和度中值压力、退汞效率反映储集层微观孔隙结构及渗流特征，进而影响到采收率；含油饱和度是一个动态参数，在一定程度上可以反映储层剩余油情况。

3.3.5.2 建立指标评价体系

在储层流动单元划分体系中，根据实际需要，以低渗透砂岩储层流动单元分类作为目标层(A)；以储层的微观特征、物性特征和沉积环境作为准则层(B)；选取孔隙度、渗透率、泥质含量、砂体厚度、饱和度中值压力、退汞效率和含油饱和度等 7 个参数作为评价指标（C）；最底层为单砂体作为方案层（D）。低渗透砂岩储层流动单元分类系统层次结构模型，见图 3-3。

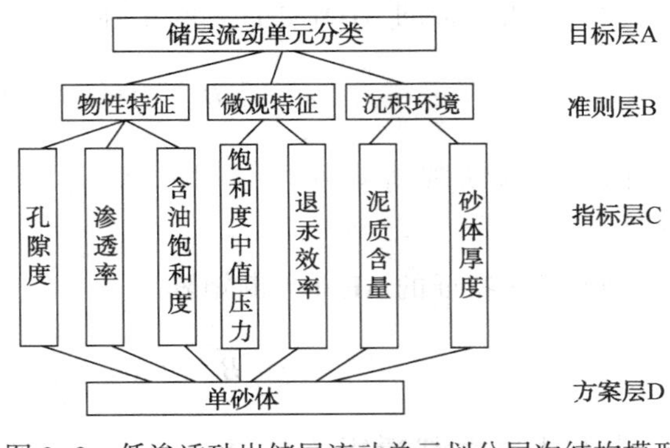

图 3-3　低渗透砂岩储层流动单元划分层次结构模型

3.3.5.3　建立构造判断矩阵

采用专家打分法，将标准层 7 个元素指标进行分析，两两比较按 1∶9 比例标度进行重要性评分，建立准则层对目标层、指标层对准则层的 AHP 判别矩阵，见式（3-24）~式（3-27）。

（1）准则层的 AHP 判断矩阵

$$A=(a_{ij})_{3\times3}=\begin{bmatrix}1 & 3 & 3\\ 1/3 & 1 & 1\\ 1/3 & 1 & 1\end{bmatrix} \tag{3-24}$$

（2）物性特征的 AHP 判断矩阵

$$B_1=(a_{ij})_{3\times3}=\begin{bmatrix}1 & 1/5 & 1/3\\ 5 & 1 & 3\\ 3 & 1/3 & 1\end{bmatrix} \tag{3-25}$$

（3）微观特征的 AHP 判断矩阵

$$B_2=(a_{ij})_{2\times2}=\begin{bmatrix}1 & 1\\ 1 & 1\end{bmatrix} \tag{3-26}$$

（4）沉积特征的 AHP 判断矩阵

$$B_3=(a_{ij})_{2\times2}=\begin{bmatrix}3 & 1\\ 1 & 1/3\end{bmatrix} \tag{3-27}$$

3.3.5.4　建立属性判断矩阵及权重计算

然后，通过式（3-19）把各 AHP 的判断矩阵转换成 AHM 的测度判断矩阵，并由式（3-20）计算出各指标的单层相对权重，结果见式（3-28）~式（3-31），其中 W_c 代表权重。

（1）准则层的 AHM 属性判断矩阵

$$A^{*\prime}=(u_{ij})_{3\times3}=\begin{bmatrix}0 & 0.75 & 0.75\\ 0.25 & 0 & 0.5\\ 0.25 & 0.5 & 0\end{bmatrix} \tag{3-28}$$

由上述判属性断矩阵计算出 B_1、B_2、B_3对于 A 的相权值为：$W_b=[0.5,\ 0.25,\ 0.25]^T$。

（2）物性特征的 AHM 属性判断矩阵

$$B_1^{\prime *}=(a_{ij})_{3\times3}=\begin{bmatrix}0 & 0.167 & 0.25\\ 0.833 & 0 & 0.75\\ 0.75 & 0.25 & 0\end{bmatrix} \tag{3-29}$$

由上述属性判断矩阵，计算出元素 $C_1\sim C_3$的对准则层 B_1 的相对权重为：$W_{c1}=[0.139,\ 0.528,\ 0.333]^T$。

(3) 微观特征的 AHM 属性判断矩阵

$$B_2'^* = (a_{ij})_{2\times2} = \begin{bmatrix} 0 & 0.5 \\ 0.5 & 0 \end{bmatrix} \tag{3-30}$$

由上述属性判断矩阵计算出元素 C_4、C_5 对准则层 B_2 的相对权重为：$W_{c2} = [0.5, 0.5]^T$。

(4) 沉积特征的 AHM 判断矩阵

$$B_3'^* = (a_{ij})_{2\times2} = \begin{bmatrix} 0 & 0.75 \\ 0.25 & 0 \end{bmatrix} \tag{3-31}$$

由上述属性判断矩阵计算出元素 C_6、C_7 对准则层 B_3 的相对权重为 $W_{c3} = [0.75, 0.25]^T$。

由于评价系统由多个目标层次构成，计算相对权重时需考虑同一层次中所有因素对最高目标的相对重要性，例如 C_1 对总目标的综合权重 $W_c = 0.5\times0.153 = 0.0765$，则各指标对目标层的相对权重值为：$W_c = [0.0695, 0.264, 0.1665, 0.125, 0.125, 0.1875, 0.0625]^T$。

3.3.5.5 储层流动单元划分

储层流动单元的类型主要由层内占主导和优势地位样品点的类别来确定，从而可划分出具有层规模的储层流动单元。以丘陵油田三间房油层组特定层段的取心关键井 L25、L26、L13-211 和 L7 井资料中筛选出具有代表性的 9 块岩心样品为例，应用 AHM 法进行储层流动单元划分，其各参数的原始分析实验结果，见表 3-1。

然后，按照以下原则对数据处理进行处理：

① 对于数值与储层储集性能正相关的参数，直接除以本参数的最大值；

② 对于数值与储层储集性能负相关的参数，则用本参数的最大值减去单项参数之差再除以最大值。

按照上述原则对数据进行处理，使各个参数可以在同一准则下进行比较、赋分值，其所得分值越大，表明储层质量越好；反之，亦然。

最后，根据样本综合得分的正态分布规律分析，给出储层流动单元划分标准(表 3-3)，同时结合沉积微相研究对储层进行了储层流动单元划分，其划分结果见表 3-4。

表 3-3 储层流动单元划分标准

综合评价分数	分类级别	综合评价分数	分类级别
>0.8	E	0.4~0.6	M
0.6~0.8	G	<0.4	P

表 3-4 丘陵油田三间房组储层流动单元划分结果

井号	孔隙度/%	渗透率/$10^{-3}\mu m^2$	含油饱和度/%	饱和度中值压力/MPa	退汞效率/%	泥质含量/%	砂体厚度/m	综合评价分数	划分结果
L13-211	16.7	157.695	53.4	0.1491	26.83	1	6.8	0.8532	E

续表

井号	孔隙度/%	渗透率/$10^{-3}\mu m^2$	含油饱和度/%	饱和度中值压力/MPa	退汞效率/%	泥质含量/%	砂体厚度/m	综合评价分数	划分结果
L7	13.3	6.786	72.1	1.3108	23.72	2	7.7	0.5680	M
L25	12.9	1.469	51.5	4.5944	29.19	2	4.5	0.4876	M
L25	11.6	2.764	58.8	2.8082	21.33	2	6.4	0.4963	M
L13-211	15.1	34.952	61	0.6195	14.48	1.5	5.0	0.5768	M
L26	12.6	18.162	81	7.9916	24.18	1.5	5.8	0.5465	M
L13-211	11.7	0.395	38.5	12.4157	32.41	5	3.2	0.2690	P
L26	13.3	98.75	62.5	0.185	16.12	3	4.8	0.6327	G
L7	12.3	51.032	62.5	0.3511	20.9	2	12.9	0.6422	G

对于非取心井，首先利用测井资料求取储层孔隙度、渗透率、含油饱和度、泥质含量、砂体厚度等参数，然后利用式(3-1)、式(3-2)计算饱和度中值压力、退汞效率。将非取心井每个砂体的7个代表性参数标准化处理后，运用熵权法对储层进行储层流动单元划分。

3.4 基于灰色AHP法的低渗透砂岩储层流动单元划分

3.4.1 灰色层次分析法的基本思想及其步骤

灰色层次分析法是灰色理论与层次分析法相结合的产物。即不同层次决策“权”的数值是按照灰色系统理论计算的。其步骤包括：

① 将问题所包含的因素按属性划分为最高层、中间层和最低层。最高层表示解决问题的目的；中间层是择优关系判定准则；最低层指解决问题的途径和方法。形成从上至下具有支配与被支配关系的递阶层次结构(图3-2)。

② 构造综合灰数判断矩阵。

设有m位研究者，同传统的单层次分析法一样，对所处同一层次的因素的相对重要性进行区间形式的评判。设第k位研究者得出的判断范围为：$\otimes_{ij}^{(k)}\in[a_{ij}^{(k)}, b_{ij}^{(k)}]$，$k=1, 2, \cdots, m$；$i, j=1, 2, \cdots, n$(其中$n$为待评判的因素个数)，则第$k$位研究者构造的灰数判断矩阵如公式(3-32)所示：

$$A^{(k)}(\otimes)=\begin{bmatrix}\otimes_{11}^{(k)} & \cdots & \otimes_{1n}^{(k)}\\ & \vdots & \vdots\\ \otimes_{n1}^{(k)} & \cdots & \otimes_{nn}^{(k)}\end{bmatrix} \tag{3-32}$$

其中$\otimes_{ij}^{(k)}=\dfrac{1}{\otimes_{ji}^{(k)}}$，即$a_{ij}^{(k)}=\dfrac{1}{b_{ji}^{(k)}}b_{ij}^{(k)}=\dfrac{1}{a_{ji}^{(k)}}$。

以各位研究者提交的灰数判断矩阵为基础构造综合灰数判断矩阵$A(\otimes)$，设第k位研究者的权重为a_k，即表示该研究者在研究团队中的影响程度，且$\sum_{k=1}^{m}a_k=1$，取$\otimes_{ij}\in[a_{ij}$,

b_{ij}]，其中 a_{ij} 和 b_i 分别如公式(3-33)所示：

$$a_{ij} = \sum_{k=1}^{m} a_k a_{ij}^{(k)}, \quad b_{ij} = \sum_{k=1}^{m} a_k b_{ij}^{(k)} \tag{3-33}$$

尤其，当 $i=j$ 时，$a_{ij}=b_{ij}=1$；当 $i<j$ 时令 $a_{ij}=\frac{1}{b_{ji}}$，$b_{ij}=\frac{1}{a_{ji}}$。由此得到的综合灰数判断矩阵如公式(3-24)所示：

$$A(\otimes) = \begin{bmatrix} 1 & \cdots & \otimes_{1n} \\ & \vdots & \vdots \\ \otimes_{n1} & \cdots & 1 \end{bmatrix} \tag{3-34}$$

其中 $\otimes_{ij}=\frac{1}{\otimes_{ji}}$ 即，$a_{ij}=\frac{1}{b_{ji}}$，$b_{ij}=\frac{1}{a_{ji}}$。

由此区间的对称关系，可将灰数矩阵简化为上三角灰数矩阵。

③ 求综合灰数判断矩阵的白化矩阵。

设 $p\in[0,1]$，i，$j=1, 2, \cdots n$；$p_{ij}=1-p_{ji}$；称 $p_{ij}(i, j=1, 2, \cdots, n)$ 为灰数判断矩阵的定位系数。令灰数判断矩阵元素的白化值为：

$$r_{ij} = a_{ij}^{\ p} \cdot b_{ij}^{\ (1-p)} \tag{3-35}$$

则得综合灰数判断矩阵的白化矩阵如公式(3-36)所示：

$$R = \begin{bmatrix} r_{11} & \cdots & r_{1n} \\ & \vdots & \vdots \\ r_{n1} & \cdots & r_{n1} \end{bmatrix} \tag{3-36}$$

④ 通过解综合灰数判断矩阵的白化矩阵 R 的特征值问题 $R_W=\lambda_{max}W$，求出正规化特征向量，即相应元素单排序的权值。式中 λ_{max} 为 R 的唯一最大特征值，W 为对应于 λ_{max} 的正规化特征向量，W 的分量 W_1 即是相应元素单排序的权值，之后对该白化矩阵进行一致性检验，若不满足一致性检验的判断条件，则对其相应的灰数判断矩阵进行重新定位，直到求得满意的一致性为止。

⑤ 方法同步骤④，利用层次总排序计算同一层次所有元素相对于最高层次相对重要性的排序权值，从而求出各个指标相对于总目标(储层流动单元分类)的权重值。

⑥ 将各个不同量纲的指标标准化，然后进行综合评估，进行储层流动单元划分。

3.4.2 基于灰色-AHP 法的低渗透砂岩储层流动单元划分

以丘陵油田三间房组储层为例，采用灰色-AHP 法对储层流动单元划分体系中的各个评价指标进行量化分析、综合评判，确定各指标的相对权重，对储层进行储层流动单元划分，为合理开发、利用油气资源提供科学依据。

(1) 评价指标选取

在对丘陵油田三间房组储层沉积单元、沉积微相划分及储层非均质性等研究的基础上，选取砂体厚度孔隙度、渗透率、粒度中值、饱和度中值压力、退汞效率和含油饱和度等 7 个参数，对研究区进行了储层流动单元划分。

（2）建立指标评价体系

根据灰色-AHP 法基本理论与计算步骤，首先需要对研究区储层流动单元划分系统建立的层次指标体系，如图 3-2 所示(与 AHM 法相同)，这里不再叙述。

（3）构造综合灰数判断矩阵

为节省篇幅，本文仅对目标层(储层流动单元分类)的三个准则(物性特征、微观孔隙结构特征、沉积环境))所构成的灰数判断矩阵进行分析，其他因素权重的确定方法与此相同。计算目标层的下层(准则层)指标权重 A 的过程如下：由专家各自给定灰色判断矩阵，然后根据各位研究者在该研究领域的本身科研水平，以及研究者对科技综合势力评价的了解程度赋予各位研究者不同的权重性权值。本例由研究者给出 3 个评判矩阵，由式(3-32)计算判断灰数矩阵，再由式(3-33)、式(3-34)计算综合判断灰数矩阵：

$$A(\otimes)=\begin{bmatrix}[1,\ 1] & [2,\ 3] & [1.5,\ 2.5]\\ & [1,\ 1] & [0.5,\ 0.86]\\ & & [1,\ 1]\end{bmatrix} \tag{3-37}$$

此处令判断系数 $p_{ij}=0.5(i,\ j=1,\ 2,\ 3)$，再由式(3-35)得综合灰数判断矩阵的白化矩阵为：

$$R_0=\begin{bmatrix}1 & 2.236 & 1.937\\ & 1 & 0.656\\ & & 1\end{bmatrix} \tag{3-38}$$

对于所得的白化矩阵，同传统的层次分析法一样，利用求特征根和特征向量的方法(具体步骤略)求得权向量为：$w_0=(0.5067,\ 0.2064,\ 0.2869)^T$，特征根为：$\lambda_{max}=3.010016$。灰数判断矩阵的一致性指标 $CI=\dfrac{\lambda_{max}-n}{n-1}=0.00050$，显然判断矩阵满足完全一致性。$RI=0.58$(1~10 阶矩阵的 RI 值如表 3-5 所示)，判断矩阵的一致性比例 $CR=CI/RI$，$CR=\dfrac{CI}{R}=0.0086<0.10$，完全满足一致性检验。

表 3-5　1~10 阶矩阵的 *RI* 值

矩阵阶数(n)	1	2	3	4	5	6	7	8	9	10
RI	0.00	0.00	0.58	0.90	1.12	1.24	1.32	1.41	1.45	1.49

同理可得 $w_1=(0.5430,\ 0.2482,\ 0.2088)^T$，$w_2=(0.48,\ 0.52)^T$。经检验，判断矩阵 R_1、R_2 具有满意的一致性。

各个评价参数相对于总目标层(储层流动单元分类)的相对总权系数为 $W=(0.2752,\ 0.1258,\ 0.1058,\ 0.0991,\ 0.1073,\ 0.1566,\ 0.0522)^T$。

如果按关联度大小将每个评价参数排队，即得出它们的相关序为：孔隙度>泥质含量>渗透率>退汞效率>含油饱和度>饱和度中值压力>砂体厚度。

（4）储层流动单元划分

储层流动单元的类型主要由层内占主导和优势地位样品点的类别来确定，从而可划分出具有层规模的储层流动单元。以丘陵油田三间房油层组特定层段的取心关键井 L25、L26、L13-211 和 L7 井资料中筛选出具有代表性的 9 块岩心样品为例，应用灰色层次分析法进行储层流动单元划分，其各参数的原始分析实验结果，见表 3-1。

然后，按照以下原则对数据处理进行处理：

① 对于数值与储层储集性能正相关的参数，直接除以本参数的最大值；

② 对于数值与储层储集性能负相关的参数，则用本参数的最大值减去单项参数之差再除以最大值。

按照上述原则对数据进行处理，使各个参数可以在同一准则下进行比较、赋分值，其所得分值越大，表明储层质量越好；反之，亦然。

最后，根据样本综合得分的正态分布规律分析，给出储层流动单元划分标准(表 3-6)，同时结合沉积微相研究对储层进行了储层流动单元划分，其划分结果见表 3-7。

表 3-6 储层流动单元划分标准

综合评价分数	分类级别	综合评价分数	分类级别
>0.8	E	0.4~0.6	M
0.6~0.8	G	<0.4	P

表 3-7 丘陵油田三间房组储层流动单元划分结果

井号	孔隙度/%	渗透率/$10^{-3}\mu m^2$	含油饱和度/%	饱和度中值压力/MPa	退汞效率/%	泥质含量/%	砂体厚度/m	综合评价分数	划分结果
L13-211	16.7	157.695	53.4	0.1491	26.83	1	6.8	0.8106	E
L7	13.3	6.786	72.1	1.3108	23.72	2	7.7	0.6188	G
L25	12.9	1.469	51.5	4.5944	29.19	2	4.5	0.5519	M
L25	11.6	2.764	58.8	2.8082	21.33	2	6.4	0.5367	M
L13-211	15.1	34.952	61	0.6195	14.48	1.5	5.0	0.6273	G
L26	12.6	18.162	81	7.9916	24.18	1.5	5.8	0.5755	M
L13-211	11.7	0.395	38.5	12.4157	32.41	5	3.2	0.3641	P
L26	13.3	98.75	62.5	0.185	16.12	3	4.8	0.6137	G
L7	12.3	51.032	62.5	0.3511	20.9	2	12.9	0.6370	G

对于非取心井，首先利用测井资料求取储层孔隙度、渗透率、含油饱和度、泥质含量、砂体厚度等参数，然后利用式(3-1)、式(3-2)计算饱和度中值压力、退汞效率。将非取心井每个砂体的 7 个代表性参数标准化处理后，运用熵权法对储层进行储层流动单元划分。

3.5 基于熵权法的低渗透砂岩储层流动单元划分

熵最初产生于热力学，最早由德国科学家 R. Clausius 于 1865 年提出，为了描述离子或分子运动的不可逆性现象，引用熵这一概念来反映大量离子或分子运动的这种分布统计规律。1948 年，Shannon 提出信息熵理论，解决了对信息的量化和度量问题。

在研究中，引入信息熵的概念来确定指标的权重。熵是信息系统衡量信息不确定性的指标，其值越大，表明数据分布越分散，其不确定性也越强。应用于权重分析中，第 j 项指标的指标值分布越分散，其相应的指标重要度也就越高。这里有一种极端的情况，即如果指标值都相等，则所有指标绝对地集中于一点，则表明该指标值在储层流动单元划分时不起任何作用，可以不予以考虑。

3.5.1 熵权法计算客观权重的基本原理

（1）构造初始数据矩阵

根据基础数据，构造初始指标矩阵，即：

$$X = \begin{bmatrix} x_{11} & \cdots & x_{1n} \\ \vdots & \vdots & \vdots \\ x_{m1} & \cdots & x_{mn} \end{bmatrix} \tag{3-39}$$

其中，m 为样本的数量；n 为指标的数量；x_{ij}为第 i 个样本的第 j 个指标值。

由 X 可知，每个样本均具有 n 个特征指标，可是究竟哪一个指标占据优势是不能预先肯定的。也就是说 X 表示了一种不肯定性，那么熵就是这种不肯定性的度量。

（2）初始数据标准化处理

由于不同指标的量纲不同，数值差异大，为了使各指标具有可比性，需要对各指标进行标准化(无量纲化)处理：

$$z_{ij} = \frac{x_{ij}}{\sum_{i=1}^{m} x_{ij}} \tag{3-40}$$

由此，可以得到标准化后的矩阵：

$$Z = \begin{bmatrix} z_{11} & \cdots & z_{1n} \\ \vdots & \vdots & \vdots \\ z_{m1} & \cdots & z_{mn} \end{bmatrix} \tag{3-41}$$

（3）指标权重的确定

根据信息熵值的定义：

$$e_j = -\sum_{i=1}^{m} z_{ij} \ln z_{ij} \tag{3-42}$$

计算指标差异度 h_j：

$$h_j = 1 - \frac{e_j}{\ln m} \tag{3-43}$$

其中，第 j 项指标的指标值分布越分散，则其相应的 h_j 值也越大，表明第 j 项指标的重要度也越高。在所涉及的 n 个指标值中，第 j 项指标的权重为：

$$w_j = \frac{h_j}{\sum_{i=1}^{n} h_j} \tag{3-44}$$

(4) 决策矩阵的确定

将每口井各个指标归一化后的值与其对应的权重值相乘，可以得到决策矩阵，见式(3-45)。

$$V = \begin{bmatrix} w_1 z_{11} & \cdots & w_n z_{1n} \\ \vdots & \vdots & \vdots \\ w_1 z_{m1} & \cdots & w_n z_{mn} \end{bmatrix} = \begin{bmatrix} v_{11} & \cdots & v_{1n} \\ \vdots & \vdots & \vdots \\ v_{n1} & \cdots & v_{mn} \end{bmatrix} \tag{3-45}$$

(5) 确定正理想解集合 V^+和负理想解集合 V^-

正理想解是指每个指标最理想的取值，效益型指标最大值为其最理想解；成本型指标最小值为其最理想解。同时，负理想解是指每个指标最不理想的取值，对于效益型指标即为其最小值，成本型指标则是其最大值。

砂体厚度、孔隙度、渗透率、含油饱和度和退汞效率是效益型指标，指标值越大，则储层质量越好；而饱和度中值压力和泥质含量是成本型指标，指标值越低，则储层质量越好。因此，在选择正负理想解集合时，砂体厚度、孔隙度、渗透率、含油饱和度和退汞效率这 5 个指标选择最大值，而饱和度中值压力和泥质含量这 2 个指标选择最小值。

$$V^+ = \{(\max_i v_{ij} | j \in J_1), (\min v_{ij} | j \in J_2), i = 1, 2, \cdots, m\} \tag{3-46}$$

$$V^- = \{(\min_i v_{ij} | j \in J_1), (\max v_{ij} | j \in J_2), i = 1, 2, \cdots, m\} \tag{3-47}$$

其中，J_1 为效益型指标集合，J_2为成本型指标集合。$\min\nu_{ij}$与 $\max\nu_{ij}$分别表示同一评价指标的归一化后的最小值与最大值。

(6) 相对接近度计算

首先，计算每个样本与其正理想解以及负理想解之间的距离。然后，以其距离正理想解的相对距离为相对接近度，相对接近度越小，即距离正理想解越近，也就是说该类储层流动单元的储层品质最好。

样本与正理想解的距离可运用式(3-48)来确定。

$$d_i^{+} = \sqrt{\sum_{j=1}^{n} (v_{ij} - v_j^{+})^2}, \ (i = 1, 2, \cdots, m) \tag{3-48}$$

样本与正负理想解的距离可运用式(3-49)来确定。

$$d_i^{-} = \sqrt{\sum_{j=1}^{n} (v_{ij} - v_j^{-})^2}, \ (i = 1, 2, \cdots, m) \tag{3-49}$$

每相对近似度 D_i 可运用式(3-50)来确定。

$$D_i = \frac{d_j^{+}}{d_i^{+} + d_i^{-}} \tag{3-50}$$

由式(3-50)可以看出，D_i 越大，样本越接近于理想值，则各样本可根据 D_i 的大小进行优劣排序，然后进行储层流动单元的划分。

3.5.2 基于熵权法的低渗透砂岩储层流动单元划分

以丘陵油田三间房组储层为例，采用熵权法对储层流动单元划分体系中的各个评价指标进行量化分析、综合评判，确定各指标的相对权重，对储层进行储层流动单元划分，为合理开发、利用油气资源提供科学依据。

（1）构造初始数据矩阵

以取心井为例，根据基础数据(表3-1)，构造初始指标矩阵，即：

$$X=\begin{bmatrix}16.70 & 157.695 & 53.40 & 0.1491 & 26.83 & 1.00 & 6.8\\ 13.30 & 6.786 & 72.10 & 1.3180 & 23.72 & 2.00 & 7.7\\ 12.90 & 1.469 & 51.50 & 4.5944 & 29.19 & 2.00 & 4.5\\ 11.60 & 2.764 & 58.80 & 2.8082 & 21.33 & 2.00 & 6.4\\ 15.10 & 34.952 & 61.00 & 0.6195 & 14.48 & 1.50 & 5.0\\ 12.60 & 18.162 & 81.00 & 7.9916 & 24.18 & 1.50 & 5.8\\ 11.70 & 0.395 & 38.50 & 12.4157 & 32.41 & 5.00 & 3.2\\ 13.30 & 98.750 & 62.50 & 0.1850 & 16.12 & 3.00 & 4.8\\ 12.30 & 51.032 & 62.50 & 0.3511 & 20.90 & 2.00 & 12.9\end{bmatrix} \tag{3-51}$$

（2）初始数据标准化处理

运用式(3-40)对初始数据进行归一化(无量纲化)处理后，可以得到标准化后的矩阵为：

$$Z=\begin{bmatrix}0.1397 & 0.4239 & 0.0987 & 0.0049 & 0.1283 & 0.05 & 0.1191\\ 0.1113 & 0.0182 & 0.1332 & 0.0431 & 0.1134 & 0.10 & 0.1349\\ 0.1079 & 0.0039 & 0.0951 & 0.1510 & 0.1396 & 0.10 & 0.0788\\ 0.0971 & 0.0074 & 0.1086 & 0.0923 & 0.1020 & 0.10 & 0.1121\\ 0.1264 & 0.0940 & 0.1127 & 0.0204 & 0.0692 & 0.075 & 0.0876\\ 0.1054 & 0.0488 & 0.1496 & 0.2627 & 0.1156 & 0.075 & 0.1016\\ 0.0979 & 0.0011 & 0.0711 & 0.4081 & 0.1550 & 0.25 & 0.056\\ 0.1113 & 0.2655 & 0.1155 & 0.0061 & 0.0771 & 0.15 & 0.0841\\ 0.1029 & 0.1372 & 0.1155 & 0.0115 & 0.0999 & 0.10 & 0.2259\end{bmatrix} \tag{3-52}$$

根据公式(3-42)计算各指标的信息熵值 e_j，得：

$$e_j=[2.1906,\ 1.4966,\ 2.1787,\ 1.5456,\ 2.1688,\ 2.0905,\ 2.1204]^T \tag{3-53}$$

根据公式(3-43)计算各指标的差异度 h_j，得：

$$h_j=[0.0030,\ 0.3189,\ 0.0084,\ 0.2966,\ 0.0129,\ 0.04857,\ 0.0350]^T \tag{3-54}$$

根据公式(3-44)计算各指标的相对权重 w_j，得：

$$w_j = [0.0034, 0.5401, 0.0096, 0.3372, 0.0147, 0.0552, 0.0398]^T \tag{3-55}$$

将归一化的指标值与其对应的权重值相乘，得到的加权规范化矩阵 V 为：

$$V = \begin{bmatrix} 0.0005 & 0.2290 & 0.0009 & 0.0017 & 0.0019 & 0.0028 & 0.0047 \\ 0.0004 & 0.0099 & 0.0013 & 0.0145 & 0.0017 & 0.0055 & 0.0054 \\ 0.0004 & 0.0021 & 0.0009 & 0.0509 & 0.0021 & 0.0055 & 0.0031 \\ 0.0003 & 0.0040 & 0.0010 & 0.0311 & 0.0015 & 0.0055 & 0.0045 \\ 0.0004 & 0.0507 & 0.0011 & 0.0069 & 0.0010 & 0.0041 & 0.0035 \\ 0.0004 & 0.0264 & 0.0014 & 0.0886 & 0.0017 & 0.0041 & 0.0040 \\ 0.0003 & 0.0006 & 0.0007 & 0.1376 & 0.0023 & 0.0138 & 0.0022 \\ 0.0004 & 0.1434 & 0.0011 & 0.0021 & 0.0011 & 0.0083 & 0.0033 \\ 0.0003 & 0.0741 & 0.0011 & 0.0039 & 0.0015 & 0.0055 & 0.0090 \end{bmatrix} \tag{3-56}$$

正理想解集合 V^+ 为：

$$V^+ = (0.0005, 0.2290, 0.0014, 0.0007, 0.0023, 0.0028, 0.0090) \tag{3-57}$$

负理想解集合 V^- 为：

$$V^- = (0.0003, 0.0006, 0.0007, 0.1376, 0.0010, 0.0138, 0.0022) \tag{3-58}$$

样本与正理想解的距离为：

$$d_i^+ = (0.0118, 0.2197, 0.2324, 0.2271, 0.1787, 0.2207, 0.2659, 0.0860, 0.1551) \tag{3-59}$$

样本与负理想解的距离为：

$$d_i^- = (0.2660, 0.1237, 0.0871, 0.31069, 0.1404, 0.0563, 0.0013, 0.1970, 0.1530) \tag{3-60}$$

相对近似度 D_i 为：

$$D_i = (0.0426, 0.6397, 0.7274, 0.6800, 0.5601, 0.7969, 0.9952, 0.3039, 0.5036) \tag{3-61}$$

由样本相对近似度的正态分布规律分析得出的储层流动单元划分标准见表 3-8，同时结合沉积微相研究进行的储层流动单元划分，结果见表 3-9。

表 3-8　储层流动单元划分标准

相对近似度	分类级别	相对近似度	分类级别
<0.3	E	0.6~0.8	M
0.3~0.6	G	>0.8	P

对于非取心井，首先利用测井资料求取储层孔隙度、渗透率、含油饱和度、泥质含量、砂体厚度等参数，然后利用式(3-1)、式(3-2)计算饱和度中值压力、退汞效率。将非取心

井每个砂体的7个代表性参数标准化处理后，运用熵权法对储层进行储层流动单元划分。

表3-9 丘陵油田三间房组储层流动单元划分结果

井号	孔隙度/%	渗透率/$10^{-3}\mu m^2$	含油饱和度/%	饱和度中值压力/MPa	退汞效率/%	泥质含量/%	砂体厚度/m	综合评价分数	划分结果
L13-211	16.7	157.695	53.4	0.1491	26.83	1.0	6.8	0.0462	E
L7	13.3	6.786	72.1	1.3108	23.72	2.0	7.7	0.6397	M
L25	12.9	1.469	51.5	4.5944	29.19	2.0	4.5	0.7274	M
L25	11.6	2.764	58.8	2.8082	21.33	2.0	6.4	0.6800	M
L13-211	15.1	34.952	61	0.6195	14.48	1.5	5.0	0.5601	G
L26	12.6	18.162	81	7.9916	24.18	1.5	5.8	0.7969	M
L13-211	11.7	0.395	38.5	12.4157	32.41	5.0	3.2	0.9952	P
L26	13.3	98.75	62.5	0.185	16.12	3.0	4.8	0.3039	G
L7	12.3	51.032	62.5	0.3511	20.9	2.0	12.9	0.5036	G

3.6 基于熵权-AHM法的低渗透砂岩储层流动单元划分

3.6.1 基于AHM法的主观权重确定

采用专家打分法，将标准层7个元素指标进行分析，两两比较按1-9比例标度进行重要性评分，建立准则层对目标层、指标层对准则层的AHP判别矩阵。

由于评价系统由多个目标层次构成，计算主观权重时需考虑同一层次中所有因素对最高目标的相对重要性，例如C_1对总目标的综合权重为：

$$W_c = 0.5 \times 0.153 = 0.0765 \tag{3-62}$$

则各指标对目标层的主观权重值为：

$$W' = [0.0695, 0.264, 0.1665, 0.125, 0.125, 0.1875, 0.0625]^T \tag{3-63}$$

3.6.2 客观权重的确定

采用熵权法基本原理和计算步骤对储层流动单元划分体系中的各个评价指标进行量化分析、综合评判，确定各指标的相对权重为：

$$W_j = [0.0034, 0.5401, 0.0096, 0.3372, 0.0147, 0.0552, 0.0398]^T \tag{3-64}$$

3.6.3 低渗透砂岩储层流动单元划分

引入一个组合权重$W = [W', W'']^T$，这个组合权重不仅考虑了专家的经验(主观性)，同时也考虑了客观因素的影响，能够比较全面地反映低渗透砂岩储层流动单元划分评价指标的相对重要程度。

在储层流动单元划分体系中，将各岩心实验样品看作是各参数组成的高维空间中的点，若实验样本的各项参数均达到最优，则构成高维空间中的理想点。基于理想点法的权重合成方法，是通过使岩心实验样品到理想点的距离达到最大，进而实现权重的合成，具体合成方法如下：

假设 m 个岩心实验样品 n 个储层流动单元划分参数的原始数据构成矩阵$[x_{ij}]_{m\times n}$，采用级差变换法进行规范化处理得到规范化矩阵$[z_{ij}]_{m\times n}$，用 $z_j^{\max}$ 表示矩阵$[z_{ij}]_{m\times n}$中第 j 列的最大值，则点$\{z_1^{\max}, z_2^{\max}, \cdots, z_n^{\max}\}$构成样本空间的理想点，对于岩心实验样品 i 采用主观、客观赋权方法得到指标权重向量分别为 W'、W''，且满足归一化条件，并设权重向量 W'、W''的重要程度分别为 α、β，建立如下优化模型，见式(3-65)。

$$\max(L) = \sum_{j=1}^{n} (\alpha W' + \beta W'')(z_j^{\max} - z_{ij})^2 \tag{3-65}$$

且 $\alpha^2+\beta^2=1$

解此最优化模型，并且令 $\alpha^* = \frac{\alpha}{\alpha+\beta}$，$\beta^* = \frac{\beta}{\alpha+\beta}$，得到合成后权重向量，见式(3-66)。

$$W = \alpha^* W' + \beta^* W'' \tag{3-66}$$

其中，$\alpha^* = \frac{\sum_{j=1}^{n} W_j'(z_j^{\max} - z_{ij})^2}{\sum_{j=1}^{n} (W'_j + W''_j)(z_j^{\max} - z_{ij})^2}$

$$\beta^* = \frac{\sum_{j=1}^{n} W''_j(z_j^{\max} - z_{ij})^2}{\sum_{j=1}^{n} (W'_j + W''_j)(z_j^{\max} - z_{ij})^2}$$

首先，通过式(3-65)、式(3-66)计算出各评价指标的综合权重值为：

$$W = [0.0358, 0.3272, 0.0887, 0.2097, 0.0689, 0.1179, 0.1531]^T \tag{3-67}$$

从综合权重值可以看出，在储层流动单元划分的过程中，所选取的 7 个评价指标的相对重要性依次为：渗透率>饱和度中值压力>砂体厚度>泥质含量>含油饱和度>退汞效率>孔隙度。

然后，按照以下原则对数据处理进行处理：

① 对于数值与储层储集性能正相关的参数，直接除以本参数的最大值；

② 对于数值与储层储集性能负相关的参数，则用本参数的最大值减去单项参数之差再除以最大值。

按照上述原则对数据进行处理，使各个参数可以在同一准则下进行比较、赋分值，其所得分值越大，表明储层质量越好；反之，亦然。

最后，根据样本综合得分的正态分布规律分析，给出储层流动单元划分标准(表 3-10)，同时结合沉积微相研究对储层进行储层流动单元划分，其划分结果，见表 3-11。

表 3-10 储层流动单元划分标准

指标的综合得分	分类级别	指标的综合得分	分类级别
>0.8	E 类	0.2~0.5	M 类
0.5~0.8	G 类	<0.2	P 类

对于非取心井，首先利用测井资料求取储层孔隙度、渗透率、含油饱和度、泥质含量、砂体厚度等参数，然后利用式(3-1)、(3-2)计算饱和度中值压力、退汞效率。将非取心井每个砂体的 7 个代表性参数标准化处理后，运用熵权-AHM 法对储层进行储层流动单元划分。

表 3-11 丘陵油田三间房组储层流动单元划分结果

井号	孔隙度/%	渗透率/$10^{-3}\mu m^2$	含油饱和度/%	饱和度中值压力/MPa	退汞效率/%	泥质含量/%	砂体厚度	综合评价分数	熵权-AHM 法划分结果
L13-211	16.7	157.695	53.4	0.1491	26.83	1.0	6.8	0.8601	E
L7	13.3	6.786	72.1	1.3108	23.72	2.0	7.7	0.5205	G
L25	12.9	1.469	51.5	4.5944	29.19	2.0	4.5	0.3947	M
L25	11.6	2.764	58.8	2.8082	21.33	2.0	6.4	0.4489	M
L13-211	15.1	34.952	61	0.6195	14.48	1.5	5.0	0.5425	G
L26	12.6	18.162	81	7.9916	24.18	1.5	5.8	0.4297	M
L13-211	11.7	0.395	38.5	12.4157	32.41	5.0	3.2	0.1749	P
L26	13.3	98.75	62.5	0.185	16.12	3.0	4.8	0.4552	M
L7	12.3	51.032	62.5	0.3511	20.9	2.0	12.9	0.6715	G

由以上储层流动单元划分结果对比可知，应用熵权-AHM 法多参数综合划分的各类储层流动单元特征明显，与 GAHP 法划分储层流动单元结果对比分析，具有很好的一致性。但是，熵权-AHM 法计算简便，在计算各个评价指标的相对权重时既考虑了主观因素(专家意见)，同时又考虑了客观因素，使得储层流动单元划分结果更为科学。因此，熵权-AHM 法具有一定的实用性和可操作性，是储层评价和储层流动单元划分的一种有效方法。

3.7 储层流动单元的类型评价及其特征分析

3.7.1 储层流动单元的类型

根据上述丘陵油田三间房组上油组、下油组的储层流动单元最终划分结果，经过详细的分析和研究，同时参照各个参数对储层流动单元的影响程度，主要考虑孔隙度、渗透率、含油饱和度、饱和度中值压力、退汞效率和砂地比等 6 个参数。在此原则基础上，结合沉积微相的类型及其展布特征，确定出研究区三间房组储层流动单元的划分标准(表 3-12)。

表 3-12　丘陵油田三间房组储层流动单元划分类型参数标准

储层流动单元类型		E	G	M	P
孔隙度/%	最大值	25.60	25.0	16.70	13.50
	最小值	11.90	10.00	8.70	8.50
	平均值	17.10	15.00	12.40	11.20
渗透率/$10^{-3}\mu m^2$	最大值	2993.80	121.20	23.40	21.60
	最小值	12.50	3.90	0.40	0.10
	平均值	42.40	17.30	4.50	3.50
含油饱和度/%	最大值	83.90	83.80	81.10	48.60
	最小值	0.00	28.00	30.90	0.00
	平均值	73.50	63.00	61.90	28.00
砂地比	最大值	0.98	0.96	0.90	0.87
	最小值	0.07	0.10	0.11	0.03
	平均值	0.45	0.43	0.31	0.30
饱和度中值压力/MPa	最大值	0.69	5.64	16.36	23.17
	最小值	0.11	0.06	0.88	0.94
	平均值	0.37	1.91	5.88	8.75
退汞效率/%	最大值	27.53	28.95	22.39	20.92
	最小值	22.92	18.72	15.54	11.41
	平均值	24.45	21.17	18.92	13.39

丘陵油田三间房组储层的上、下两个油组划分出 4 类储层流动单元，各类储层流动单元之间具有不同的孔隙度、渗透率、含油饱和度等分布特征，见表 3-4。不同储层流动单元具有不同的岩性、物性及孔隙结构特征，其相应的储层流动单元的储集物性 E、G、M、P 依次变差。也就是说，E 类是最好的储层流动单元，G 类是好的储层流动单元，M 类是中等的储层流动单元，P 类是最差的储层流动单元，但其无有效砂岩或无有效渗透率，几乎是无效储层，其主要是河道间或非主体席状砂的泥岩，砂岩的岩性一般很致密，在目前油田的开采工艺下没有开发价值。

3.7.2　不同类型储层流动单元的分布特征

根据前面的储层流动单元分类原则和标准，下面就丘陵油田三间房组 S_1、S_2、S_3、S_4、S_5五个砂层组的 E、G、M、P4 类储层流动单元的平面展布特征和规律作一阐述。

从 S_1 油层组的储层流动单元分类扇状图(图 3-4A)的统计结果表明，该油层组有 E、G、M、P 四类储层流动单元，其中 E 类储层流动单元所占比例最少，仅为 2.73%，G 类储层流动单元所占比例最大，占整个油层组砂体总数的 55.38%，E、G 类储层流动单元二者合计占 58.11%，M 类储层流动单元占 31.94%，P 类储层流动单元占 9.95%。通过对 S_1 油层组中各小层储层流动单元的平面分布分析可知，E、G 类储层流动单元在 $S_1{}^3$小层分布较多。其中，E 类储层流动单元占整个油层组 E 类储层流动单元总数的 76.4%，G 类储层流动单元占整个油层组 G 类储层流动单元总数的 49.8%。因此，$S_1{}^3$小层是 S_1 油层组中最好的储层。

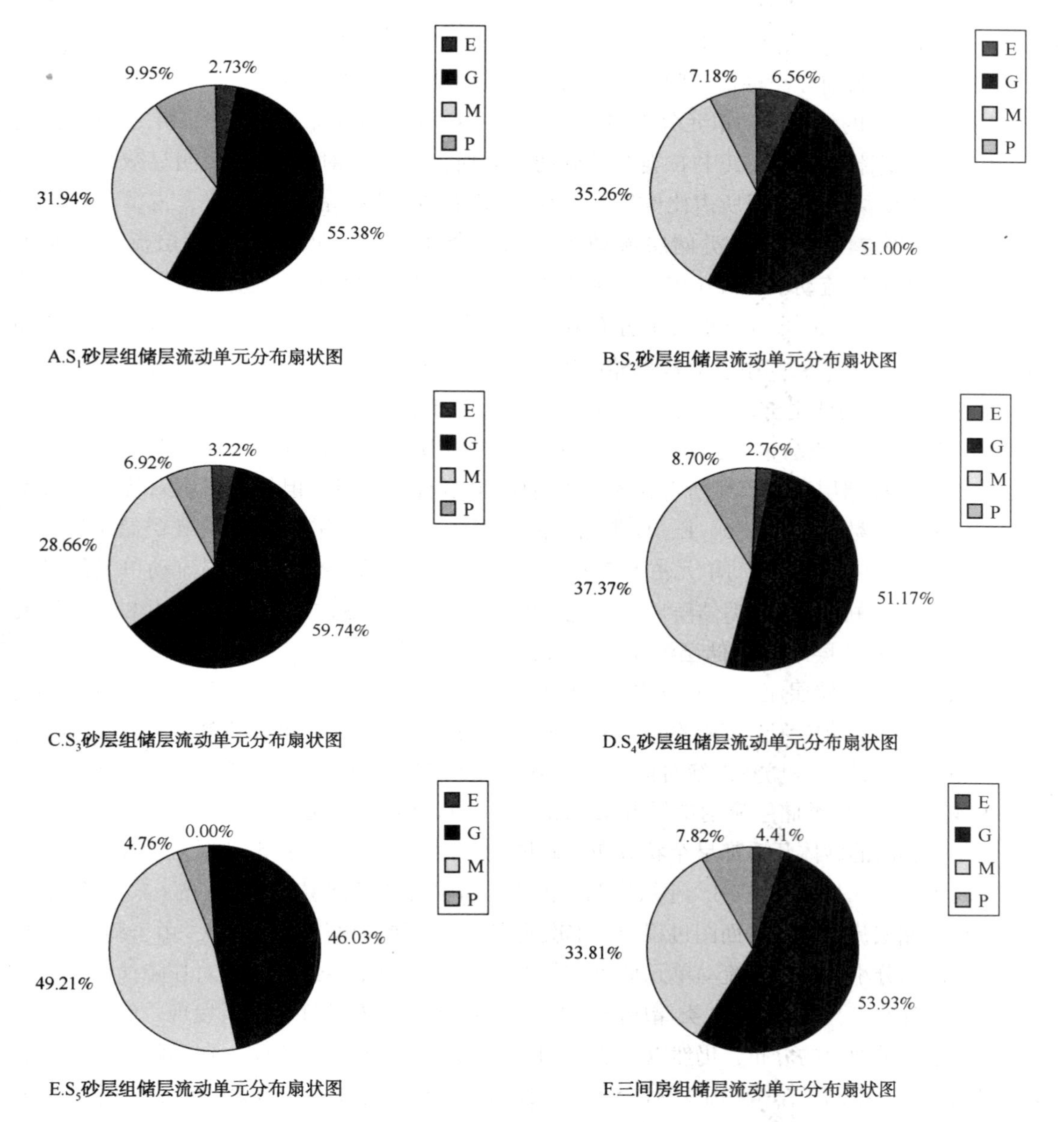

图 3-4　丘陵油田三间房组储层流动单元分布特征图

从 S_2 油层组的储层流动单元分类扇状图(图 3-4B)的统计结果表明，该油层组有 E、G、M、P 四类储层流动单元，其中 E 类储层流动单元所占比例相对 S_1 油层组明显增大，占到 6.56%，G 类储层流动单元所占比例较 S_1 油层组略有所下降，但仍然占绝对优势，占整个油层组砂体总数的 51.0%，E、G 类储层流动单元二者合计占 57.56%，M 类储层流动单元占 35.26%，P 类储层流动单元占 7.18%。通过对 S_2 油层组中各小层储层流动单元的平面分布特征分析可知，在 S_2 油层组 7 个小层中，E 类储层流动单元在 S_2^{3-1}、S_2^{3-3}、S_2^{4-1} 三个小层中分布较多，占整个 S_2 油层组 E 类储层流动单元总数的 55.0%左右；E 类储层流动单元在 S_2^{3-2} 小层中分布较多，占整个 S_2 油层组 E 类储层流动单元总数的 18.0%左右。因此，S_2^{3-1}、S_2^{3-2}、S_2^{3-3}、S_2^{4-1} 4 个小层是 S_2 油层组中好的储层。这与 S_2^{3-1}、S_2^{3-2}、S_2^{3-3}、S_2^{4-1} 4 个小层是目前丘陵油田三间房组主力产油层的结论是相吻合的。

从 S_3 油层组的储层流动单元分类扇状图(图 3-4C)的统计结果表明，该油层组有 E、G、M、P 四类储层流动单元，其中 E 类储层流动单元所占比例相对 S_2 油层组明显减少，占到 3.22%，G 类储层流动单元所占比例较 S_2 油层组略有所增加，占绝对优势，占整个油层组砂体总数的 59.74%，E、G 类储层流动单元二者合计占 62.96%，M 类储层流动单元占 28.66%，P 类储层流动单元占 6.92%。通过对 S_3 油层组中各小层储层流动单元的平面分布特征分析可知，S_3^{1-1}、S_3^{1-2} 两个小层中分布甚少，仅有几口井可见(L13-21 井、L14-26 井和 L18-201 井)。S_3^{3-1}、S_3^{3-2} 小层中 G 类储层流动单元分布较多，占整个油层组的 40.0%左右。

从 S_4 油层组的储层流动单元分类扇状图(图 3-4D)的统计结果表明，该油层组有 E、G、M、P 四类储层流动单元，其中 E 类储层流动单元所占比例相对 S_3 油层组明显减少，占到 2.76%，G 类储层流动单元所占比例较 S_3 油层组略有所下降，但仍然占绝对优势，占整个油层组砂体总数的 51.17%，E、G 类储层流动单元二者合计占 53.93%，M 类储层流动单元占 37.37%，P 类储层流动单元占 8.7%。通过对 S_4 油层组中各小层储层流动单元的平面分布特征分析可知，E、G 类储层流动单元主要分布在 S_4^{1-1}、S_4^{1-2} 小层中，其中 E 类储层流动单元占整个 S_4 油层组 E 类储层流动单元总数的 51.8%左右。

从 S_5 油层组的储层流动单元分类扇状图(图 3-4E)的统计结果表明，该油层组有 E、G、M、P 四类储层流动单元，其中不存在 E 类储层流动单元，G 类储层流动单元所占比例较 S_4 油层组略有所下降，但仍然占绝对优势，占整个油层组砂体总数的 46.03%，M 类储层流动单元占 49.21%，P 类储层流动单元占 4.74%。而从储层流动单元的平面分布看来，由于该油层组每个小层的砂体几乎都呈朵状分布，砂体连通性差，不发育 E 类储层流动单元。G 类储层流动单元在 S_5^1 小层中较 S_5^2 小层发育，占整个油层组 G 类储层流动单元的 62.0%左右。

在绘制储层流动单元平面图过程中，本次研究以各小层为单位绘制图件，由于篇幅有限，这里仅给出部分小层的储层流动单元平面展布图(见图 3-7~图 3-9)。通过对丘陵油田三间房组储层所划分的 E、G、M、P4 类储层流动单元各小层平面分布特征的分析发现，储层流动单元在各个小层平面上的分布，仍然以 G 类和 M 类两类储层流动单元为主，在辫状河三角洲前缘和扇三角洲前缘的各个微相中均有分布，且在水下分流河道部位分布较连续，E 类和 P 类两类储层流动单元所占比例比较少，分布也比较零散。其中，G 类储层流动单元比 M 类储层流动单元在各小层的平面分布的连续性稍差一些，并沿砂体展布方向分布，呈条带状。G 类储层流动单元集中分布在主水下分流河道的中心部位，河道边缘部位分布较少，规模大小不均一，分布相对较连续。E 类储层流动单元主要分布在水下分流河道中心部位，河道边部也有少量出现，分布十分零散。P 类储层流动单元主要分布在水下分流河道边部和水下分流河道间湾部位，这些部位成岩胶结作用相对较强，在平面上分布的连续性亦较差。

为了更明确、更直观体现储层流动单元的分布，根据小层划分和小层储层流动单元的平面展布图作出了储层流动单元的剖面图。图 3-5、图 3-6 是研究区三间房组储层四类储层流动单元的两条剖面图；图 3-7、图 3-8 和图 3-9 是研究区主力层储层流动单元平面分布图。

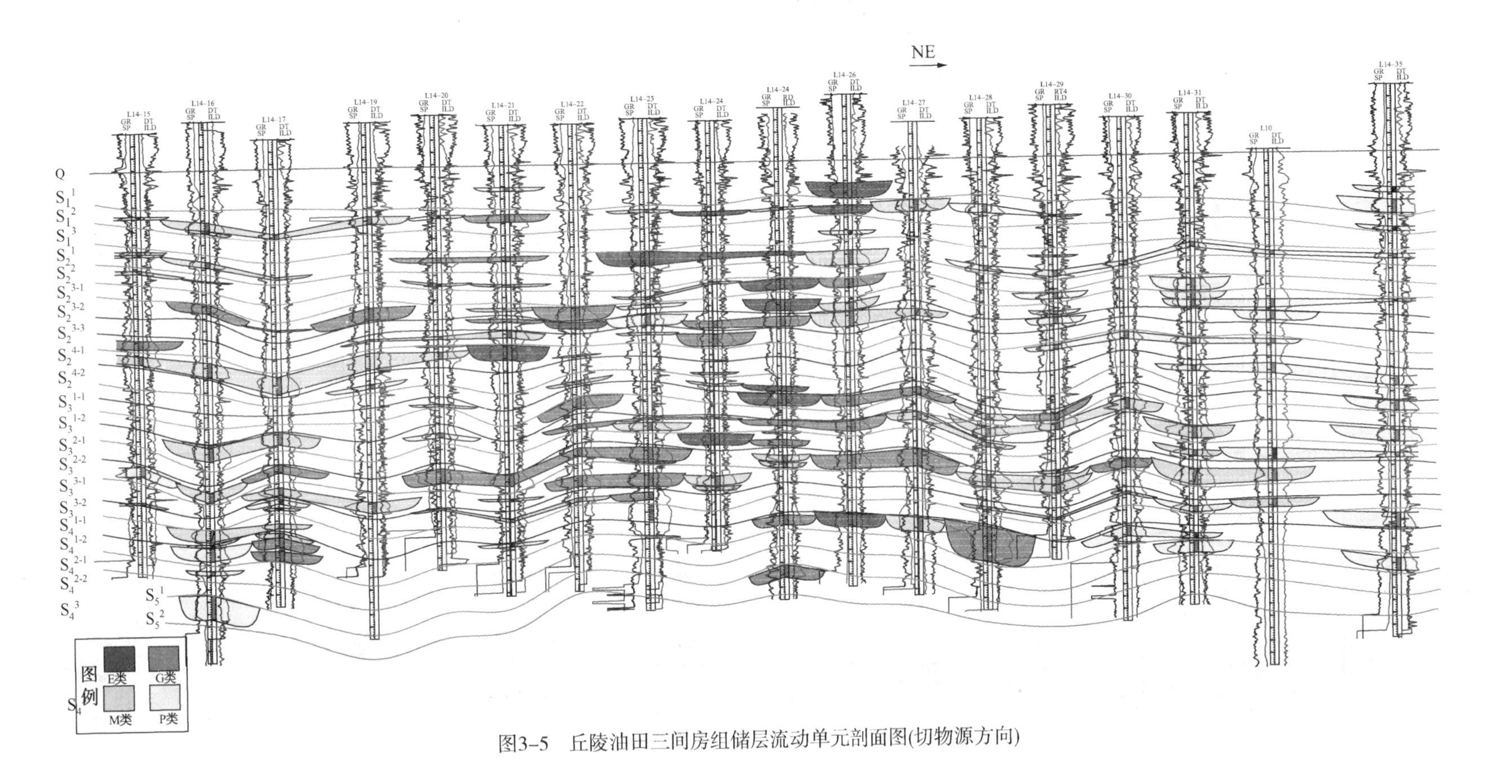

图3-5　丘陵油田三间房组储层流动单元剖面图(切物源方向)

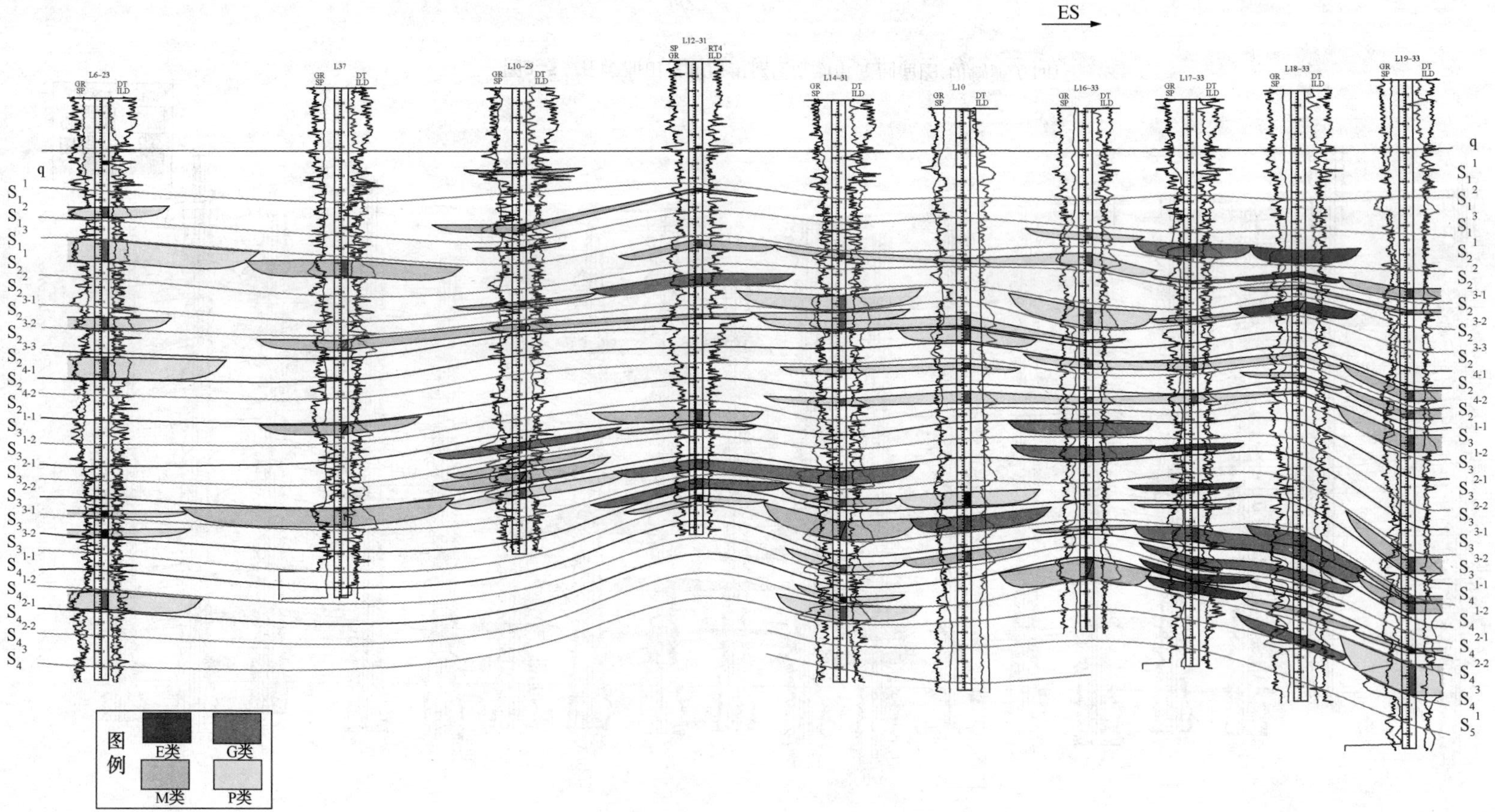

图3-6　丘陵油田三间房组储层流动单元剖面图(顺物源方向)

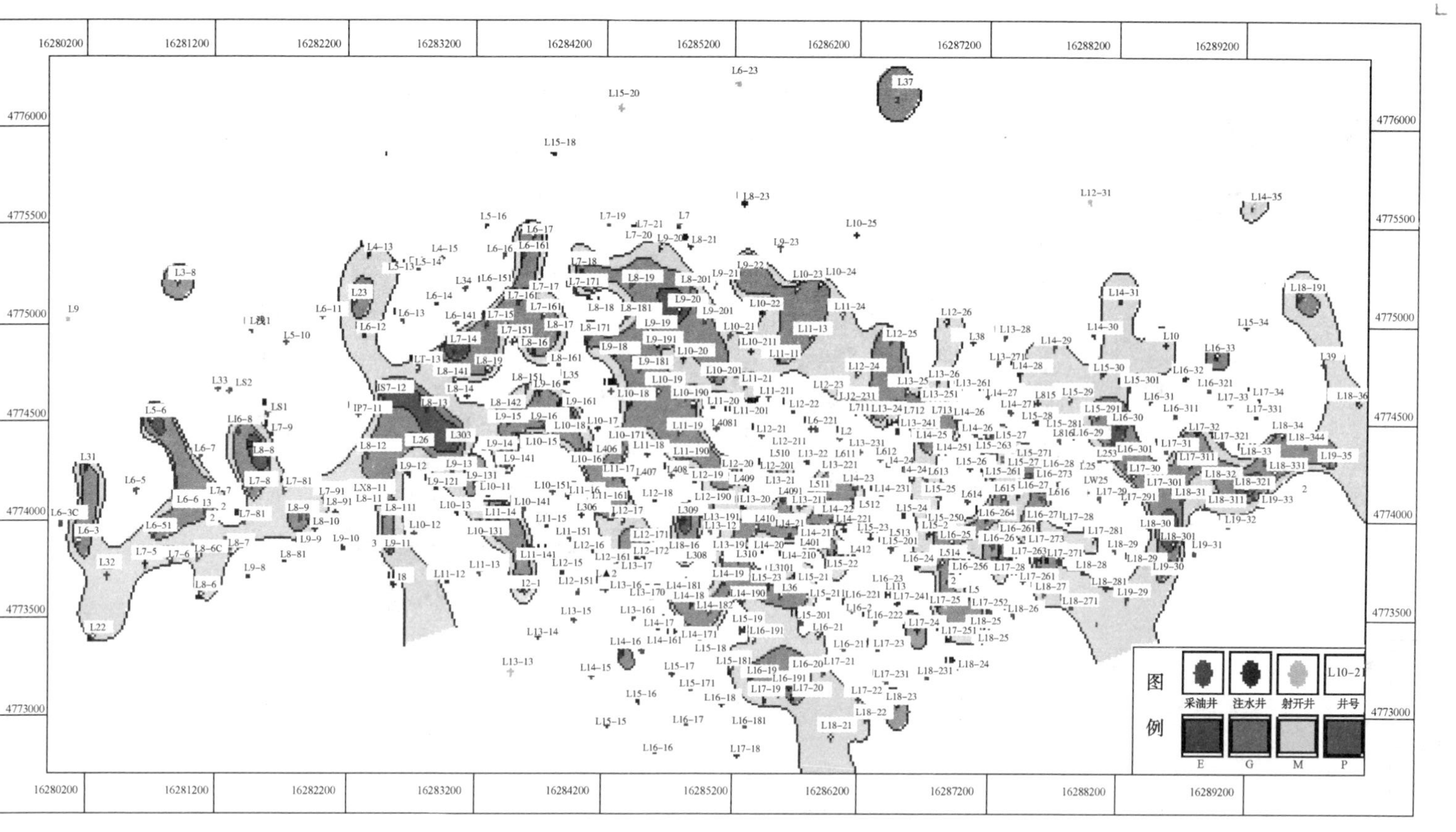

图3-7　丘陵油田三间房组S_2^{3-1}小层流动单元平面分布图

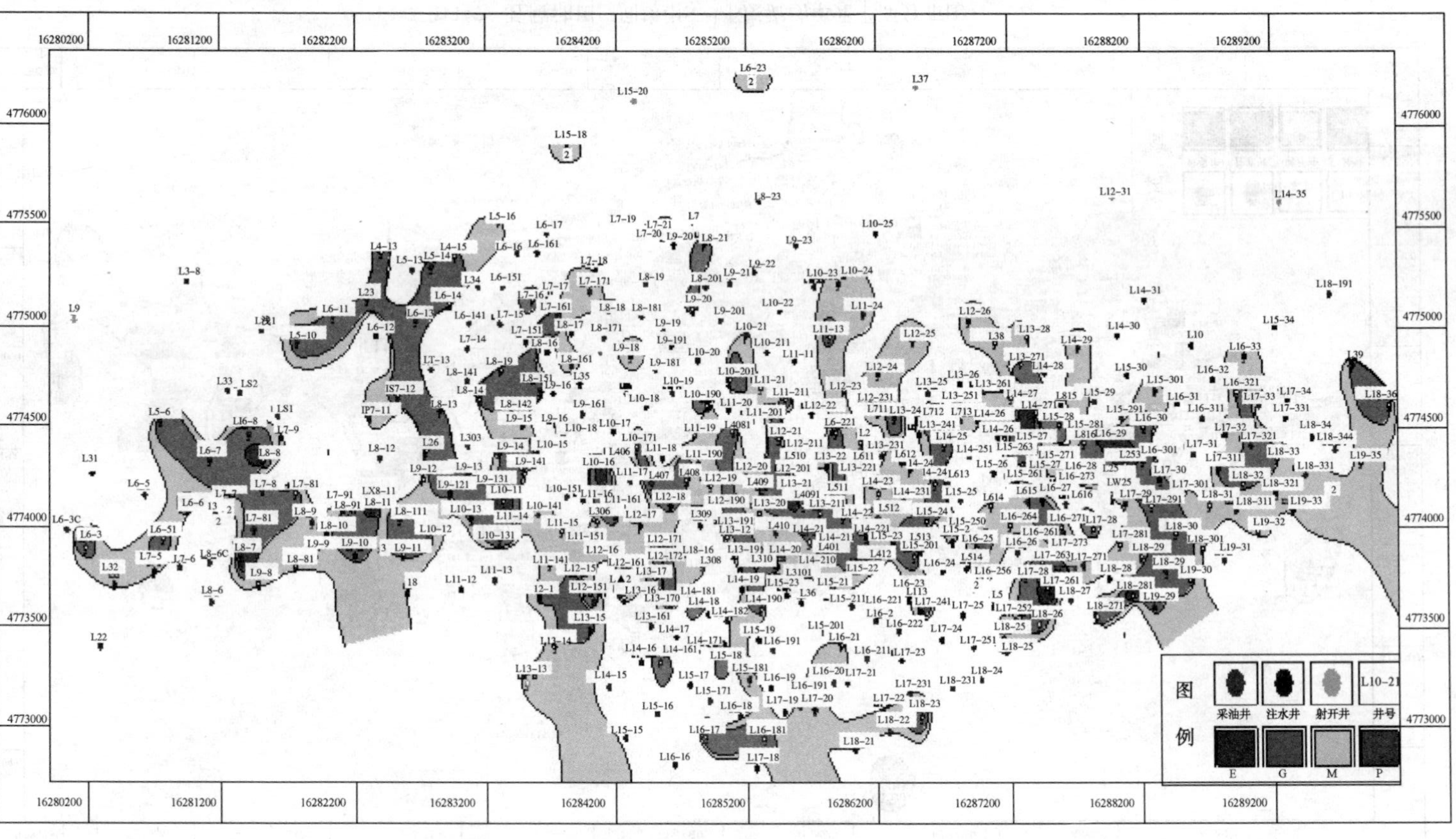

图3-8 丘陵油田三间房组S_2^{3-2}小层流动单元平面分布图

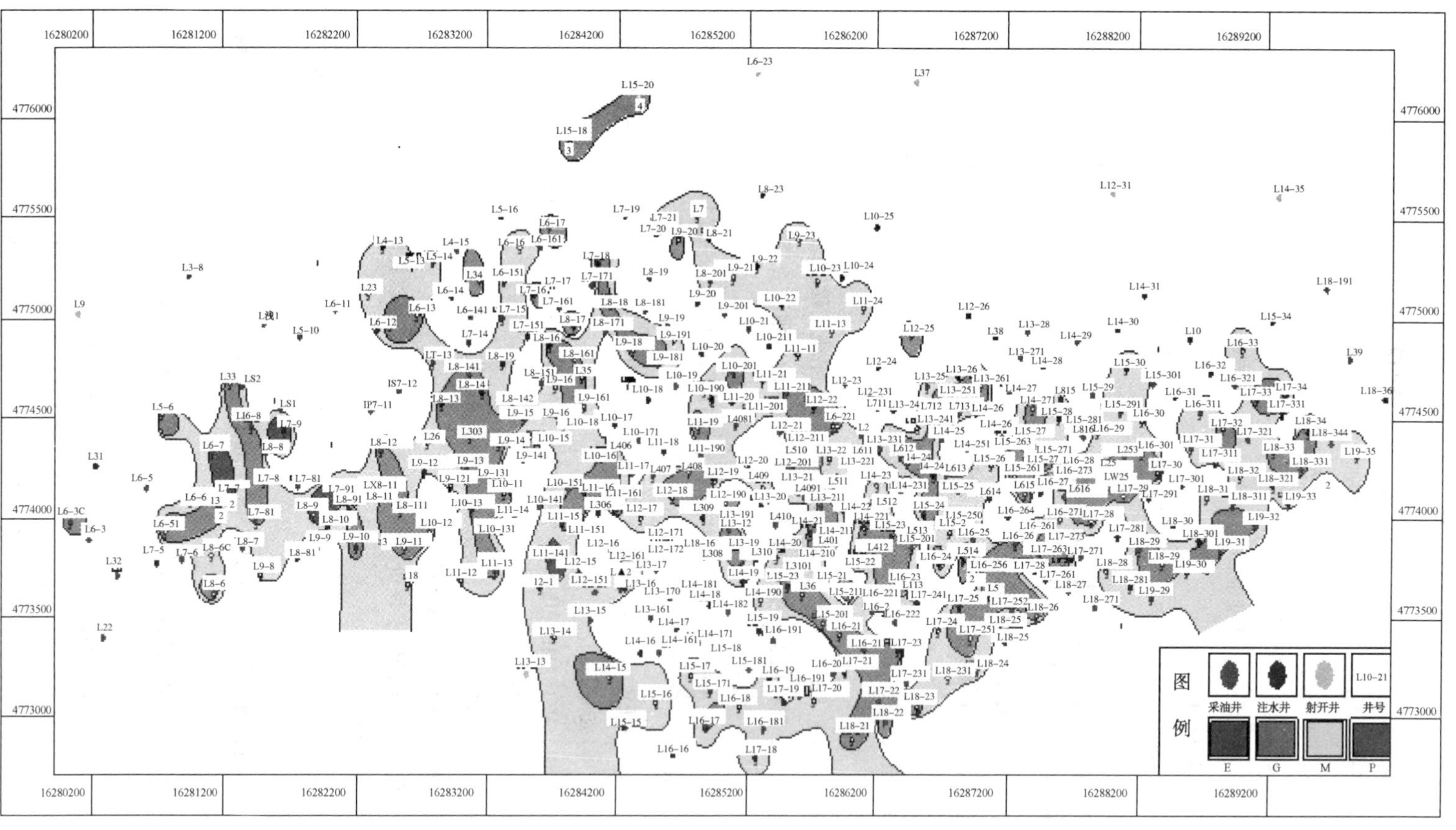

图3-9 丘陵油田三间房组S_2^{3-3}小层流动单元平面分布

参 考 文 献

[1] 康立明，任战利．多参数定量研究流动单元的方法——以鄂尔多斯盆地 W93 井区为例[J]．吉林大学学报(地球科学版)，2008，38(5)：749-756.

[2] 王如燕，侯向阳，王明筏，等．流动单元在五 3 中低渗砾岩油藏的应用[J]．石油天然气勘探与开发，2007，30(3)：40-44.

[3] 史成恩，解伟，孙卫，等．靖安油田盘古梁长 6 油藏流动单元的定量划分[J]．石油与天然气地质，2006，27(2)：239-243.

[4] 解伟，马广明，孙卫．吐哈盆地丘东凝析气藏中侏罗统储层流动单元划分[J]．现代地质，2008，22(1)：81-85.

[5] 彭仕宓，尹志军，常学军，等．陆相储集层流动单元定量研究新方法[J]．石油勘探与开发，2001，28(5)：68-70.

[6] 刘吉余，王建东，吕靖．流动单元特征及其成因分类[J]．石油实验地质，2002，24(4)：381-384.

[7] 李万庆，马利华，孟文清．综采工作面安全性的未确知——AHM 综合评价模型[J]．煤炭学报，2007，32(6)：614-616.

[8] 程乾生．属性层次模型 AHM——一种新的无结构决策方法[J]．北京大学学报(自然科学版)，1998，34(1)：10-14.

[9] 程乾生．层次分析法 AHP 和属性层次模型 AHM [J]．系统工程理论与实践，1997，(11)：25-28.

[10] 蔡惠萍，程乾生．属性层次模型 AHM 在选股决策中的应用[J]．数学的实践与认识，2005，35(3)：55-58.

[11] 李廉水，王桂芝，黄小蓉，等．气象灾害评估分析的 AHM 方法研究[J]．数理统计与管理，2011，30(2)：201-205.

[12] 蔡振禹，李思敏，任建华，等．基于 AHM 模型的城市节水水平综合评价研究[J]．中国给水排水，2006，22(7)：54-56.

[13] 张守华，孙树栋．基于 AHP 和区间模糊 TOPSIS 法的高新技术科研项目评价[J]．上海交通大学学报，2011，45(1)：134-137.

[14] 董凤娟，孙卫，胡绪军，等．灰色层次分析法在储层流动单元划分中的应用[J]．吉林大学学报(地球科学版)，2010，40(6)：1255-1261.

[15] 董凤娟．注水开发阶段的储层评价与油水分布规律研究——以丘陵油田三间房组油藏为例[D]．西安：西北大学，2010.

[16] 刘建锋，彭军，贾松，等．油气藏流动单元研究进展及认识[J]．西南石油学院学报，2006，28(5)：19-22.

[17] 董凤娟，卢学飞，等．基于熵权 TOPSIS 法的低渗透砂岩储层流动单元划分[J]．地质科技情报，2012，31(6)：124-128.

[18] 焦养泉，李思田．陆相盆地露头储层地质建模研究与概念体系[J]．石油实验地质，1998，20(4)：350-352.

[19] 刘吉余．流动单元研究进展[J]．地球科学进展，2000，15(3)：381-384.

[20] 阎长辉，羊裔常．动态流动单元研究[J]．成都理工学院学报，1999，26(3)：273-275.

[21] 吴胜和，王仲林．陆相储层流动单元的新思路[J]．沉积学报，1999，19(2)：252-256.

[22] 齐玉，冯国庆，李勤良，等．流动单元研究综述[J]．断块油气田，2009，16(3)：47-49.

[23] 董凤娟，卢学飞，琚惠姣，等. 基于熵权 TOPSIS 法的低渗透砂岩储层流动单元划分[J]. 地质科技情报，2012，31(6)：124-128.
[24] 葛新民，范宜仁，唐利民，等. 基于信息熵-模糊谱聚类的非均质碎屑岩储层孔隙结构分类[J]. 中南大学学报(自然科学版)，2015，46(6)：2227-2235.
[25] 田海，孔令伟，赵翀. 基于粒度熵概念的贝壳砂颗粒破碎特性描述[J]. 岩土工程学报，2014，36(6)：1152-1159.
[26] 董凤娟，卢学飞，靳文博. 基于 AHM 法的低渗透砂岩储层综合评价[J]. 地下水，2016，38(6)：168-170.
[27] 董凤娟，卢学飞，马永平. 基于 TOPSIS 法的煤层气储层综合评价[J]. 地质与勘探，2015，51(3)：587-591.
[28] 董凤娟，孙卫，陈文武，等. 低渗透砂岩储层微观孔隙结构对注水开发的影响——以丘陵油田三间房组储层为例[J]. 西北大学学报(自然科学版)，2010，40(6)：1041-1045.
[29] 董凤娟，孙卫，贾自力，等. 不同流动单元储层特征及其对注水开发效果的影响——以丘陵油田三间房组储层为例[J]. 地质科技情报，2010，29(4)：73-77.
[30] 李万庆，马利华，孟文清. 综采工作面安全性的未确知——AHM 综合评价模型[J]. 煤炭学报，2007，32(6)：614-616.
[31] 蔡惠萍，程乾生. 属性层次模型 AHM 在选股决策中的应用[J]. 数学的实践与认识识，2005，35(3)：55-58.
[32] 李廉水，王桂芝，黄小蓉，等. 气象灾害评估分析的 AHM 方法研究[J]. 数理统计与管理，2011，30(2)：201-205.
[33] 蔡振禹，李思敏，任建华，等. 基于 AHM 模型的城市节水水平综合评价研究[J]. 中国给水排水，2006，22(7)：54-56.
[34] 解伟，孙卫，王国红. 油气储层流动单元划分参数选取[J]. 西北大学学报(自然科学版)，2008，38(2)：282-284.
[35] 靳彦欣，林承焰，赵丽，等. 关于用 FZI 划分流动单元的探讨[J]. 石油勘探与开发，2004，31(5)：130-132.
[36] 窦之林. 孤东油田馆陶组河流相储集层流动单元模型与剩余油分布规律研究[J]. 石油勘探与开发，2000，27(6)：50-52.
[37] 李阳. 储层流动单元模式及剩余油分布规律[J]. 石油学报，2003，24(3)：52-55.
[38] 欧家强，罗明高，王小蓉，等. 新疆陆梁油田储层流动单元的划分与应用[J]. 地质科技情报，2007，26(5)：57-60.
[39] 尹太举，张昌民，王寿平，等. 濮 53 块流动单元评价[J]. 石油学报，2005，26(5)：85-89.
[40] 胡文碹，朱东亚，陈庆春，等. 流动单元划分新方案及其在临南油田的应用[J]. 地球科学(中国地质大学学报)，2006，31(2)：191-200.
[41] 张祥忠，吴欣松，熊琦华. 模糊聚类和模糊识别法的流动单元分类新方法[J]. 石油大学学报(自然科学版)，2002，26(5)：19-22.
[42] 赵翰卿. 对储层流动单元研究的认识与建议[J]. 大庆石油地质与开发，2001，20(3)：8-10.
[43] 赵翰卿. 储层非均质体系、砂体内部建筑结构和流动单元研究思路探讨[J]. 大庆石油地质与开发，2002，21(6)：16-18，43.
[44] 唐衔，侯加根，邓强，等. 基于模糊 C 均值聚类的流动单元划分方法——以克拉玛依油田五 3 中区克下组为例[J]. 油气地质与采收率，2009，16(4)：34-37，40.

[45] 吴胜和，王仲林．陆相储层流动单元研究的新思路[J]．沉积学报，1999，17(2)：252-257.
[46] 谭成仟，宋子齐，吴少波，等．济阳拗陷孤岛油田渤21断块砂岩油藏流动单元研究[J]．地质论评，2002，48(3)：330-334.
[47] 宋子齐，杨立雷，王宏，等．灰色系统储层流动单元综合评价方法[J]．大庆石油地质与开发，2007，26(3)：76-81.
[48] 邓玉珍．胜坨油田浅水浊积相储集层流动单元研究[J]．石油勘探与开发，2003，30(1)：96-98.
[49] 陈文浩，王志章，潘潞，等．致密砂岩储层流动单元定量识别方法探讨[J]．石油勘探与开发，2016，27(5)：844-850.
[50] 吴元燕，吴胜和，等．油矿地质学[M]．北京：石油工业出版社，2005.
[51] 赵焕臣，徐树白，和金生，等．层次分析法[M]．北京：科学出版社，1986.
[52] 刘思峰，郭天棒，党耀国，等．灰色系统理论及其应用[M]．北京：科学出版社，2000.
[53] 裘怿楠，薛叔浩．油气储层评价技术[M]．北京：石油工业出版社，1994.
[54] 吴胜和．储层表征与建模[M]．北京：石油工业出版社，2010.
[55] 李阳，刘建民．流动单元研究的原理和方法[M]．北京：地质出版社，2005.
[56] 窦之林．储层流动单元研究[M]．北京：石油工业出版社，2000.
[57] Wang C Y，Chen S Y M. Multiple attribute decision making based on interval-valued intuitionistic fuzzy sets，linear programming methodology，and the extended TOPSIS method[J]. Information Science，2017，397-398：155-167.
[58] Sheng Y H，Shi G，Ralescu D A. Entropy of uncertain random variables with application to minimum spanning tree problem[J]. International Journal of Uncertainty，Fuzziness and Knowledge-Based Systems，2017，25(4)：497-514.
[59] Hamlin H Scott，Dutton Shirley P，Seggie Robert J，et al. Depositional controls on reservoir properties in a braid delta sandstone，Tirrawarra Oil Field，South Australia[J]. AAPG Bulletin，1996，80(2)：139-156.
[60] Amaefule J O，Altunbay M，Tiab D，et al. Enhanced reservoir description：using core and log data to identify hydraulic(flow) units and predict permeability in uncored intervals well[C]. SPE Annual Technical Conference and Exhibition. Houston，1993，SPE26439.
[61] Davies D K，Vessell R K. Flow unit characterization of shallow shelf carbonate reservoir：North Robertson unit[C]. SPE Annual Technical Conference and Exhibition. West Texas，1996，SPE35433.
[62] Rodriguez A，Maraven S A. Facies modeling and the flow unit concept as a sedimentological tool in reservoir description[C]. SPE Annual Technical Conference and Exhibition. 1988，SPE18154.
[63] Hearn C L，Ebanks W J JR，Ranganath V. Geological factors influencing reservoir performance of the Hartgg Draw field，Wyoming[J]. JPT，1984(8)：1335-1344.
[64] Ti Guangming，Ogbe D O′，Hatzignation D G. Use of flow units as a tool for reservoir description：a case study[A]. SPE 26919，1995：122-128.
[65] Wyllie M R J，Rose W D. Some theoretical considerations related to the quantitative evaluation of the physical characteristics of reservoir rock from electrical log Data[J]. JPT，1950(189)：105-118.
[66] Kozeny J. Uber die kapillare Leitung des Wassers in Boden [J]. Sitzungsberichte der Akademie der Wasserschaften in Wien，1927(136)：271-306.
[67] Carman P C. Fluid flow through granular beds [J]. Transactions of the Institute of Chemical Engineering，1937(15)：150-1666.

第四章　不同类型流动单元储层特征

4.1　储层流动单元与沉积微相之间关系

4.1.1　不同类型流动单元的物性及含油性特征

4.1.1.1　E 类储层流动单元

E 类储层流动单元是丘陵油田三间房组储层最好的储层，具有很强的储集能力和渗流能力。这类储层流动单元主要分布在水下分流河道中心部位，在有的层段河道边部位亦可见，泥质含量低，呈零星分布，连片性很差，一般呈孤立状态镶嵌于 G 类储层流动单元之内。根据对该类储层流动单元砂体厚度统计分析可知，E 类储层流动单元的砂体厚度相对比较大，最大砂体厚度可达 22. 60m，平均值为 7. 30m；对应的砂地比比较高，平均值为 0. 45。丘陵油田三间房组储层中 P 类储层流动单元物性变化范围也比较大，从测井解释统计资料可知，孔隙度最大值为 25. 60%，最小值为 11. 90%，平均值为 17. 10%，该类储层流动单元绝大多数属于中等孔隙类型的储层。从渗透率大小来看，具有最大的渗透率，测井解释渗透率最大值为 $2993.80\times10^{-3}\mu m^2$，最小值为 $12.50\times10^{-3}\mu m^2$，平均值为 $17.3\times10^{-3}\mu m^2$。从含油性上看，这类储层流动单元砂体的含油性整体上较好，测井解释含油饱和度的均值为 73. 50%。

4.1.1.2　G 类储层流动单元

G 类储层流动单元是丘陵油田三间房组储层好的储层，具有良好的储集能力和渗流能力。这类储层流动单元主要分布在水下分流河道部位以及河口坝部位，砂体连片性好，泥质含量较低。根据对该类储层流动单元砂体厚度统计分析可知，G 类储层流动单元的砂体厚度相对比较大，最大砂体厚度可达 23. 0m，平均值为 7. 3m；对应的砂地比比较高，平均值为 0. 43。丘陵油田三间房组储层中 G 类储层流动单元物性变化范围也比较大，从测井解释统计资料可知，孔隙度最大值为 25. 0%，最小值为 10. 0%，平均值为 15. 0%，该类储层流动单元属于中、低孔隙类型的储层。从渗透率大小来看，具有好的渗透性，测井解释渗透率最大值为 $121.0\times10^{-3}\mu m^2$，最小值为 $3.9\times10^{-3}\mu m^2$，平均值为 $17.3\times10^{-3}\mu m^2$。从含油性上看，该类储层流动单元砂体的含油性整体上较好，测井解释含油饱和度的均值为 63. 00%。

4.1.1.3　M 类储层流动单元

M 类储层流动单元是丘陵油田三间房组储层中的中等储层，具有中等的储集能力和渗流能力。这类储层流动单元主要分布在水下分流河道边部，砂体连片性较好，泥质含量中等。根据对该类储层流动单元砂体厚度统计分析可知，M 类储层流动单元的砂体厚度差别比较大，最大砂体厚度可达 25. 2，平均值为 6. 0m。丘陵油田三间房组储层中 M 类储层流动单元物性变化范围也比较大物性变化范围比较大，从测井解释统计资料可知，孔隙度最大值为 13.5%，最小值为 8.5%，平均值为 11.2%。该类储层流动单元绝大多数属于低孔隙类型的储层，还有相当一部分属于特低孔隙类型的储层。从渗透率大小来看，渗透率较 E、G 以及 M 类储层流动单元明显减小，渗透率最大值为 23.4×10^{-3}μm^2，最小值为 0.4×10^{-3}μm^2，平均值为 4.5×10^{-3}μm^2。从含油性来看，该类储层流动单元砂体的含油性较 E、G 类储层流动单元的含油性变化不是很大，测井解释含油饱和度的平均值为 61.90%。

4.1.1.4 P 类储层流动单元

P 类储层流动单元是丘陵油田三间房组储层中的最差的储层，储集能力和渗流能力都很差。这类储层流动单元主要分布在水下分流河道边部和水下分流河道间湾部位，砂体连片性差，泥质含量高，岩性致密。根据对该类储层流动单元砂体厚度统计分析可知，P 类储层流动单元的砂体厚度差别比较大，最大砂体厚度可达 20.4m，平均值为 5.6m。丘陵油田三间房组储层中 P 类储层流动单元物性变化范围也比较大，从测井解释统计资料可知，孔隙度最大值为 16.7%，最小值为 8.7%，平均值为 12.4%，该类储层流动单元绝大多数属于低孔隙类型的储层。从渗透率大小来看，渗透率较 E、G、M 类储层流动单元明显减小，渗透率最大值为 21.60×10^{-3}μm^2，最小值为 0.1×10^{-3}μm^2，平均值为 3.5×10^{-3}μm^2。从含油性来看，该类储层流动单元砂体的含油性较 E、G 以及 M 类储层流动单元的含油性变化很大，测井解释含油饱和度的平均值为 28.0%。

4.1.2 流动单元与沉积微相的关系

影响沉积作用的因素包括以下几个方面：如沉积物源、搬运距离、古气候、古地形、湖平面升降以及水动力强弱等等。这些因素的综合影响使得沉积物以不同的方式进行堆积，例如前积、退积、侧积、垂积、选积、筛积、填积、漫积以及浊积等。沉积方式的不同，就会产生不同岩性以及物性的储集体，这对储层流动单元的形成与分布产生最直接和最重要的影响。

同时，砂体的孔隙度、渗透率平面展布在一定程度上受沉积微相的展布控制着，而孔隙度、渗透率和厚度的平面展布又影响着流动单元的平面分布。因此，储层流动单元的平面分布与沉积微相分布规律基本吻合。总体上，沉积微相的分布对储层流动单元的分布起着趋势控制的作用，但相同微相内的渗流能力存在差异，这又可以将其划分为不同的储层流动单元，因此两者的分布既有相同趋势，又存在着一定的差别。

各种沉积微相形成的砂体厚度不一，储层流动单元类型和数目也不一。研究区三间房组储层流动单元与沉积微相关系分析表明，总体上好的储层流动单元（E、G 类储层流动单元）在好的沉积微相（水下分流河道）中所占的百分比相对较高，差的储层流动单元（P 类储层流动单元）在差的沉积微相（水下分流河道间湾）中所占的百分比相对比较高。但是，也存在同一种类型的沉积微相储层却属于不同储层流动单元类型的成因砂体；同样，存在同一储层流动单元类型的成因砂体却属于不同沉积微相的情况。

从 L25 井单井储层流动单元划分结果（图 4-1）可以看出，E 类储层流动单元主要分布在水下分流河道中心部位，有极少部分 E 类储层流动单元分布在水下分流河道间湾部位；E 类储层流动单元砂体的岩性以粗砂岩及中粗粒砂岩为主。G 类储层流动单元主要以水下分流河道微相为主，河口坝微相次之，水下分流河道间湾微相最少；G 类储层流动单元砂体

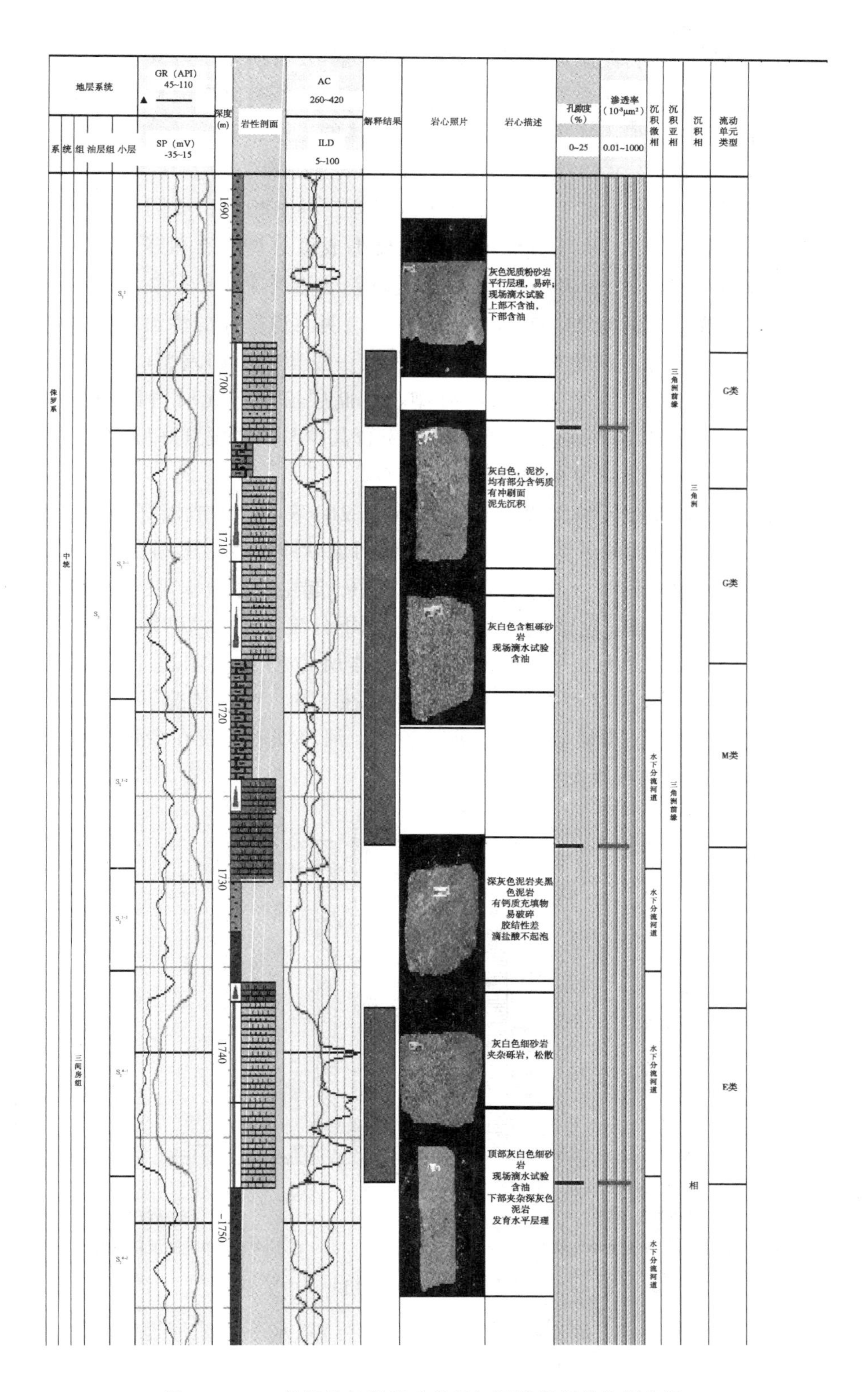

图 4-1　L25 井部分长度流动单元与沉积微相单井划分图

的岩性以中细粒砂岩为主，泥质含量较 E 类储层流动单元有所增多。M 类储层流动单元在水下分流河道微相所占比例明显减少，但仍占优势地位，该类储层流动单元在水下分流河道间湾微相的分布明显增加；M 类储层流动单元砂体的岩性细砂岩为主。P 流动单元基本为水下分流河道间湾微相；P 流动单元砂体的岩性以泥质细砂岩为主。

对水下分流河道、河口坝以及水下分流河道间湾三种微相沉积成因砂体的储层流动单元类型研究表明（图 4-2A），水下分流河道砂主要形成极好型（E）和好型（G）储层流动单元，所占比例分别为 32.09% 和 30.7%；M、P 类较差型储层流动单元在水下分流河道砂体中所占比例明显较低，分别为 23.02% 和 14.19%，说明河道砂体的渗流能力很强，同时非均质性也较强。而水下分流河道间湾砂体主要发育一般型（M）和差型（P）储层流动单元，各占有 31.34% 和 64.25%，极好型（E）和好型（G）储层流动单元所占比例甚少，分别为 1.95% 和 2.45%；河口坝微相砂体在整个研究区发育甚少，主要发育好型（G）和一般型（M）储层流动单元，所占比例分别为 66.67% 和 33.33%。

对不同类型储层流动单元的微相构成统计（图 4-2B）表明，构成极好型（E）储层流动单元和好型（G）储层流动单元的砂体主要为水下分流河道砂体，所占比例在 94.00% 以上，是流体在储层中流动的主要场所。因此，在开发过程中，起主要渗流作用的应为 E、G 类储层流动单元的砂体，M、P 类较差型储层流动单元中水下分流河道间湾砂体，所占比例明显增加，在 27.58% ~ 56.55% 之间，水下分流河道砂体所占的比例明显下降，所占比例在 43.45% ~ 70.51% 之间，其储集性能差，这就预示着在不均一渗流情况下，形成低渗带或者渗流缓冲带的也将是 M、P 类储层流动单元的砂体。河口坝砂体仅在少量的 G 类储层流动单元和 M 类储层流动单元有所发育。

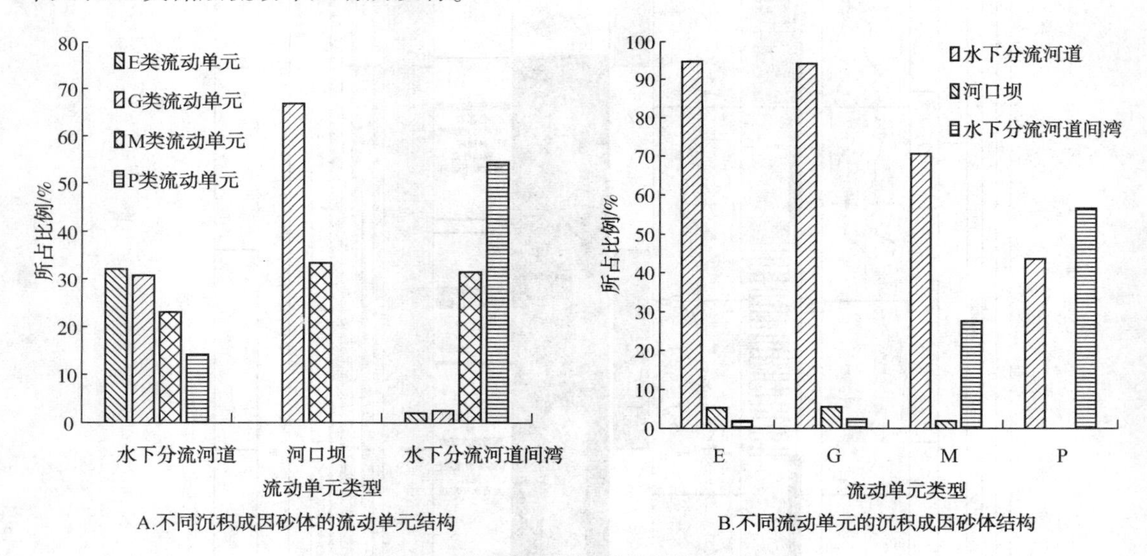

图 4-2　流动单元与沉积微相的对应关系

从图 4-2 可以看出，主力储层流动单元（E、G 类）以水下分流河道为主，所占比例在 94.0% 以上，是流体在储层中流动的主要场所；非主力储层流动单元（M、P 类）水下分流河道微相不是很发育，所占比例在 43.45% ~ 70.51% 之间，主要分布在水下分流河道边部，储集性能较差，而水下分流道间湾微相所占比例较大，在27.58%~56.55%之间，其中水下分流河道间湾微相一般是非可动流体的主要场所。对油井生产动态和注水井吸水剖面统计资料分析可知，在高含水期之前，主力产油和吸水为E、G类储层流动单元；在高含水期以后的主力产液和吸水仍然为G类储层流动单元，但主力产油层变为M类储层流动单元；P类储层流动单元一般岩性比较致密，含油性差，在30.0%以下，几乎无开发价值。由此可见，沉积微相直接控制着砂体的展布，进而控制着储层流动单元的空间分布，储层流动单元类型和分布又控制着不同含水时期产液、吸水和产油情况。

为了更明确、更直观体现储层流动单元的分布，充分考虑不同沉积微相储层结构的差异，根据各小层储层流动单元和沉积微相的平面展布叠合，绘制了储层流动单元与沉积微相的关系平面分布图(图4-3)。由图分析可知，储层流动单元的分布与沉积微相分布基本一致，具有水下分流河道中心部位好、向边部变差的规律。这说明在同一自然连通体内部，流动单元的分布存在着E、G类储层流动单元主要位于沉积主体部位(水下分流河道微相)，而M、P类储层流动单元主要位于沉积边部(即水下分流河道边部和水下分流河道间湾部位)。

4.2 不同流动单元储层岩石学特征

4.2.1 研究区三间房组储层岩石学特征

碎屑岩由碎屑成分和填隙物成分两部分组成，填隙物包括胶结物和杂基两部分。碎屑岩的性质主要是由碎屑组分的性质决定，碎屑物质又可分为岩屑和矿物碎屑(包括轻矿物和重矿物)两类。碎屑成分中除陆源碎屑外，还有火山碎屑等各种岩石碎屑。岩石碎屑以矿物集合体的形式存在，其成分组成反映母岩的岩石类型。

丘陵油田三间房组储集层砂岩主要为长石岩屑砂岩(图4-4)，其岩石颜色为浅灰色、灰色及浅灰带绿色。镜下薄片鉴定分析表明，砂岩成分成熟度低，结构成熟度较低。碎屑成分中石英含量为14.0%~35.0%，平均含量为25.2%；长石含量为5.0%~24.0%，平均含量为17.3%；岩屑含量为34.0%~73.0%，平均含量为47.7%，其中火成岩岩屑含量为22.0%~58.5%，平均含量为35.8%，变质岩岩屑含量为5.0%~33.5%，平均含量为10.6%，还有一部分其他类型的岩屑，平均含量为1.3%，其中主要是云母类和绿泥石含量为1.0%，海绿石及重矿物含量较少。砂岩的粒度以中-细砂岩为主，颗粒磨圆度较差，整体上以次棱-次圆状为主，砂岩成分的成熟度、结构成熟度均比较低。

4.2.1.1 研究区三间房组储层岩石颗粒分选程度

碎屑岩颗粒的大小均一程度，简称为分选程度。一般根据碎屑岩中主要粒级的含量，划分为三级：

① 分选好：碎屑岩中主要粒级含量大于75%，颗粒大小较均匀；

② 分选中等：主要粒级含量为50%~75%；

③ 分选差：主要粒级含量小于50%，各种粒级的碎屑混合在一起，大小不均一。

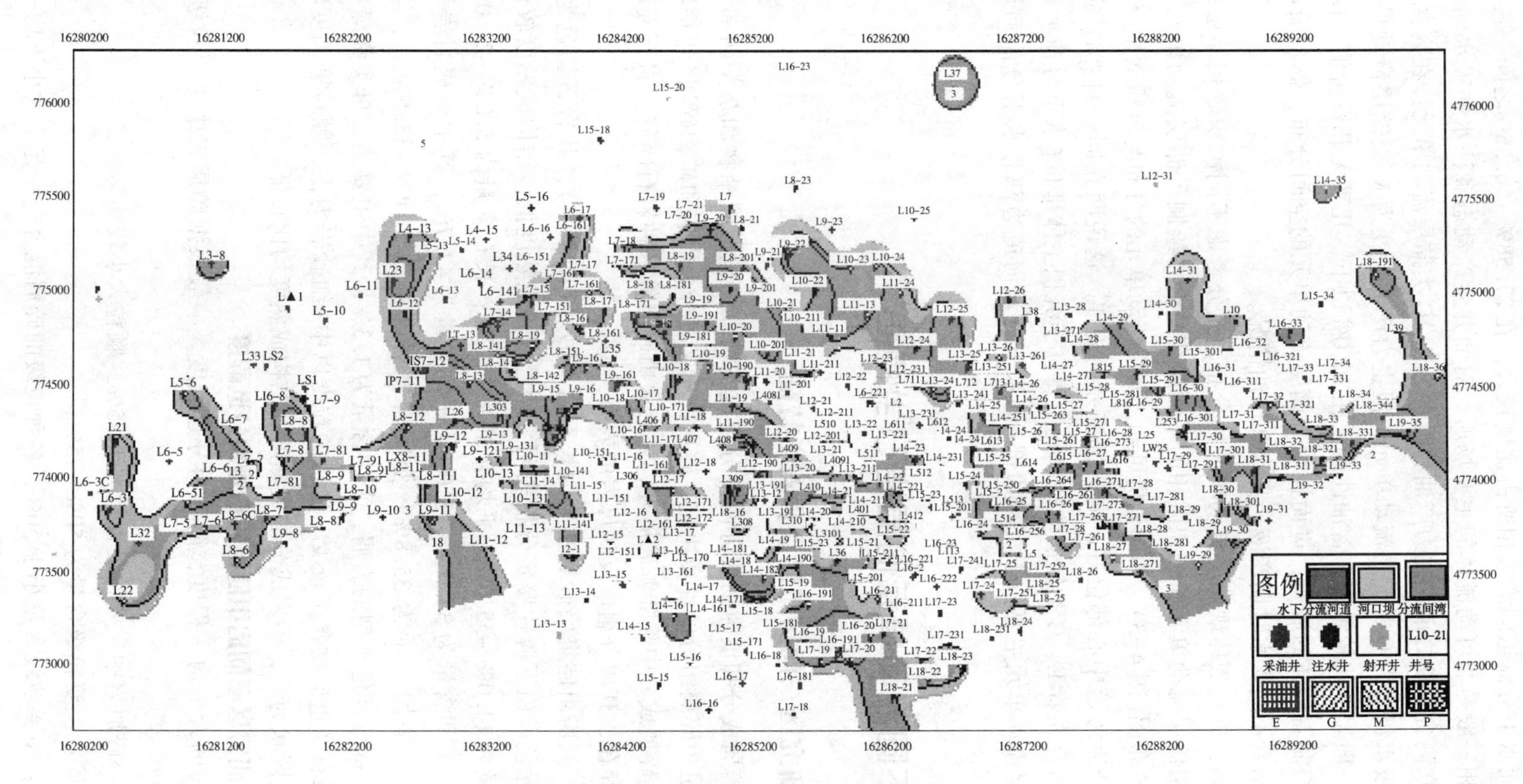

图4-3 丘陵油田S_2^{3-1}小层流动单元与沉积微相关系图

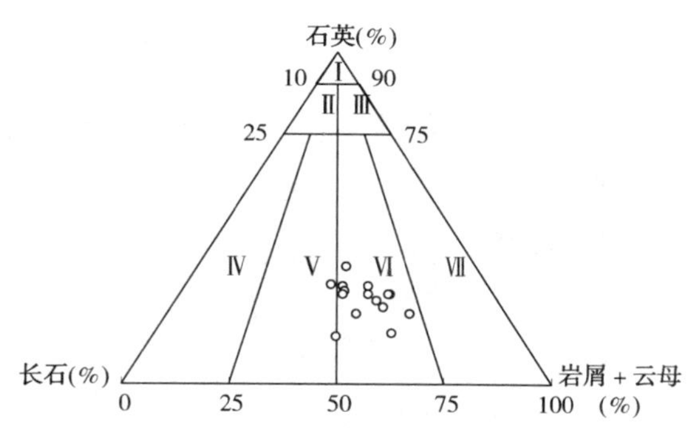

图 4-4 丘陵油田三间房组储层砂岩成分三角图

Ⅰ—石英砂岩；Ⅱ—长石质石英砂岩；Ⅲ—岩屑质石英砂岩；Ⅳ—长石砂岩；

Ⅴ—岩屑质长石砂岩；Ⅵ—长石质岩屑砂岩；Ⅶ—岩屑砂岩

碎屑岩中碎屑的分选程度，同圆度、球度一样，直接与距离母岩的远近、搬运时间的长短以及介质的性质有关。一般来说，经过远距离和长期搬运才沉积下来的碎屑物，颗粒的分选度和圆度、球度都很好，如海洋和大湖泊的沉积。而搬运距离较近、时间较短就沉积下来的碎屑物，颗粒的分选程度和圆度、球度都较差，如洪积、冲积和较小胡泊中的沉积。

研究岩屑颗粒的成分、分选度和圆度、球度等特点，对研究储集层、评价碎屑岩的储油物性好坏有实际意义。

从分选性来看，研究区三间房组储层分选性以好为主，占总比例的 46. 1%；其次为分选性中，占总比例的 23. 1%；而分选性中到差以及分选性差的比例分别占了 15. 40%(图 4-5)。

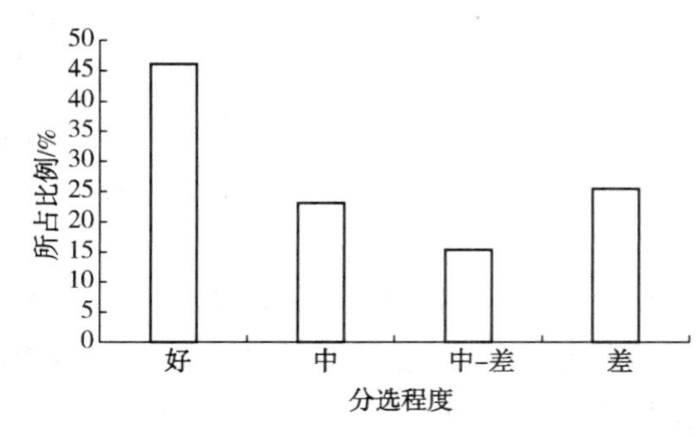

图 4-5 丘陵油田三间房组储层分选程度分析图

4. 2. 1. 2 研究区三间房组储层岩石颗粒磨圆程度

圆度是指碎屑颗粒的棱角被磨圆的程度。它与颗粒的形状关系较小，只与棱的尖锐程度关系密切。将岩石颗粒磨圆程度分为四级：

① 棱角状：碎屑颗粒具有尖锐的棱角，棱角没有或者很少有磨蚀的痕迹。反映未经搬运。

② 次棱角状：碎屑颗粒的棱角稍有磨蚀现象，但棱角仍清楚可见。反映颗粒在棱角形成后经过短距离搬运。

③ 次圆状：碎屑颗粒的棱角有明显的磨损，棱角圆化，但颗粒的原始轮廓、棱角所在位置还清楚。反映颗粒经过了较长距离搬运。

④ 圆状：碎屑颗粒的棱角已经磨损消失，颗粒圆化，原始轮廓、棱角位置难于推断。这是颗粒经过了长距离搬运，长期磨蚀的结果。

研究区三间房组储集层含油层段磨圆度整体以次棱-次圆状为主，占总比例的 46. 7%；其次是一部分次棱状，占总比例的 40. 0%，次圆状占 13. 3%(图 4-6)。

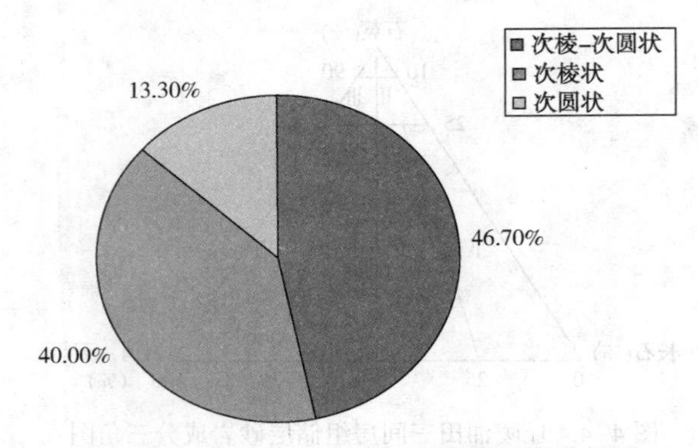

图 4-6 丘陵油田三间房组储层磨圆度分析图

4.2.1.3 研究区三间房组储层胶结类型

在碎屑岩中，碎屑颗粒和填隙物之间的关系称为胶结类型或者支撑类型。它取决于颗粒和填隙物的相对含量和颗粒之间的接触关系。首先，按照颗粒和杂基的相对含量分为杂基支撑和颗粒支撑两大类，再按照颗粒和胶结物的相对含量和相互关系分为基底胶结、孔隙胶结、接触式胶结及镶嵌胶结四类。基底胶结属于基质支撑，孔隙胶结和接触胶结属于颗粒支撑，镶嵌胶结则是颗粒与颗粒呈缝合接触。

在基底胶结中，颗粒漂浮在杂基中，彼此不相接触，基质对颗粒起黏结作用。具有这种胶结类型的碎屑岩一般是由快速堆积的密度流沉积而成的。孔隙胶结中颗粒互相接触，构成孔隙，胶结物充填与孔隙中，反映稳定强水流的沉积特征。接触胶结中胶结物质分布在颗粒接触处附近，而在孔隙中央没有胶结物，这种交接类型可能与毛细管作用并发生的沉积作用有关，也可以是由孔隙胶结的岩石、胶结物溶蚀而成。镶嵌胶结实际上是颗粒缝合接触，反映遭受了强烈的压实、压溶作用。

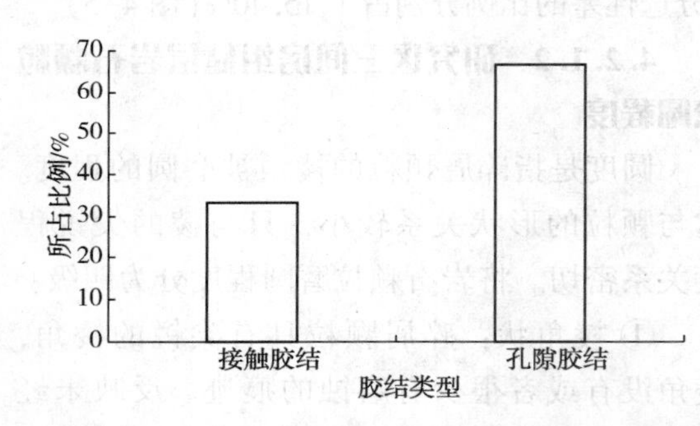

图 4-7 丘陵油田三间房组储层胶结类型分析图

研究区三间房组储集层砂岩的胶结类型以孔隙胶结为主，占总比例的 66.7%；其次是接触胶结，占总比例的 33.3%(图 4-7)。

4.2.2 不同类型流动单元储层岩石学特征

以研究区 7 口取心井不同层位岩样的铸体薄片、扫描电镜以及粒度图像分析结果为基础，对 E、G、M、P 类储层流动单元的储层特征进行分析研究。由于 P 类储层流动单元的岩性比较致密，含油饱和度一般低于 30.0%，因此在这里就不作为分析研究的主要对象了。

4.2.2.1 不同类型储层流动单元岩石类型及特征

研究区三间房组地层中发育一套灰绿色、杂色泥岩、灰白色砂岩、砂砾岩等。砂质沉积以细砂岩为主，其次为粉砂岩。粒度频率曲线峰值 20.00%左右，主峰位于细粒一侧，以细粒组分为主，指示了水下沉积特征，与陆上河流沉积物相比，粒级明显偏细。

沉积环境以及沉积作用控制着岩石颗粒的粒径、分选、圆球度等。不同类型储层流动单元砂岩之间的岩石类型组合存在明显差异(图 4-8)：E 类储层流动单元砂岩以粗砂为主，平均含量为 61.51%，巨砂含量较高，高达 6.8%，中砂含量为 24.64%，细砂含量 4.98%，泥质含量 2.0%左右，粉砂含量很少，仅为 0.07%；G 类储层流动单元砂岩以中砂为主，平均含量为 63.03%，粗砂含量较高，高达 12.9%，细砂含量 21.92%，泥质含量 2.0%左右，粉砂含量很少，仅为 0.15%；M 类储层流动单元砂岩以细砂为主，平均含量为 65.49%，中砂含量为 30.28%，泥质含量 2.0%左右，粉砂含量较高，为 2.24%。

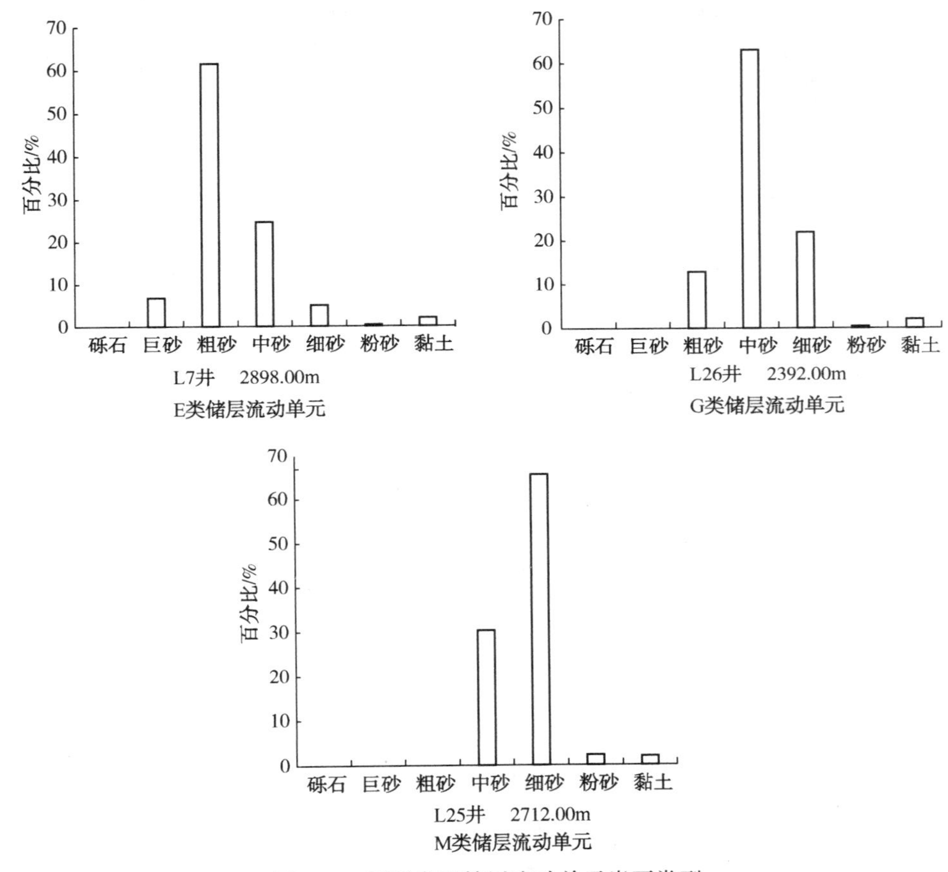

图 4-8 不同类型储层流动单元岩石类型

4.2.2.2 不同类型储层流动单元岩石的结构特征

丘陵油田三间房组储集层细砂岩颗粒磨圆度较好，多为次圆-次棱角状，以孔隙式接触为主；分选中等-好；粒度频率曲线峰值 20.0%左右，主峰位于细粒一侧，以细粒组分为主，指示了水下沉积特征。

研究区三间房组的砂岩在整体上颗粒比较细，以中砂-细砂为主，但是不同类型储层流动单元砂岩颗粒的粒径分布比例仍然存在着明显差异，如图 4-9 所示。E 类储层流动单元主要粒径在 0.50~1.20mm 范围内，最大粒径在 2.0mm 左右，磨圆度以次圆为主；G 类储层流动单元主要粒径在 0.30~0.80mm 范围内，最大粒径在 1.30mm 左右，粒度分布较 E 类储层流动单元较细，磨圆度以次棱-次圆为主；M 类储层流动单元主要粒径在 0.15~

1.50mm 范围内，分布范围比较广泛，最大粒径在 3.00mm 左右，颗粒分选较 E 类、G 类储层流动单元较差，磨圆度以次棱为主。

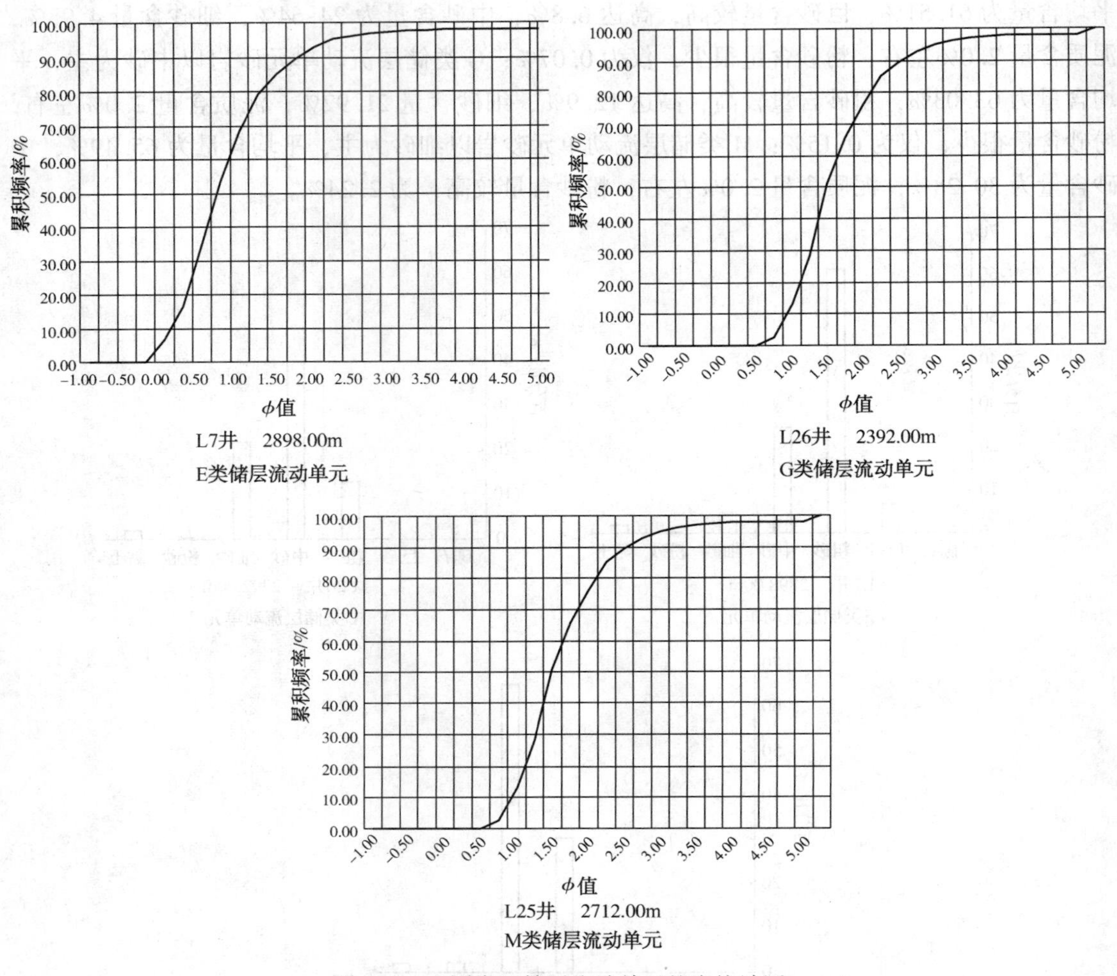

图 4-9 不同类型储层流动单元粒度统计图

以上不同类型储层流动单元岩石结构特征分析结果，证明了储层流动单元划分效果的合理性，能很好地反映沉积、成岩作用对储层物性的影响。

4.2.3 不同类型储层流动单元的填隙物特征

在碎屑岩中杂基和胶结物都可以作为碎屑颗粒间的填隙物。碎屑颗粒间杂基的充填、矿物的胶结，都会使砂层的孔隙度、渗透率大幅度减少，同时堵塞了孔隙空间和喉道，使物性变差。其中，矿物的胶结作用还可以在砂岩内部形成成岩胶结带，使原本连通的砂体不连通，从而使一个砂体可划分处多个独立的储层流动单元。

4.2.3.1 丘陵油田三间房组储层填隙物类型

研究区三间房组储集层填隙物主要由高岭石、绿泥石、水云母、方解石、硅质等组成，部分井含少量凝灰质和黄铁矿(图 4-10)。根据样品扫描电镜和铸体薄片统计分析，研究区储层填隙物总量一般在 6.0%～24.0%之间，平均 10.1%。其中以高岭石、绿泥石和水云母的分布最广，几乎在所有井中均可见到。填隙物总量由 S_1 到 S_5 依次减少。

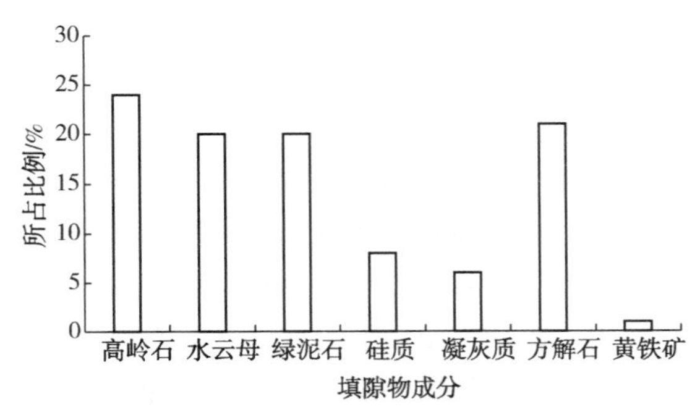

图 4-10 研究区三间房组储层填隙物成分分析图

(1) 高岭石

研究区三间房组砂岩储集层中高岭石含量很低，平均含量为 2.5%，且分布范围较广，几乎每口井都可以看见。其在扫描镜下高岭石单体多为假六方片状，集合体形态为蠕虫状、书页状等等，主要附着于颗粒的粒表或者是充填于粒间，常见的产状是交代其他矿物碎屑或者成为其他成岩矿物的包体。

(2) 绿泥石

绿泥石是砂岩内最主要的自生黏土矿物之一。研究区三间房组储集层中的绿泥石含量亦很低，平均含量为 1.8%。其在扫描电镜下呈花朵状、绒球状以及鳞片状等形态，多以颗粒包膜或者孔隙衬边的形式产出，它的存在使孔隙结构变差，渗流能力降低。自生绿泥的形成、分布与物源、沉积微相关系密切。

但是，成岩早期的绿泥石膜有利于储层原生孔隙的保存。据取自不同层位的样品分析研究发现，绿泥石发育的砂岩中，受其保护岩石抗机械压实能力明显增强，大多数原生粒间孔保存比较完好。从绿泥石胶结物与粒间孔关系可看出，绿泥石胶结物与粒间孔呈正相关性，胶结物含量增大，粒间孔相对增大。其中以 L13-211 井 2567.00m 深度段的绿泥石最发育，相对含量高达 33.30%，原生粒间孔保存最好，面孔率也最高，原生粒间孔 11.0%。其他几取心井的岩心样品均不同程度发育绿泥石，但含量和分布上低于 L13-211 井 2567.00m 深度段，保存的原生粒间孔在 1.0%～9.5%之间。

(3) 水云母

研究区三间房组储集层中的水云母主要以自生伊利石为主，分布比较广泛，但含量不高，平均含量为 2.0%。在扫描电镜下呈不规则鳞片状、叶片状以及丝发状，通常以孔隙充填的形式存于粒间，降低了储层的孔隙度和渗透能力。

(4) 方解石

研究区三间房组储集层中的方解石填隙物主要是充填在孔隙中，其含量在 0.5%～22.0%范围内，变化比较大，平均含量为 1.9%，且分布较不均匀，在局部层位大量胶结，严重降低了储层的储集性能以及渗流能力，反映了储层的非均质性特征。

(5) 硅质

研究区三间房组储集层中硅质含量很低，平均含量为 0.7%。但是，其分布范围比较广泛，主要以自生石英加大边的形式胶结颗粒生长。它的出现占据了孔隙的空间，从而亦降低了储层的孔隙度和渗流能力。

(6) 凝灰质

研究区三间房组储集层中凝灰质的含量也很低，平均含量为 0.6%，并且仅在局部层位发育。凝灰质填隙物是一种成分复杂的混合物质，在酸性水环境下具有不稳定性。因此，它在埋藏过程中—般容易随着地层水介质性质的改变而发生溶蚀、差异聚集以及异地转移。粒间体积可以因凝灰质的溶蚀作用而部分加大，因此凝灰质的存在从本质上改善了储层的储集性能。

（7）黄铁矿

研究区三间房组储集层中黄铁矿含量甚少，仅仅在少量井的局部层位可见，自生充填孔隙。

4.2.3.2 不同类型储层流动单元填隙物量化表征

填隙物体积占岩石粒间总体积的百分比，这个量化值从一定程度上可以反映胶结作用、溶解作用、矿物充填以及交代等成岩作用的综合效果。结合前人研究，在本次研究过程中定义视填隙率作为这一综合作用的量化表征参数。

$$视填隙率=\frac{填隙物体积}{填隙物体积+粒间孔体积}\times 100\% \tag{4-1}$$

式(4-1)中，填隙物体积是指胶结物体积和杂基体积两者之和。

根据丘陵油田三间房组砂岩储层大量岩心样品的薄片鉴定及扫描电镜分析可知，三间房组储层粒间体积为9.0%~18.0%范围内，平均值为14.79%；填隙物所占体积在6.0%~22.0%范围内，平均值为10.10%。视填隙率为35.29%~70.97%，平均值为56.39%。按照常用视填隙率大小判别成岩作用强度分级标准(表4-1)可知，该研究区三间房组区砂岩储层成岩作用强度为中—强。同时，填隙物的含量反映了该区胶结物和杂基总量的高低，其对储层的物性有很大的影响。研究表明，孔隙度、渗透率随着填隙物含量的增加呈明显减少趋势(图4-11)。从图4-11可知，研究区三间房组砂岩储层的视填隙率与面孔率之间呈很好的负相关关系，其相关系数 R^2 大于0.93。

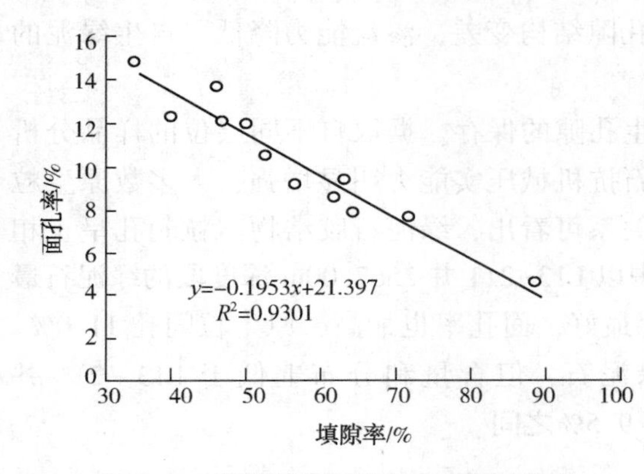

图4-11 视填隙率与面孔率之间的关系

经过大量实际资料研究分析，不同类型储层流动单元砂岩储层所经历的胶结作用、溶解作用、矿物充填以及交代等成岩作用的程度不同，因此其视填隙率的大小也存在明显差异，如表4-2所示。

表4-1 成岩强度判别标准

视填隙率标准/%	<40	40~70	>70
成岩作用强度	弱	中	强

表4-2 不同类型储层流动单元视填隙率

储层流动单元类型	粒间体积/%	视填隙率范围/%
E类储层流动单元	≥17.0	≤35.29
G类储层流动单元	14.0~18.0	40.0~62.86
M类储层流动单元	13.0~17.50	45.71~64.29
P类储层流动单元	≤15.50	≥70.97

综上分析可知，丘陵油田三间房组储层的填隙物中既有原生的成分，同时也有次生的

成分，它们充填在孔隙中或黏附在岩石颗粒的表面，使孔隙、喉道变小、或者被分割，从而使得岩石孔隙微观结构复杂化。例如，充填在孔隙中的高岭石，使大孔隙变成高岭石的晶间微孔。因此，填隙物的数量、成因类型及其产状在一定程度上对原生储层岩石的孔隙结构的改造具有极其重要的影响。

4.2.3.3 不同类型储层流动单元填隙物相对含量

不同类型储层流动单元形成于不同的沉积环境，直接影响其成岩作用演化历史。在同一埋深条件下，位于水下分流河道的E、G类储层流动单元较位于水下分流河道与水下分流河道间湾过渡部的M、P类储层流动单元的砂体厚度大，岩石颗粒支撑能力就强，遭受机械压实作用后保存下来的原生孔隙就多，为后期酸性流体的流动提供了通道，有利于岩石中的不稳定成分(尤其是斜长石和钾长石)溶解，形成大量的自生高岭石。因此，不同类型储层流动单元砂体中各填隙物的相对含量就存在着明显的差异，见图4-12。

从表4-3不同类型储层流动单元填隙物相对含量中不难发现，丘陵油田三间房组砂岩储层的E、G、M类储层流动单元填隙物的总含量呈依次增加趋势，但高岭石、绿泥石、水云母、方解石、硅质的相对含量变化规律各不相同，这与其主要经历的成岩作用有关。E、G类储层流动单元沉积物中长石质岩屑砂岩的稳定碎屑含量相对较高，保存了一定量的容纳酸性介质的原生孔隙，从而使得其中的斜长石和钾长石溶解。因此，E、G类储层流动单元经历的溶蚀作用较强烈，胶结、交代作用较弱，粒间-溶蚀孔发育。其中，溶蚀孔的形成以长石类岩屑的溶解为主，还有部分方解石的溶解，大大改善储层物性。长石溶蚀其反应机理如下式：

$$0.8NaAlSi_3O_8+0.2CaAl_2Si_2O_8+KAlSi_3O_8+Na^++H^+ \longrightarrow NaAlSi_3O_8+Ca^{2+}+K^++Al^{3+}+H_2O$$

钠长石　　斜长石　　钾长石　　高岭石

同时，在酸性介质作用下，成岩作用早期阶段形成的方解石也开始溶解并形成溶蚀孔隙：

$$CaCO_3+H^+ \longrightarrow Ca^{2+}+HCO_3^-$$

$$HCO_3^- \longrightarrow H^++CO_3^{2-}$$

CO_3^{2-}随地层水pH值升高而解析出来。

表4-3　不同类型储层流动单元填隙物相对含量

储层流动单元类型	填隙物总含量/%	高岭石相对含量/%	水云母相对含量/%	绿泥石相对含量/%	硅质相对含量/%	方解石相对含量/%
E	<7	>33.3	<16.7	<9.0	<8.3	<8.3
G	7~11	25.0~45.0	20.0~25.0	11.0~25.0	9.9~12.5	9.9~12.5
M	>11	<25.0	>27.8	>27.3	>16.7	<5.0

因此，E、G类储层流动单元粒间-溶蚀孔发育的同时，有高岭石生成，其含量相对就较高；而方解石在溶孔形成的过程中被溶解，其含量相对就较低。M、P类储层流动单元一般是在低能水动力环境下形成的，有利于水云母的保存，但后期的溶蚀作用很弱，交代作用较强烈，常见石英次生加大充填粒间孔喉，导致储层物性变差，因此，M、P类储层流动单元的填隙物中硅质含量较E、G类储层流动单元高。

L13-211井 2567.0m
部分碎屑高岭化蚀变
E 类储层流动单元

L7井 2898.0m
碎屑溶蚀产生粒内溶孔
G 类储层流动单元

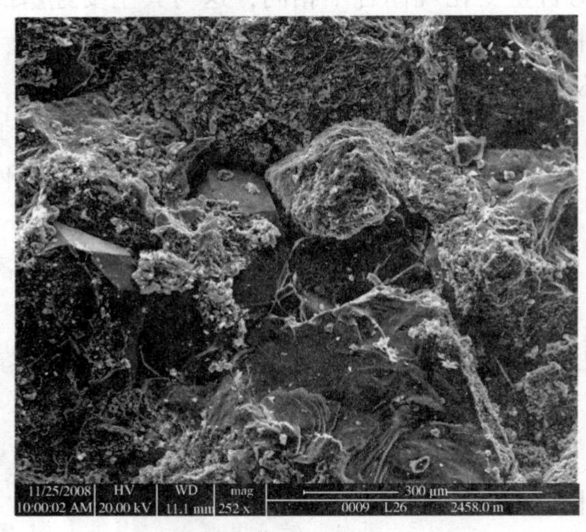

L26井 2458.0m
石英加大状胶结充填残余粒间孔喉,其连通性较差
M 类储层流动单元

图 4-12 不同类型储层流动单元填隙物特征

4.2.4 成岩作用对不同类型流动单元储层物性的影响

碎屑岩的成岩作用是指碎屑沉积物在沉积后到变质之前，这一漫长过程中所发生的各种各样的物理、化学以及生物变化。碎屑岩储层的成岩演化是地下流体性质、运移速度、有机质成熟度、温度场、应力场、碎屑组合以及结构构造特征等多种作用综合作用的结果，它是一个非常复杂的物理、化学变化过程。不同的地区由于物理化学条件的细微差别，就可以造成成岩作用以及孔隙演化史的巨大差别。成岩作用在砂岩的埋藏演化过程中对于其孔隙度和渗透率的产生、破坏以及改造起着及其重要的作用。

碎屑岩储层及其储集性能既受沉积相的控制，同时又受成岩作用的强烈影响。例如，高能环境形成的高渗砂体由于强烈成岩作用(如机械压实作用、胶结作用)改造可能变为低渗透砂体甚至为非渗透砂体；同时低能环境形成的低渗砂体亦由于强烈成岩作用(如溶解作用)改造，其储集层物性可能得到很好的改善。因此，成岩作用是造成储层流动单元非均质性的重要因素之一。

4.2.4.1 压实作用对不同类型储层流动单元物性的影响

压实作用是储层物性变差的最主要因素。它常常使原生孔隙变小，渗透率变差，大大降低了储层流体流动性。

铸体薄片鉴定以及扫描电镜等分析资料表明，研究区三间房组储层经历了较强的压实作用，导致本区砂岩原生孔隙大量丧失，是砂岩储层变为低孔低渗储集岩的主要原因之一。根据镜下观察，三间房组储层内部压实作用的主要表现形式有：刚性颗粒断裂，形成压裂缝，云母受到挤压作用弯曲变形，塑性岩屑挤压变形呈假杂基充填于孔隙中或者沿长轴方向定向、半定向紧密排列影响孔隙的发育等，碎屑颗粒变形显著。砂岩碎屑颗粒间的接触关系以点接触、点-线接触和线接触为主(图 4-13)。研究区三间房组储层砂岩基本上没有进入压溶阶段，因此砂岩中基本不发育碎屑颗粒的缝合线和凹凸接触。从压实作用角度来考虑，绝大多数油层组储层砂岩所经历的成岩阶段不会超过晚成岩早期。

E 类储层流动单元

L13-211井, 2567m,孔隙分布均匀,连通性好,颗粒点接触、点-线接触和线接触

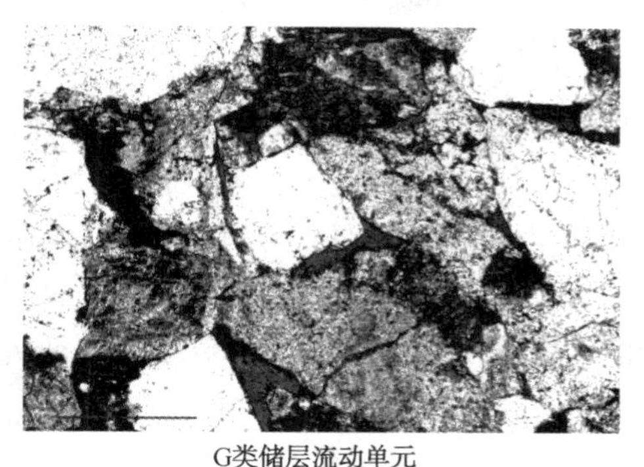

G类储层流动单元

L26井, 2392.30m,长石压裂缝,云母受压弯曲变形

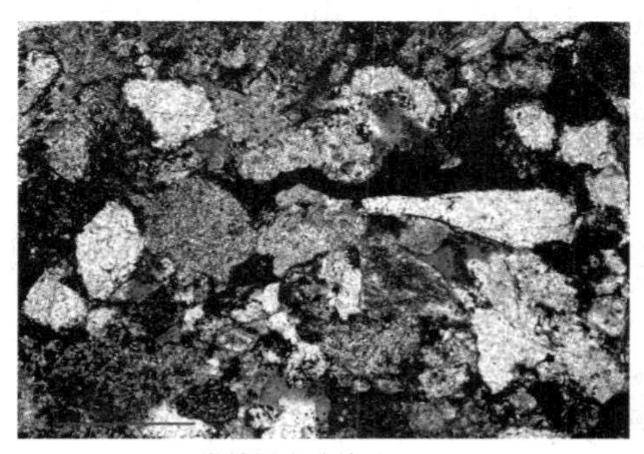

M 类储层流动单元

L13-211井, 2414m,云母受压弯曲变形,孔隙连通性较差

P类储层流动单元

L26井, 2458m,砂砾岩,孔隙发育在砾石间的砂质填充物之中,几乎不连通

图 4-13　丘陵油田三间房组储层砂岩铸体薄片

大量砂岩粒间孔隙的埋藏改造作用研究表明，砂岩碎屑成分中的塑性碎屑(如千枚石岩屑、云母等)，在遭受比较强的压实作用下可挤压变形，形成假杂基，从而构成无胶结物式胶结类型，使原生粒间孔隙大大减少。丘陵油田三间房组砂岩储层中含有较多的塑性碎屑(如云母、泥岩岩屑等等)。这些塑性碎屑在早期成岩作用过程中发生扭曲、膨胀以及塑性变形，同时挤入粒间孔隙中，从而造成相当大的一部分原生粒间孔隙丧失。通过对分析测试数据的统计分析，剔除异常数值，并用计算机软件进行处理，发现填隙物中云母的相对含量与砂岩的孔隙度和渗透率均呈负相关关系(图4-14)，并且相关系数 R^2 都大于0.6。也就是说，随着填隙物中云母相对含量的增加，储层的孔隙度和渗透率都明显降低。

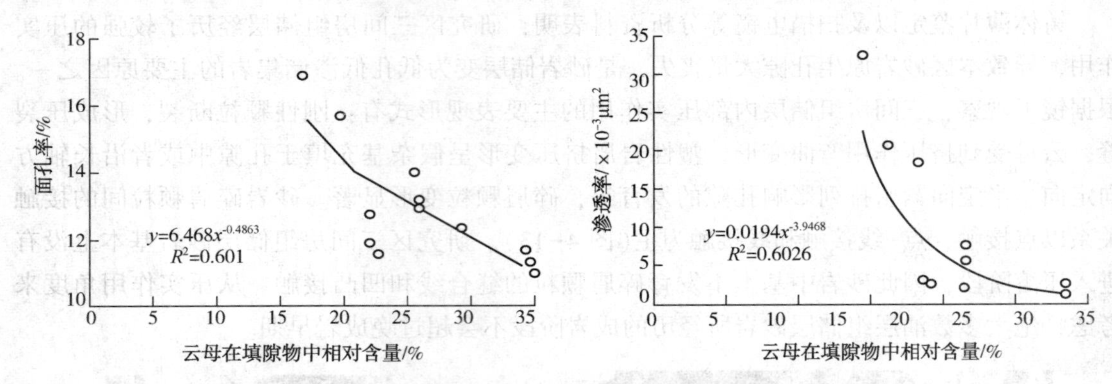

图4-14　云母相对含量与储层物性关系图

沉积物进入埋藏成岩阶段，其储集空间的再分配主要受各种成岩作用的控制，沉积物本身的内在特征也不同程度上制约着成岩作用的发生和发展，进而影响着孔隙的演化进程。将岩心薄片规模的储集层所经历的各种成岩作用进行定量化，建立它们对储层物性的控制关系，既可以突出各种成岩作用的强弱，又可以分析控制储层物性的因素及其控制程度。对大量的铸体薄片的详细统计为定量研究研究区三间房组储层孔隙演化趋势提供了依据。其孔隙演化分析可按以下顺序进行：

(1) 砂岩初始孔隙度恢复

恢复砂岩初始孔隙是定量评价不同类型的成岩作用对原生孔隙消亡和次孔隙形成影响的基本前提，通常采用Beard等对不分选的状况下未固结砂岩实测的初始孔隙度(ϕ_p)关系式来计算。ϕ_p 的表达式为：

$$\phi_p = 20.91 + 22.90/S_o \qquad (4-2)$$

其中，S_o为分选系数。

利用普通薄片和铸体薄片对研究区三间房组储层砂岩进行了详细观察和统计，并据此划分出3种较容易直观分辨的分选特征，即分选好、中等和差。对应的分选系数分别为：①分选好，$S_o=1\sim2.5$；②分选中等，$S_o=2.5\sim4.5$；③分选差，$S_o>4.5$。

由公式(4-2)计算结果可知：分选好的砂岩初始孔隙度大于30.07%；分选中等的砂岩初始孔隙度为25.99%~30.07%；分选差的砂岩初始孔隙度小于25.99%。薄片观察统计和计算结果表明，研究区三间房组砂岩储层的平均分选系数为2.4398。因此，研究区三间房组砂岩储层初始孔隙度平均为30.3%。

（2）不同流动单元压实作用量化表征

根据比尔德和韦尔（Beand and Weyli，1973 年）提出的原始孔隙度计算式得出丘陵油田三间房组储层原始孔隙度为 30.3%。依据孔隙度演化定量计算公式，得出砂岩储层压实后的粒间剩余孔隙度为 16.2%，由压实作用损失的孔隙度大概为 14.1%，压实过程中孔隙损失率为 46.5%。因此，机械压实作用是对研究区三间房组储层物性破坏的最大消极因素。

根据 H 欧 sknecht（1987 年）提出的视压实率计算公式：

$$视压实率 = \frac{30 - 粒间体积}{30} \tag{4-3}$$

式（4-3）中，粒间体积为粒间孔隙体积与胶结物体积之和。上述计算视压实率的公式是根据粒间体积的压缩程度来表示砂岩储层真正的压实状况的指标。该计算公式既考虑了外界的不均匀压实作用，同时也考虑了不同微相带的颗粒抗压实能力信息。

根据丘陵油田三间房组砂岩储层大量岩心样品的薄片鉴定及扫描电镜分析可知，三间房组储层粒间体积为 9.0%～18.0%之间，平均值为：14.79%；同时，通过对研究区三间房组砂岩储层所遭受的压实作用量化表征参数的计算、分析，图 4-15 为视压实率频率分布直方图。从图 4-16 可以看出，研究区三间房组储层视压实率为 40.0%～70.0%之间，平均值为 49.86%。按照常用的岩石遭受压实程度分级标准（表 4-4），该研究区三间房组区砂岩储层绝大多数（66.0%左右）岩石经历了中等压实作用。

表 4-4　岩石遭受压实程度分级标准

视压实率/%	<30	30～50	50～70	>70
压实程度	弱	中	较强	强

从图 4-15 可以看出，原生粒间孔与视压实率之间呈良好的负相关关系，相关系数大于 0.65。因此，随着机械压实作用的增强，保存下来的原生粒间孔隙体积随之减少。

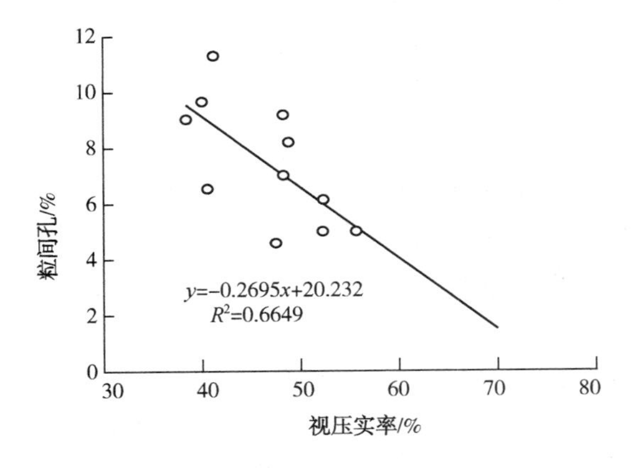

图 4-15　丘陵油田三间房组储层视压实率与粒间孔之间的关系

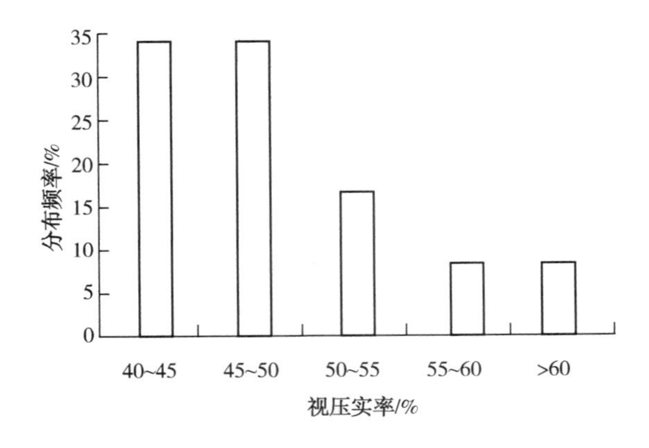

图 4-16　丘陵油田三间房组储层视压实率分布频率图

虽然，研究区三间房组储层经历了较强的压实作用，导致本区砂岩原生孔隙大量丧失。但是，经过大量实际资料研究分析，压实作用对不同类型流动单元砂岩储层的物性破坏程度存在明显差异(见表4-5)。

表4-5 不同类型储层流动单元视压实率

储层流动单元类型	粒间体积/%	视压实率范围/%
E类储层流动单元	≥17.00	≤43.33
G类储层流动单元	14.00~18.00	40.00~53.33
M类储层流动单元	13.00~17.50	41.67~56.67
P类储层流动单元	≤15.50	≥48.33

虽然，丘陵油田三间房组砂岩储层为中强-较强压实，但是不同类型储层流动单元由于沉积背景、构造位置等不同，导致不同类型储层流动单元所遭受的压实程度亦不同。从表4-5可以看出，E、G、M、P4类流动单元的视压实率存在明显差异。E类储层流动单元受压实作用的破坏作用最小，经历压实作用后保存下来的粒间体积在17.0%以上，视压实率在43.33%以下；G类储层流动单元受到的压实程度略比E类储层流动单元强一些，经压实作用后保存下来的粒间体积在14.0%~18.0%范围之间，其平均值为15.9%，视压实率在40.0%~53.33%之间，其平均值为47.0%；M类储层流动单元较E类、G类储层流动单元所经受的压实作用较强，遭受压实作用后所保存下来的粒间体积明显降低，在13.0%~17.5%范围内，其平均值为14.88%，视压实率范围为41.67%~56.67%，其平均值为50.42%；P类储层流动单元所遭受的压实作用最严重，砂岩岩性比较致密，保存下来的粒间体积均在15.5%以下，视压实率均在58.33%以上。总而言之，压实作用对E、G、M、P4类流动单元砂岩储层的物性破坏程度依次增大，遭受压实作用后，孔隙流失逐次增大，为后期酸性流体的流动提供了通道减少，阻止了岩石中的不稳定成分(尤其是斜长石和钾长石)溶解，不利于后期溶蚀孔等次生孔隙的形成，储层物性就差。

4.2.4.2 溶解(溶蚀)作用对不同类型流动单元储层物性的影响

砂岩次生孔隙在油气储集的过程中起着重要的作用，它是改善储层物性的最主要途径。次生孔隙的形成除了与物源、沉积环境以及搬运介质有关以外，成岩阶段长石的溶蚀作用起着极其重要的作用。铸体薄片分析为溶蚀作用对次生孔隙的形成，提供了很好的岩石学证据。

溶蚀作用是岩石组分的不一致溶解，主要是由于沉积物受有机质热演化过程中产生的有机酸影响，或者出露地表遭受富含二氧化碳的大气水的淋滴作用从而导致骨架颗粒溶解，主要是长石类碎屑在酸性的环境下被溶解，具有很强的选择性、因地而异的。不同的沉积环境、不同的构造运动以及不同的成岩演化都会影响到砂岩次生孔隙的溶蚀机制。

研究发现，丘陵油田三间房组砂岩储层孔隙类型主要以粒间孔、溶蚀孔(长石溶孔和岩屑溶孔)为主，分别占总孔隙含量的63.7%、27.9%(15.4%和12.5%)；而微裂隙发育很少，占总孔隙含量的6.1%；晶间孔和杂基溶孔甚少，仅有个别井可见。因此，成岩过程中发生的选择性溶蚀作用是丘陵油田三间房组储层次生孔隙产生的主要原因。也就是说，次生孔隙的发育程度在一定程度上可以反映溶蚀作用的强度。

通过精细岩心薄片和扫描电镜观察，同时结合测井资料，发现丘陵油田三间房组储集层原生孔隙和次生孔隙均发育。其中，原生孔隙主要为原生粒间孔隙，多为填隙物(如自生石英、黏土等)未完全充填满原生粒间孔隙所残余的孔隙；次生孔隙类型主要是粒内溶孔，在砾、砂屑内见有颗粒局部溶蚀而造成的；粒间溶孔几乎不发育。研究区三间房组储层的粒内溶孔主要发育于长石和岩屑颗粒内部。

在本次研究过程中，次生孔隙度定义为，主要指总储集空间中溶蚀孔所占据的那部分储集空间。可以用下面公式来计算：

$$次生孔隙度=\frac{溶蚀孔面孔率}{总面孔率}\times 现存孔隙度 \tag{4-4}$$

其中，$\frac{溶蚀孔面孔率}{总面孔率}$被定义为溶蚀率。

由于储层流动单元的形成是受沉积作用、成岩作用共同控制的，从而使成因单元内部岩石物理性质具非均质性。因此，在成岩过程中，不同类型储层流动单元所经历的溶蚀作用强度和次生孔隙的发育程度亦不同(表4-6)。

表4-6 不同类型储层流动单元砂岩储层次生孔隙发育程度

储层流动单元类型	现存孔隙度/%	溶蚀率/%	次生孔隙度/%
E	15.7~17.5	22.05~45.56	3.75~6.22
G	11.4~15.5	21.43~44.44	2.90~5.96
M	11.6~14.4	20.33~28.57	2.32~3.89
P	11.2~11.7	20.0~23.14	2.36~3.63

从表4-6可以看出，所选取的岩心样品现今孔隙度分布范围不是很大，最大值为17.5%，最小值为11.2%；E、G、M、P4类储层流动单元的孔隙度整体上呈依次减小趋势。同时，不同类型储层流动单元之间的溶蚀率存在明显差异，并且E、G、M、P4类储层流动单元物性逐次呈变差趋势，其溶蚀率也就是溶蚀孔占据储集空间的百分比亦依次呈下降趋势(图4-17)。E、G、M、P4类储层流动单元的溶蚀率的平均值分别为33.8%，28.82%、23.14%和21.3%。

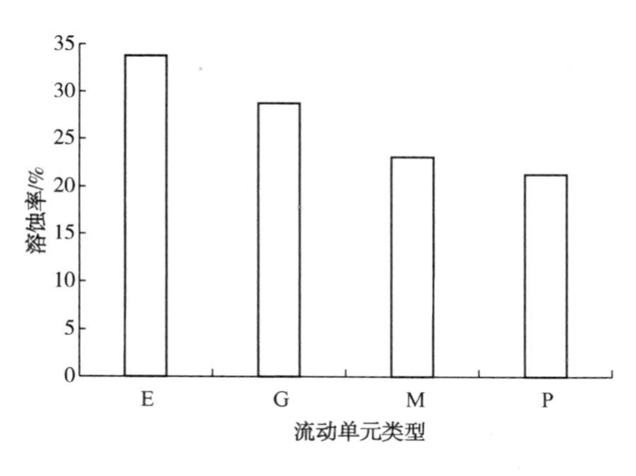

图4-17 不同类型储层流动单元砂岩储层溶蚀率分布频率

从图4-17不同类型流动单元砂岩储层溶蚀率分布频率分析可知，E、G、M、P4类储层流动单元的溶蚀率呈逐次下降的趋势，这就表明E、G类储层流动单元的溶蚀孔就比M、P类储层流动单元中溶蚀孔发育。究其原因是，由于E、G类储层流动单元较M、P类储层流动单元的砂体厚度大、分选好、磨圆程度较高，岩石颗粒支撑能力就强，原生粒间孔发育，为后期酸性流体的流动提供了通道。因此，经历溶蚀作用后E、G类储层流动单元溶蚀孔较M、P类储层流动单元发育。

4.3 不同类型储层流动单元微观孔隙结构特征

在油田注水开发过程中，影响油水在岩石中运动与分布的因素很多，但主要的影响因素包括油水黏度比、多孔介质的润湿性以及孔隙结构等三方面。其中，孔隙结构是最复杂的，它构成了油水运动的微观环境，对油水运动的微观表现极其重要。同时，岩石微观孔隙结构的非均质性亦是影响驱油效率最重要的因素之一。

孔隙结构是指岩石所具有的孔隙和喉道的几何形状、大小、分布及其相互连通关系，对流体的微观渗流特征有着极其重要的影响。同时，流动单元内部的渗流特征又与注水开发过程中的水淹特征相似。因此，深入研究砂岩储层的微观孔隙结构以及渗流特征，特别是以储层流动单元的划分为手段，对不同类型的流动单元的微观孔隙结构特征进行分析、研究，可以提高水淹层的解释精度、确定剩余油的分布，从而确定加密调整井及挖潜对象，对提高这个油田原油采收率具有极其重要的意义。本节通过毛管压力曲线、扫描电镜和铸体薄片的分析测试方法，对不同类型的流动单元的储层微观孔隙结构特征进行了进行分析和探讨，从而加深理解不同类型流动单元油水运动的微观特征。

4.3.1 不同类型流动单元微观孔隙类型及连通性

砂岩储层的储集空间是一个复杂多变的孔喉系统，它是由多种类型的孔隙(如粒间孔、溶蚀孔和晶间孔等)通过弯弯曲曲、彼此曲折的喉道连接起来的。除了铸体薄片、扫描电镜和图像分析研究孔隙微观结构的直观方法以外，高压压汞技术也是研究孔喉特征和孔喉分布的主要方法和手段。

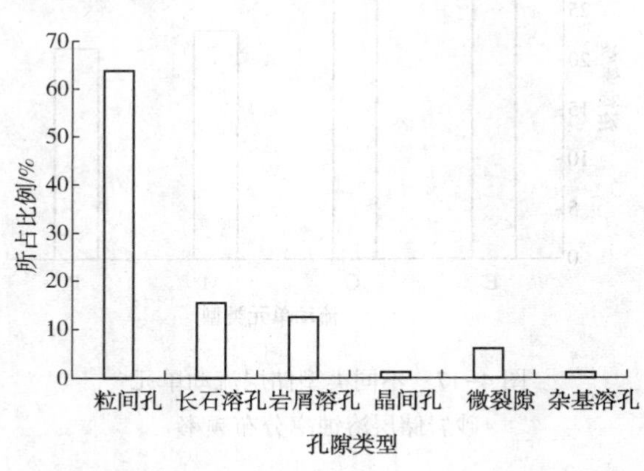

图 4-18　丘陵油田三间房组储层孔隙类型分布图

通过对丘陵油田三间房组砂岩储层所取样品的铸体薄片和扫描电镜分析研究，发现丘陵油田中侏罗统三间房组储层孔隙类型主要以粒间孔、长石溶孔(通常沿解理或双晶面以及破碎面，片岩沿片理方向选择性溶解而形成，形成粒内条状、蜂窝状或者窗格状溶孔)和岩屑溶孔(孔径一般在几十微米)为主，分别占总孔隙含量的 63.70%、15.40% 和 12.50%，而微裂隙次之，占总孔隙含量的 6.10%，晶间孔和杂基溶孔很少，见图 4-18。

丘陵油田三间房组储层虽然主要以粒间孔为主，并和粒内溶蚀孔组合成一种良好的孔隙组合类型，即溶孔-粒间孔型。但是，大量实验分析资料表明，在不同流动单元砂岩储集层储集空间中，各种类型孔隙(如粒间孔、溶孔、微裂隙等)所占的比例存在明显差异，见表 4-7。

表 4-7 不同类型流动单元孔隙类型

储层流动单元类型	面孔率/%	粒间孔所占比例/%	溶蚀孔所占比例/%	微裂隙所占比例/%	晶间孔所比例/%
E 类储层流动单元	≥15.0	70.0~73.3	20.0~25.0	6.0~7.0	0.0
G 类储层流动单元	10.~15.0	66.7~72.0	25.0~28.6	4.1~7.5	<2.5
M 类储层流动单元	7.0~10.0	62.5~65.0	24.9~28.3	3.9~6.35	5.6~6.25
P 类储层流动单元	<7.8	<57.7	<32.1	<2.0	7.8

通过对大量实际分析测试实验资料进行归纳、统计、分析(表 4-7 和图 4-19)，可知：

E 类储层流动单元储集层的质量、渗流能力好。该类储层流动单元储集空间中粒间孔、溶蚀孔发育，部分颗粒产生微裂缝。粒间孔对面孔率的贡献大，在 70.0%以上，溶蚀孔对面孔率的贡献也比较大，在 20.0%~25.0%范围之间。颗粒支架状排列杂基含量低、岩屑颗粒含量少，并且分选比较好。颗粒支架状排列，接触方式以点接触为主，面孔率在 15.0%左右，微裂隙对面孔率贡献比较小，在 6.0%~7.0%范围之间，孔喉半径分布范围广，连通性好，非均质性弱，见图 4-19A。

L26井 2480m

颗粒支架排列,粒间孔隙发育分布均匀,连通性好

A. E 类储层流动单元

L13-211井 2654m

孔隙均匀分布,连通性较好,可见粒间溶孔。

B. G 类储层流动单元

L7井 2898m

孔隙均匀分布,连通性较差

C. M类储层流动单元

L26井 2458m

孔隙发育在砾石间的砂质充填物中。

D. P 类储层流动单元

图 4-19 不同类型储层流动单元微观孔隙结构

G 类储层流动单元储集层的质量、渗流能力较好。该类储层流动单元储集空间中粒间孔、溶蚀孔比较发育，尤其是溶蚀孔的发育要好于 E 类储层流动单元。粒间孔对面孔率的贡献比较大，在 66.7%~72.0%范围之间；溶蚀孔对面孔率的贡献要大于 E 类储层流动单元，在 20.0%~25.00%范围之间。接触方式以点到线接触为主，面孔率在 10.0%以上，微裂隙对面孔率贡献比较小，在 4.1%~7.5%之间；同时发育少量的晶间孔，对面孔率贡献比较小，在 2.5%以下。孔喉半径分布集中，以中孔喉为主，连通性较好，非均质性较弱，见图 4-19B。

M 类储层流动单元储集层的物性中等，该类储层流动单元储集空间中粒间孔、溶蚀孔不是很发育。粒间孔对面孔率的贡献在 65.0%以下，即在 62.5%~65.0%范围之间；溶蚀孔对面孔率的贡献亦大于 E 类储层流动单元，但是略小于 G 类储层流动单元，即在 24.9%~28.3%之间。接触方式以线接触为主，面孔率在 7.0%~10.0%之间，微裂隙对面孔率贡献比较小，在 3.9%~6.35%范围之间；同时发育少量的晶间孔，对面孔率贡献比较小，在 5.6%~6.25%范围之间。细孔喉发育，连通性较差，非均质性较强，见图 4-19C。

P 类储层流动单元储集层的物性较差，孔隙结构较差，粒间孔和粒间溶孔已不占主要地位。粒间孔对面孔率的贡献在 57.7%以下，溶蚀孔对面孔率的贡献小于 32.1%。接触方式以线接触为主，面孔率整体上小于 7.80%，微裂隙对面孔率贡献比较小，在 3.9%~6.35%范围之间；同时发育少量的晶间孔，对面孔率贡献相对很小，在 2.0%以下，但孔隙呈星点状分布，几乎不连通，见图 4-19D。

综上对不同类型流动单元的孔隙类型及其连通性分析可知，在 E、G、M、P 四类流动单元储层储集空间中，粒间孔、溶蚀孔的发育程度依次降低，同时孔隙的连通性和面孔率亦随之依次降低，非均质性却依次增强。

4.3.2 基于高压压汞技术表征孔隙结构特征

基于压汞实验技术获取储层微观孔隙结构参数，表征储层质量品质被广泛应用。通过进汞饱和度与进汞压力间所形成的毛管压力曲线几何形态特征，提供储层的微观孔隙结构信息。一方面曲线自身形态可以为储层孔隙结构类型、孔喉非均质性等研究提供帮助；另一方面通过所提供的测量参数还可提供包括孔喉半径及其分布、润湿性、岩石比面积、流体界面等大量储层特征。

微观孔隙结构参数表征储层的非均质性可由物性直接体现，因此，合理地建立微观孔隙结构参数与物性之间的关系是表征储层品质的直接手段。

目前广泛应用压汞参数、毛管曲线形态及物性分类，评价储层的相对优劣品质。但是基于参数及毛管曲线对比分类，给研究者增添大量的繁琐工作量，导致效率低下；而基于物性，尤其是渗透率评价等级，给予了渗透率过高的权重，且是基于孔隙度与渗透率具有较好的线性相关性。本文笔者从压汞实验入手，参照物性数据综合计算整理研究储层微观孔隙结构特征。

常规压汞实验采用美国麦克仪器公司的 AutoPore IV 9500 型压汞仪上完成，实验可测孔径范围 0.003~1100μm，最大进汞压力为 227.5MPa。

铸体薄片和扫描电镜观察表明，样品以缩颈状、弯片状或片状喉道为主，因此可用毛细管压力的理论公式，结合压汞曲线计算这类低渗透储层喉道半径。

毛细管压力的理论公式：

$$p_c = \frac{2\sigma\cos\theta}{r} \tag{4-5}$$

式中 p_c——毛管压力，MPa；

σ——界面张力，480 mN/m；

θ——润湿接触角，135°；

r——喉道半径，μm。

高压压汞实验是在一定的压力下，将汞压入多孔介质的微观孔隙中，得到不同压汞压力与进汞体积的关系。由于毛细管力的存在，在一定压力下，汞只能进入孔喉半径大于该压力对应的孔喉半径的孔隙中，从而可以用压汞数据研究多孔介质复杂的微观孔隙结构特征。

4.3.2.1 砂岩储层孔、喉道组合类型

喉道就是连通两个孔隙的狭窄通道。每一个喉道可以连通两个孔隙，而每一个孔隙则可和三个以上的喉道相连接，有的甚至和6~8个喉道相连通。因此，影响储层渗流能力的主要是喉道，而喉道的大小和形态主要取决于岩石颗粒的接触关系、胶结类型以及颗粒本身的形状和大小。图4-17给出了主要喉道类型，可以看出砂岩储层岩石喉道的主要类型有以下几类：

(1) 缩径喉道(图4-20A)

喉道是孔隙的缩小部分。其孔隙类型以粒间孔隙为主，或者以扩大的粒间孔隙出现在

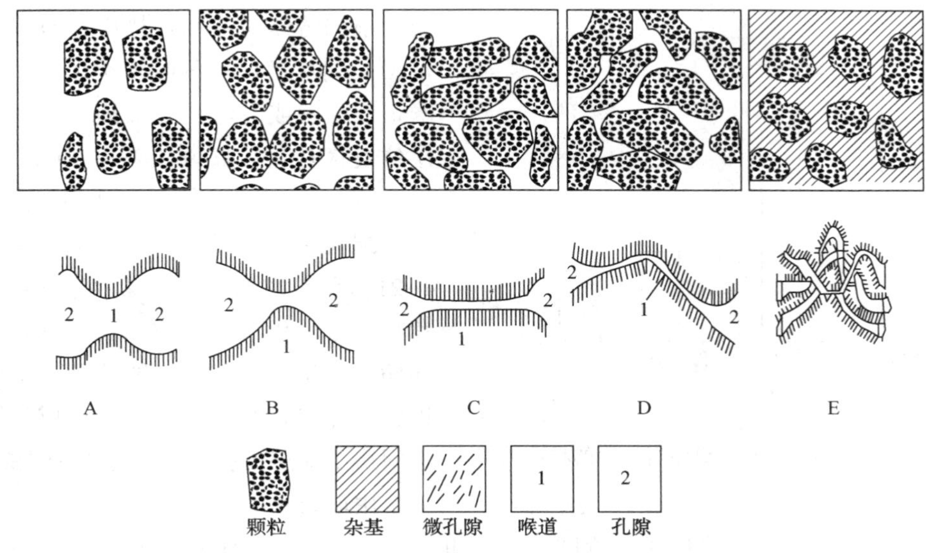

图4-20　砂岩储层岩石主要的孔喉类型(据罗蛰潭、王允诚，1986年)

A—喉道是孔隙的缩小部分；B—可变断面收缩部分是喉道；

C—片状喉道；D—弯片状喉道；E—管束状喉道

砂岩储集岩，喉道仅仅是孔隙的缩小部分，因此孔隙与喉道难以区分。常见于颗粒支撑、飘浮状颗粒接触以及无胶结物类型。此类孔隙结构属于孔隙大、喉道粗，孔喉直径比接近于1。岩石的孔隙几乎都是有效的。

（2）点状喉道（图4-20B）

喉道是可变断面收缩部分。当砂岩颗粒遭受压实作用而排列比较紧密时，虽然其保留下来的孔隙还是比较大的，但是由于颗粒排列紧密使得喉道大大变窄。此时，储集岩可能具有较高的孔隙度，而渗透率却很低。此类孔隙结构属于孔隙大（或者较大）、喉道细的类型，孔喉直径比比较大。根据喉道大小可以判断，其孔隙有的可以是无效的。常见于颗粒支撑、接触式以及点接触类型。

（3）片状或弯片状喉道（图4-20C、D）

当砂岩进一步被压实，或者由于压溶作用使晶体再生长时，其再生长边之间所包围的孔隙变得比较小，一般是四面体或者多面体形。其中，晶体之间的晶间隙是这些孔隙相互连通的喉道。这种晶间隙视颗粒形状的不同又可以分为片状和弯片状，其有效张开宽度很小。此类孔隙结构的孔隙很小，并且喉道极细，所以其孔喉比可以由中等到较大。常见于接触式、线接触以及凹凸接触式类型。

（4）管束状喉道（图4-20E）

当杂基以及各种胶结物含量比较高时，原生的粒间孔隙有时可以完全被堵塞。在杂基以及胶结物中的许多微孔隙本身既是孔隙，同时又是连通的通道。这些微孔隙就像一支支微毛细管交叉地分布在杂基以及胶结物中。但是，其孔隙度一般不会很高，只有中等或者较低。由于孔隙就是喉道本身，因此孔喉直径比均为1。杂基支撑、基底式以及孔隙式、缝合接触式类型是常见的孔隙结构。

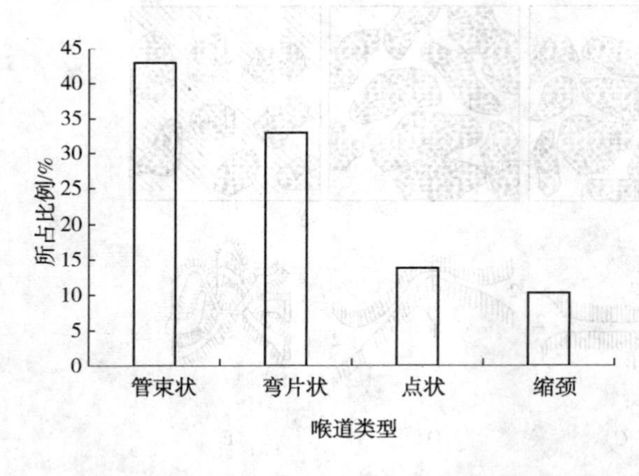

图4-21　丘陵油田三间房组砂岩储层的喉道类型

根据铸体薄片和扫描电镜分析，丘陵油田三间房组储层的喉道类型主要以点状喉道、片状或者弯片状喉道为主，在局部层位发育有缩径喉道和管束状喉道，连通性有好、也有差，但整体上还是较差的，喉道配位数比较低，以2~3为主，见图4-21。颗粒间喉道有管束状（占42.9%），片状、弯片状（占32.9%），点状（13.8%）和缩颈喉道（10.4%）4种类型，主要为管束状、片状和弯片状，也是造成丘陵油田三间房组储层低孔低渗的主要原因之一。

由取自丘陵油田三间房组砂岩储层取心经岩心样品的物性以及高压压汞测试结果可知，孔隙度分布范围为11.6%~16.7%，空气渗透率分布范围为$(0.395\sim157.695)\times10^{-3}\mu m^2$，可以看出三间房组储层孔隙度分布范围小，渗透率分布范围比较广，储层非均质性强。将岩心样品喉道中值以物性参数，按数理统计规律制定了丘陵油田三间房组储层物性和喉道分级标准（表4-8）。

表 4-8　丘陵油田三间房组储层孔隙度、渗透率、喉道分级标准

孔隙度分级	孔隙度/%	渗透率分级	渗透率/$10^{-3}\mu m^2$	喉道分级	喉道中值/μm
高孔	>20.00	高渗	>50.00	粗喉道	>4.00
中孔	15.00~20.00	中渗	10.00~50.00	中喉道	1.00~4.00
低孔	10.00~15.00	低渗	<10.00	细喉道	<1.00

综上分析可知，丘陵油田三间房组储层孔喉组合类型主要以中孔隙细喉道和小孔隙细喉道组合为主。

4.3.2.2　孔喉分布特征参数

由于实际岩石的孔隙、喉道大小、分布是很错综复杂的，在本次研究中主要采用统计的方法。选用的孔隙结构参数主要有以下几种：

（1）分选系数(S_p)

是反映孔喉大小分布集中程度的参数。孔喉大小越均一，则其分选性越好；孔喉分选系数越趋近于0，则毛细管压力曲线就会出现一个平台，累积频率曲线就比较陡峭。当孔喉分选比较差时，毛细管压力曲线倾斜，而累积频率曲线比较平缓。基于正态分布的孔喉分选系数的计算公式是：

$$S_p = \frac{D_{84} - D_{16}}{4} + \frac{D_{95} - D_5}{6.6} \qquad (4-6)$$

式中，D_5、D_{16}、D_{84}、D_{95}分别为R_5、R_{16}、R_{84}、R_{95}对应的ϕ值。

当分选系数　$S_p<0.35$　分选极好；

$S_p=0.84\sim1.40$　分选中等；

$S_p>3.00$　分选极差。

（2）均值系数(X_p)

用来表示所有孔喉分布的平均位置，可以用观测值的加权平均来得到，其值越大，孔喉分布越均匀。

（3）变异系数(C)

用来描述孔喉的分布于集中的程度。孔喉的变异系数值越大，孔喉分布越差；反之，则孔喉分布越好。

（4）歪度系数(S_k)

用来表示孔喉频率分布的对称参数，反映众数相对的位置，众数偏粗孔喉端为粗歪度，偏于细孔喉端为细歪度。基于正态分布的歪度的计算公式是：

$$S_k = \frac{D_{84} + D_{16} - 2D_{50}}{2(D_{84} - D_{16})} + \frac{D_{95} + D_5 - 2D_{50}}{2(D_{95} - D_5)} \qquad (4-7)$$

歪度$S_k=0$时，为正态分布(对称)；$S_k>1.00$时，为正偏(偏粗)；$S_k<1.00$时，为负偏(偏细)。

通过对丘陵油田三间房组砂岩储层取心井段岩心样品高压压汞测试资料统计分析可知，

砂岩孔喉分选系数在1.6329~3.0725范围之内，平均值为2.440；变异系数在0.1296~0.3151范围之内，平均值为0.212；均值系数在9.75~12.7133范围之内，平均值为11.713；歪度系数在-1.3292~0.3258范围之内，平均值为-0.422。以上统计分析表明，丘陵油田三间房组储层孔喉分选程度整体上比较差，孔喉偏细，但是分布比较均匀。

4.3.2.3 孔喉半径特征参数

孔喉半径特征参数主要包括中值喉道半径(R_{50})、最大连通孔喉半径(R_d)以及平均孔喉体积比(V_{pt})等。

(1) 中值喉道半径(R_{50})

是岩心样品在高压压汞实验中，汞饱和度达到50%时所对应的孔喉半径的值，它是孔喉大小、分布趋势的度量。储层中的孔隙和喉道一般都趋于正态分布，中值喉道半径即代表分布处于最中间的孔喉的半径，该值愈大，储层孔隙结构愈好；反之，储层孔隙结构就愈差。

(2) 最大连通孔喉半径(R_d)

是汞进入孔隙时，最先进入的喉道的大小。

(3) 平均孔喉体积比(V_{pt})

可以用压汞时注入曲线和退出曲线两者来确定岩心样品的平均孔喉体积比。注入曲线反映的是喉道和喉道相连通的孔隙的总体积；退出曲线则反映的是喉道的体积。注入与退出曲线的差值就为孔隙的体积，因此，平均孔喉体积比可以用下面的公式来计算。

$$V_{pt} = \frac{孔隙体积}{喉道体积} = \frac{S_R}{S_{max} - S_R} \quad (4-8)$$

式中 S_{max}——注入汞的最大饱和度,%；

S_R——退出后残余在岩心样品中的汞的饱和度,%。

4.3.2.4 孔喉连通性特征参数

在表征储层孔隙结构特征参数中，反映孔隙连通性的参数主要有：排驱压力(P_{cd})、残余汞饱和度、退出效率(W_e)以及结构渗流系数(ε)等，这些参数的值的大小直接反映了砂岩储层的储渗能力。

(1) 排驱压力(p_{cd})

是指非润湿相的前沿曲面突过孔隙喉道而连续地进入岩样时的压力，也就是对应孔隙系统中最大连通孔隙所对应的毛细管压力。通常，孔隙度高、渗透率好的岩样，它的排驱压力就低，孔喉半径相对比较大，所对应的孔喉半径是最大连通孔喉半径。对于陆相碎屑砂岩来说，颗粒愈均匀，孔隙中胶结物充填愈少，连通的孔喉愈粗，其排驱压力就越低。

(2) 最大进汞饱和度(S_{max})

是用来反映储层的储集能力和渗流能力的。

(3) 退出效率(W_e)

在特定的压力范围内，从最大注入压力降低到最小压力时，从岩样中退出的汞的体积占降压前注入汞的总体积的百分比，就是所谓的退汞效率。退汞效率反映了非润湿相毛细管效应的采收率。

$$W_e = \frac{S_{max} - S_R}{S_{min}} \tag{4-9}$$

式中 W_e——退出效率,%;

S_{max}——注入的汞的最大饱和度,%;

S_R——汞退出后，还残余在岩样中的汞的饱和度,%。

退出效率一般具有以下特点：

① 孔隙度下降，退出效率亦随着下降；

② 孔喉直径比的对数与退出效率呈反比的直线关系；

③ 初始饱和度不同时，退出效率就不同。

（4）结构渗流系数(ε)

它与最大孔喉半径和渗透率的方根成正比，与退出效率的方根成反比。也就是说，岩石的最大孔喉半径和渗透率愈大、退汞效率愈小，则结构渗流系数就愈大，表明储层砂岩的孔隙结构越有利于流体的流动。结构渗流系数的计算公式如下：

$$\varepsilon = R_{max}\sqrt{\frac{100K}{W_e}} \tag{4-10}$$

式中 ε——结构渗流系数，μm^2；

R_{max}——最大孔喉半径，是改善岩石渗透率的重要因素，μm；

K——气测渗透率，反映了气体通过岩石的能力，孔隙喉道的大小以及迂曲度有关，$\times 10^{-3}\mu m^2$；

W_e——退出效率，在一定程度上反映了孔喉直径比,%。

4.3.2.5 不同类型储层流动单元微观孔隙结构特征

毛管压力的各项特征参数显示了研究区砂岩储集层孔隙结构具有很强的非均质性。根据毛管压力曲线的形态特征，结合排驱压力、不同压力区间进汞量分布等反映孔喉分布的特征参数，对研究区三间房组储层 E、G、M、P 四类不同类型储层流动单元微观孔隙结构特征进行了研究。

首先，对丘陵油田三间房组储层不同层位、不同物性岩心样品的毛管压力资料进行了测试；然后，对前面提及的储层微观孔隙结构特征参数的实验数据进行了汇集、总结；最后，对研究区三间房组储层不同类型储层流动单元的微观孔隙结构参数进行了统计分析，其结果见表 4-9。

表 4-9 不同类型储层流动单元微观孔隙结构参数(平均值)

微观孔隙结构参数	E 类储层流动单元	G 类储层流动单元	M 类储层流动单元	P 类储层流动单元
均值	12.68	11.92	11.59	11.18
歪度	-1.27	-0.68	-0.21	-0.03
分选系数	2.25	2.50	2.48	2.36
变异系数	0.18	0.21	0.21	0.22

续表

微观孔隙结构参数	E类储层流动单元	G类储层流动单元	M类储层流动单元	P类储层流动单元
中值压力/MPa	0.15	0.62	5.76	6.52
中值半径/μm	4.93	2.22	0.15	0.12
排驱压力/MPa	0.22	0.24	0.34	1.46
最大 S_{Hg}/%	89.49	82.97	69.16	67.44
退汞效率/%	26.83	23.58	23.34	18.45

在以上分析、研究的基础上，对丘陵油田三间房组储层 E、G、M、P 四类流动单元的毛管压力曲线形态特征、结合排驱压力、不同压力区间进汞量分布所代表的孔喉分布、渗透率贡献等参数，进行进一步的分析，从而达到对前面已经确定好的流动单元类型进行微观孔隙结构特征进行验证，使分类结果更加准确地反映研究区目前的实际储层特征，从而更好地为油田的进一步挖潜提供可靠的地质依据。

从图 4-22、图 4-23 和图 4-24 以及表 4-9 分析可知，丘陵油田三间房组储层 E、G、M 和 P4 类流动单元砂岩储层的微观孔隙结构具有如下特点：

E 类储层流动单元：孔喉峰值集中于 4.0~6.0μm，粗孔喉占绝对优势，大于 10.0μm 的粗孔喉的体积占总的孔喉体积的 15.0%以上，排驱压力很低，一般小于 0.25MPa，进汞曲线出现较大的平台(图 4-22A)。这类储层流动单元是最有利的油气储集空间，结合沉积微相的结果来看一般主要出现在水下分支河道中心部位，或是河流交汇处，泥质含量少，物性好。但是，其孔喉半径分布范围宽且分布频率低(图 4-23A)，大于 50.0μm 的粗孔喉占的孔隙体积份额不足 10.0%，孔喉的非均质性比较弱，退汞效率一般比较高，平均值为 26.83%。在注水开发过程中，大于 50.0μm 的粗孔喉对渗透率贡献相当大，高达 90.0%以上(图 4-24A)，渗透率贡献占绝大优势的粗孔喉占岩样总孔隙体积的百分比却小，在注水开发过程中，水很快先沿着这些粗的孔喉进入，形成一个水道，注水见效快，含水上升快，较早的出现水淹。但是，注水波及的积很小，水只将聚集在粗孔喉的这些油驱替出来，大量剩余油还存在于占绝大部分孔隙体积的小孔隙中，从而导致油层最终驱油效果和采收率低。

G 类储层流动单元：孔喉成单峰分布，有少数呈多峰分布，孔喉半径主要集中出现在 1.0~4.0μm 范围内，中等孔喉占绝对的优势，其孔喉体积占总的孔喉体积的 40.0%以上，大于 10.0μm 的粗孔喉相对甚少(图 4-23B)，几乎不存在，孔喉的非均质性中等。排驱压力较低，一般在 0.21~0.27MPa 范围内，进汞曲线变化较缓(图 4-22B)；孔喉半径中等，但是其分布范围比较大，粗喉道对渗透率的贡献很小，不足 15.0%，有的甚至不存在粗孔喉。中等类型的孔喉对渗透率的贡献达 90.0%以上(图 4-24B)；退汞效率在 15.0%以上，平均值为 23.58%。这类储层流动单元的储集性能好，结合沉积微相的结果来看一般主要出现在水下分河道或是河口坝微相，泥质含量较少，物性好。在注水开发过程中，注入水主要沿占绝对优势的中孔喉及占很少份额的粗孔喉进入，波及面积较大，最终驱油效果和采收率较好。

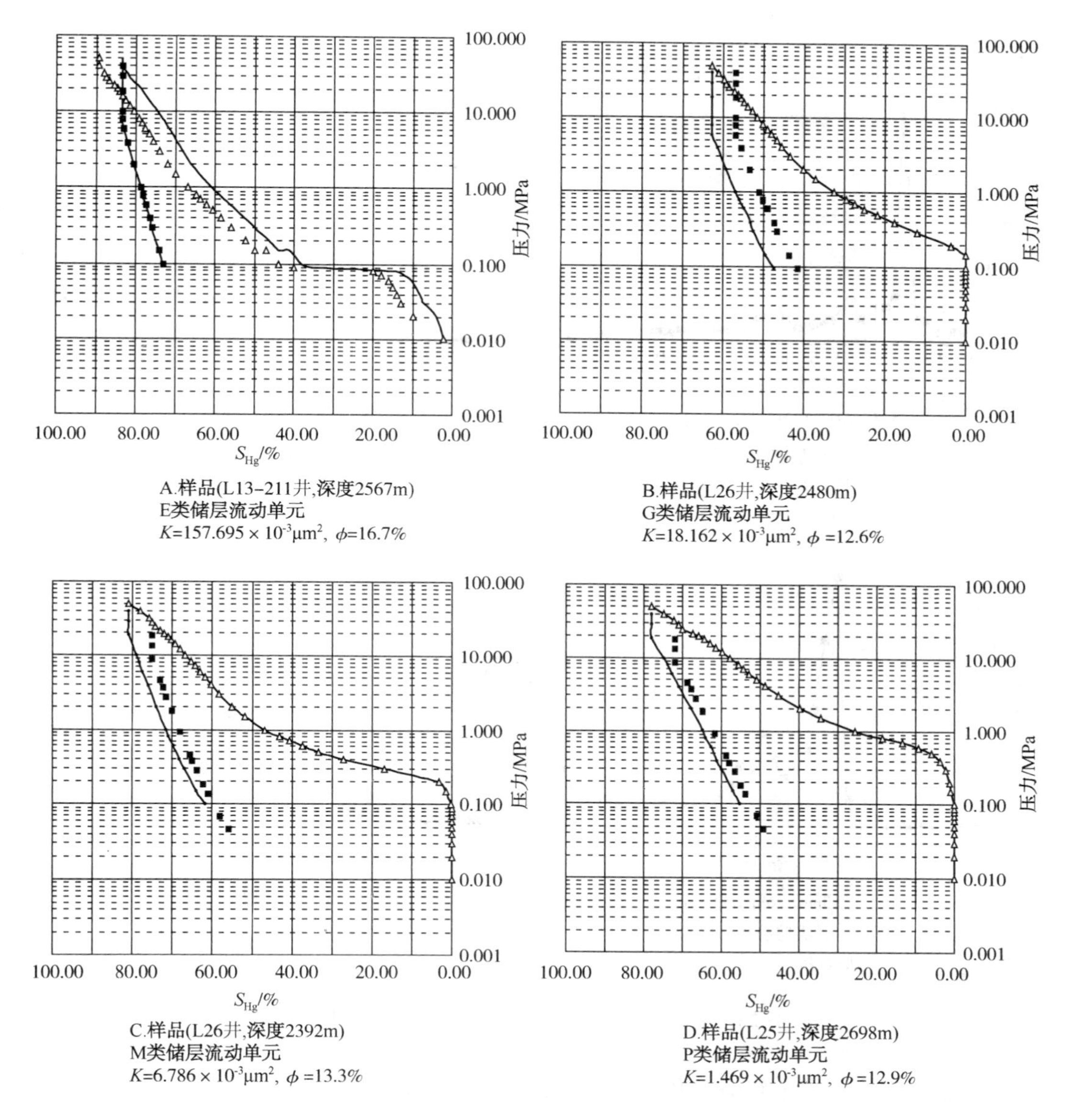

图 4-22　不同类型流动单元砂岩的毛管压力曲线特征

M 类储层流动单元：孔喉绝大多数呈多峰分布，集中出现在 1.0~4.0μm 范围内，细孔喉占绝对的优势，其孔喉体积占总的孔喉体积的 40.0%以上；大于 10.0μm 的粗孔喉几乎每个该类储层流动单元的岩心样品均可以见到，但是其喉体积占总的孔喉体积的百分数相对很少，一般 5.0%左右；中等孔喉仍然占绝对的优势，其孔喉体积占总的孔喉体积的百分数达到 40.0%以上(图 4-23C)；孔喉的非均质性较强。排驱压力相对比较高，一般在 0.21~0.46MPa 范围内，平均值为 0.349MPa，进汞曲线变化较缓(图 4-22C)。孔喉半径分布范围比较大，分选比较差，分选系数的平均值为 2.4825。粗孔喉对渗透率的贡献很小，在 20.0%左右；中等类型的孔喉对渗透率的贡献占绝对优势，达 70.0%以上；虽然，细孔

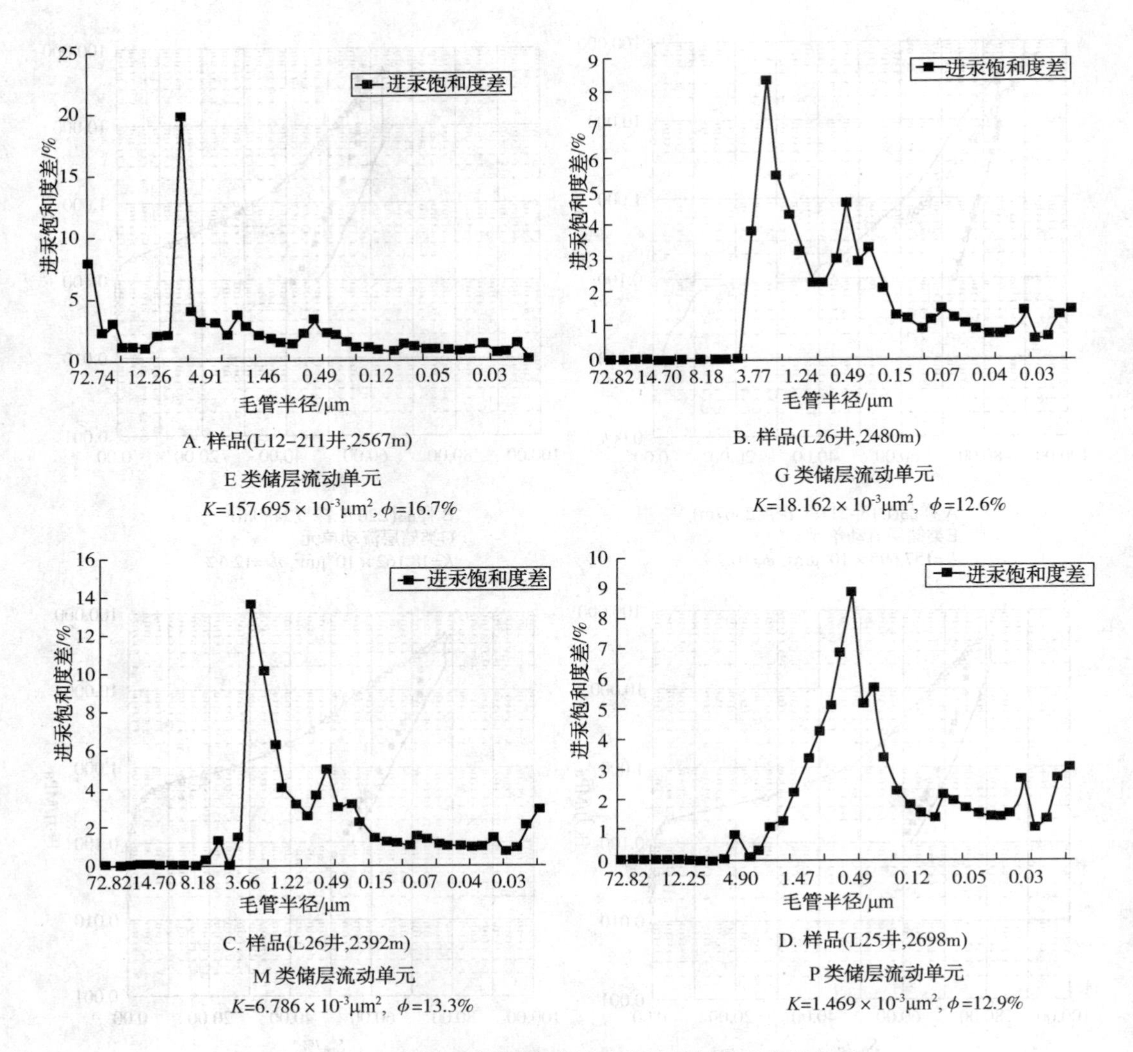

图 4-23　不同类型储层流动单元进汞量与孔喉半径关系

喉体积在总孔喉体积中占绝对的优势，但是，其连通性比较差，对渗透率的贡献甚小，在5.0%以下(图 4-24C)。该类储层流动单元的退汞效率总体上相对比较低，平均值为23.34%。这类储层流动单元的储集性能好，结合沉积微相的结果来看一般主要出现在水下分河道或是河口坝微相，泥质含量较少，物性好。在注水开发过程中，注入水主要沿占绝对优势的中孔喉及占很少份额的粗孔喉进入，注入压力相对较高，注水见效、见水缓慢。

P类储层流动单元：喉道半径主要集中在小于 1.0μm 的细孔喉区间内，细孔喉占绝对优势，占孔隙空间体积的 80.0%以上；其次是中等类型的孔喉，占总孔隙空间的 15.0%左右；部分该类储层流动单元样品中可以见到粗孔喉，所占比例甚小，其体积占总孔隙空间的 1.5%左右(图 4-23D)。该类储层流动单元的排驱压力比较高，一般在 1.0MPa 以上，平均值为 1.46MPa，进汞曲线变化比较陡(图 4-22D)，最大孔喉半径一般不大于 10.0μm，孔喉半径分布范围比较大，孔喉非均质性很强，分选性差，孔喉连通性差，该类储层流动单

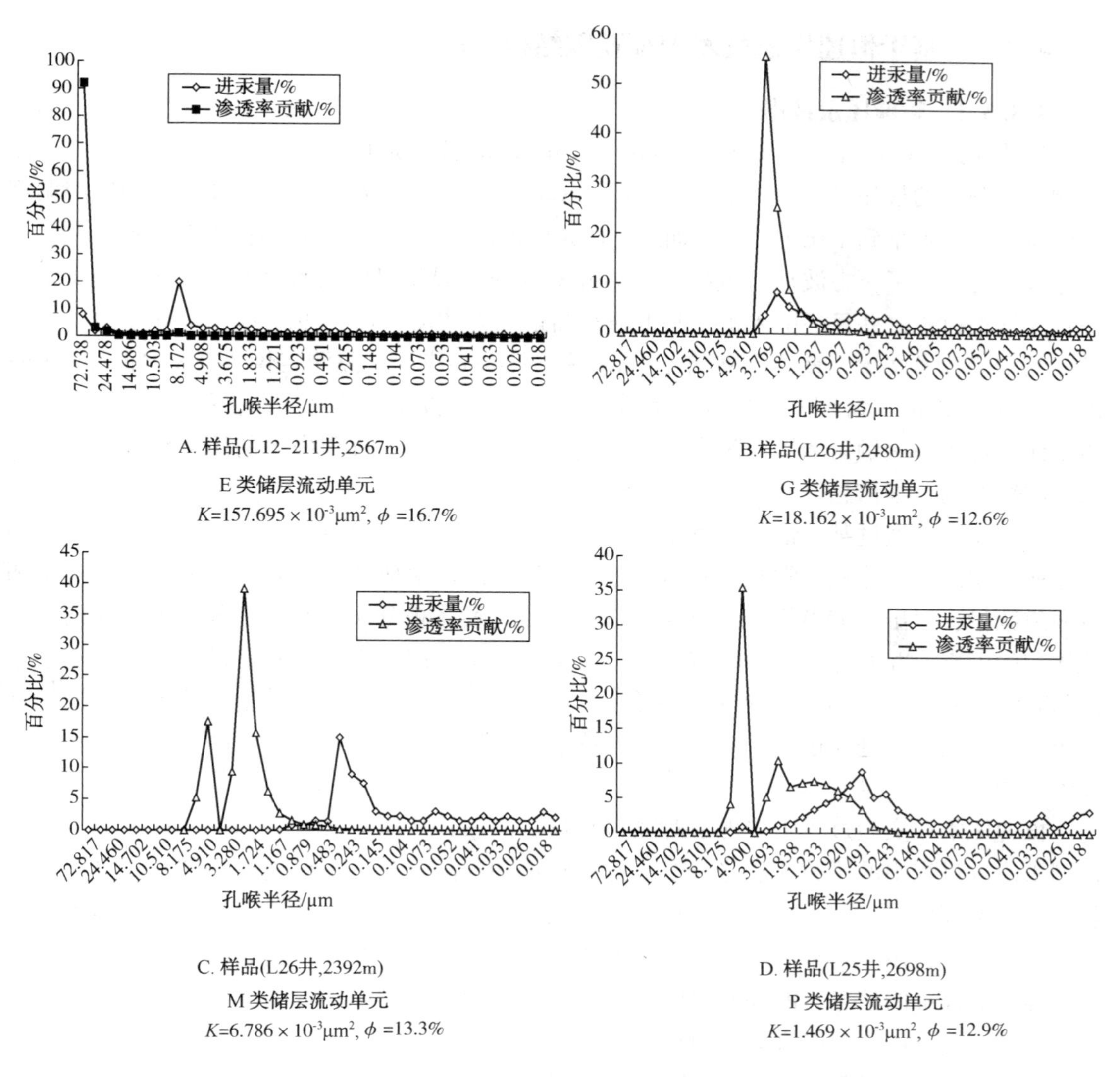

图 4-24　不同类型流动单元砂岩的孔喉半径与渗透率贡献关系

元的退汞效率总体上相对很低，平均值为 18.45%。粗孔喉对渗透率的贡献相对较大，在 30.0%左右；中等类型的孔喉对渗透率的贡献在 45.0%左右；虽然，细孔喉体积在总孔喉体积中占绝对的优势，但是，其连通性比较差，对渗透率的贡献相对比较小，在 20.0%左右(图 4-24D)。这类储层流动单元的储集性能比较差，结合沉积微相的结果来看一般主要出现在水下分河道边部以及水下分流河道间湾部位，在岩性相对较细，泥质含量较高。在注水开发过程中，启动压力一般很高，注入水向前推进非常缓慢，很难见效、见水。P 类储层流动单元在目前开采工艺条件下，通常不具备开采价值。

综上对不同类型储层流动单元微观孔隙结构特征的分析可知，E、G、M、P4 类储层流动单元的排驱压力、分选系数、中值压力、中值半径、最大进汞饱和度、退汞效率等参数均存在明显差异。

4.3.3 基于恒速压汞技术表征孔隙结构特征

4.3.3.1 恒速压汞技术

恒速压汞(Automated System for Pore Examination)技术是目前国际上用于岩石微观孔隙结构特征分析的最先进的新技术之一。J. I. Gates 于 1959 年在室内用汞孔隙仪测定溶洞型碳酸盐岩样时观察到了压力波动；而后，Crawford 和 Hoover 于 1966 年在人造多孔介质的注水过程中记录下了压力波动；1970 年，Morrow 对非润湿相以极低的速度驱替润湿相的情况进行了详细讨论，并且还引入了一些术语来描述压力波动特征；1971 年，Gaulier 也发表了类似的实验技术文章。直到 1989 年，Yuan 和 Swanson 应用孔隙测定仪 APEX(Apparatus for Pore Examination)实际展开恒速压汞实验。该实验是以极微小的速度向多孔介质中注入汞，假定注入过程中接触角和界面张力保持不变，通过监测注入过程中汞的压力波动，提供孔隙空间结构的详细信息。

常规压汞是通过某一恒定进汞压力下的进汞量，来计算喉道半径及该进汞压力对应的喉道所控制的孔喉体积。常规压汞给出了某一级别的喉道所控制的孔隙体积，没有直接测量喉道数量，得出喉道半径及对应的喉道控制的孔喉体积分布。而这个分布由于掺杂了孔隙体积的因素，并非是准确的喉道分布。与常规压汞不同，恒速压汞是以极低的恒定速度(通常为 0.00005mL/min)，向岩样喉道及孔隙内进汞，实现对喉道数量的测量，克服了常规压汞的缺陷。因进汞速度低，可近似保持准静态进汞过程，根据进汞的压力涨落来获取孔隙结构方面的信息。

恒速压汞在实验过程中实现了对喉道数量的测量，从而克服了常规压汞的不足。通过检测汞注入过程中的压力涨落将岩石内部的喉道和孔隙分开，不仅能够分别给出喉道和孔隙各自的发育情况，而且给出孔喉比的大小及其分布特征，对于孔、喉性质差别很大的低渗透储层尤其适用。与常规压汞相比，恒速压汞不仅能够提供更多的岩石物性参数，而且能够提供更详细的信息，能够明显区分不同岩样之间孔隙结构上的差异性。克服了常规压汞对应同一毛管压力曲线会有不同孔隙结构的缺陷。

以恒速压汞实验恒定的进汞过程中压力周期降落、回升，压力达的最高进汞压力为 900psi(1psi=0.006895MPa，即 6.2055MPa)时实验结束，与之对应的喉以恒定的极低速度(0.00005mL/min)向岩心中进汞，进汞过程中压力周期降落、回升，压力达 900psi 即 6.2055MPa 时实验结束(图 4-25)。最大进汞压力对应道半径大小约为 0.12μm。通常将半径小于 0.12μm 的喉道及其所控制的孔隙称为渗流过程中的无效喉道或无效孔隙。恒速压汞所分析的喉道与孔隙可以认为是渗流过程中的有效喉道和有效孔隙。

岩石内部的孔喉配套发育特征，对流体(油、气、水等)渗流特征、剩余油气分布特征、油气产能的变化特征以及最终油气采收率的高低等均具有显著影响。因此，岩石内部的孔喉配套发育特征是储层评价的一项重要参数和指标。从而有效认识低渗透储层的渗流能力及可能的开发效果，对于油气藏合理、有效的开发意义重大。

4.3.3.2 恒速压汞实验步骤及实验样品

恒速压汞实验采用的是中国石油勘探开发研究院廊坊分院渗流所引进的美国

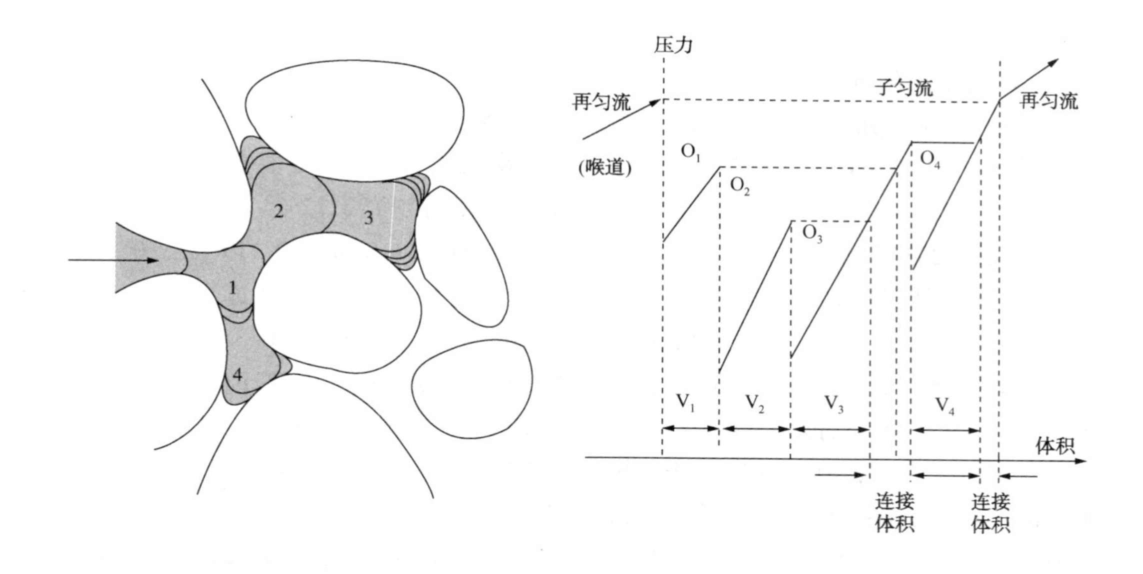

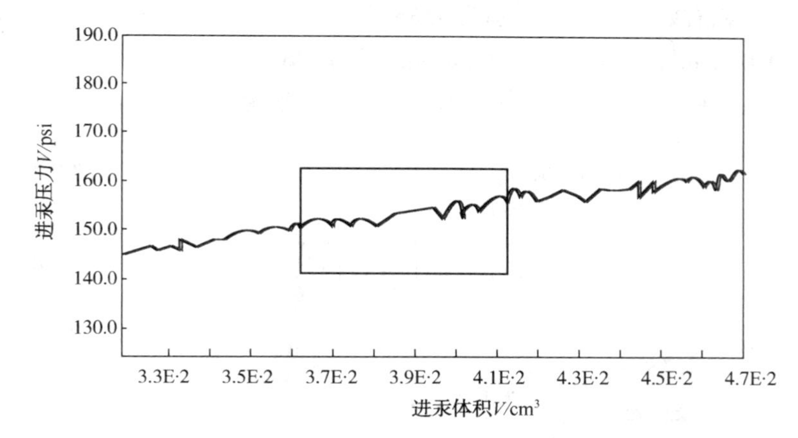

图 4-25　恒速压汞技术测试孔隙结构原理示意图

Coretest Systems 公司生产的 ASPE-730 型恒速压汞实验装置，实验所采取的具体步骤和方法如下：

① 从全直径岩心上钻取直径为 2.5cm 的标准岩心，打磨后烘干，实验温度为 23℃。

② 用气测方法对烘干后的标准岩心测量孔隙度。

③ 用气测方法对烘干后的标准岩心测量渗透率。

④ 选取有代表性的标准岩心做恒速压汞实验。

⑤ 岩样抽真空后浸泡在汞液中。

⑥ 实验设置温度 25℃，设置湿度 65%～75%，进汞速度 0.000001～1mL/min，接触角 140°，表面张力 4.85×10^{-5}N·m。通过计算机系统进行实时监控和自动化数据采集与输出。

4.3.3.3　基于恒速压汞技术的不同类型储层流动单元微观孔隙结构特征

借鉴具有相似沉积环境、成岩作用、储层物性的牛圈湖西山窑组储层 13 块岩心样品的恒速压汞实验分析结果，对具有一定开采价值的 E、G、M 类储层流动单元的排驱压力、中值压力、孔隙平均半径、喉道平均半径、平均孔喉比、进汞饱和度等参数进行分析。

(1) 喉道半径分布特征

E 类储层流动单元中 1 号、2 号、3 号、4 号样品喉道半径分布范围为 0.5~12.5μm、0.5~12.5μm、0.2~6.8μm、0.2~4.4μm，有效喉道半径平均值分别为 4.528μm、4.951μm、1.928μm、1.453μm，单位体积有效喉道个数分别为 2172 个/cm^3、2101 个/cm^3、2650 个/cm^3、2354 个/cm^3，有效喉道体积分别为 0.118cm^3、0.119cm^3、0.115cm^3、0.092cm^3；G 类储层流动单元 1 号、2 号、3 号、4 号 5 号、6 号样品喉道半径分布范围为 0.4~1.7μm、0.3~1.7μm、0.2~1.8μm、0.3~1.3μm、0.2~1.4μm、0.3~1.1μm，有效喉道半径平均值分别为 0.983μm、0.797μm、1.032μm、0.796μm、0.742μm、0.707μm，单位体积有效喉道个数分别为 1394 个/cm^3、2134 个/cm^3、3634 个/cm^3、2711 个/cm^3、1765 个/cm^3、1620 个/cm^3，有效喉道体积分别为 0.087cm^3、0.098cm^3、0.091cm^3、0.100cm^3、0.073cm^3、0.063cm^3；M 类储层流动单元中 1 号、2 号、3 号样品喉道半径分布范围分别为 0.3~0.9μm、0.3~1.1μm、0.2~0.7μm，有效喉道半径分别为 0.622μm、0.685μm、0.520μm，单位体积有效喉道个数分别为 1585 个/cm^3、2335 个/cm^3、577 个/cm^3，有效喉道体积分别为 0.056cm^3、0.086cm^3、0.049cm^3(图 4-26)。

综上分析可知，E 类储层流动单元具有较多的粗大喉道，流体渗流阻力较小，为储层流

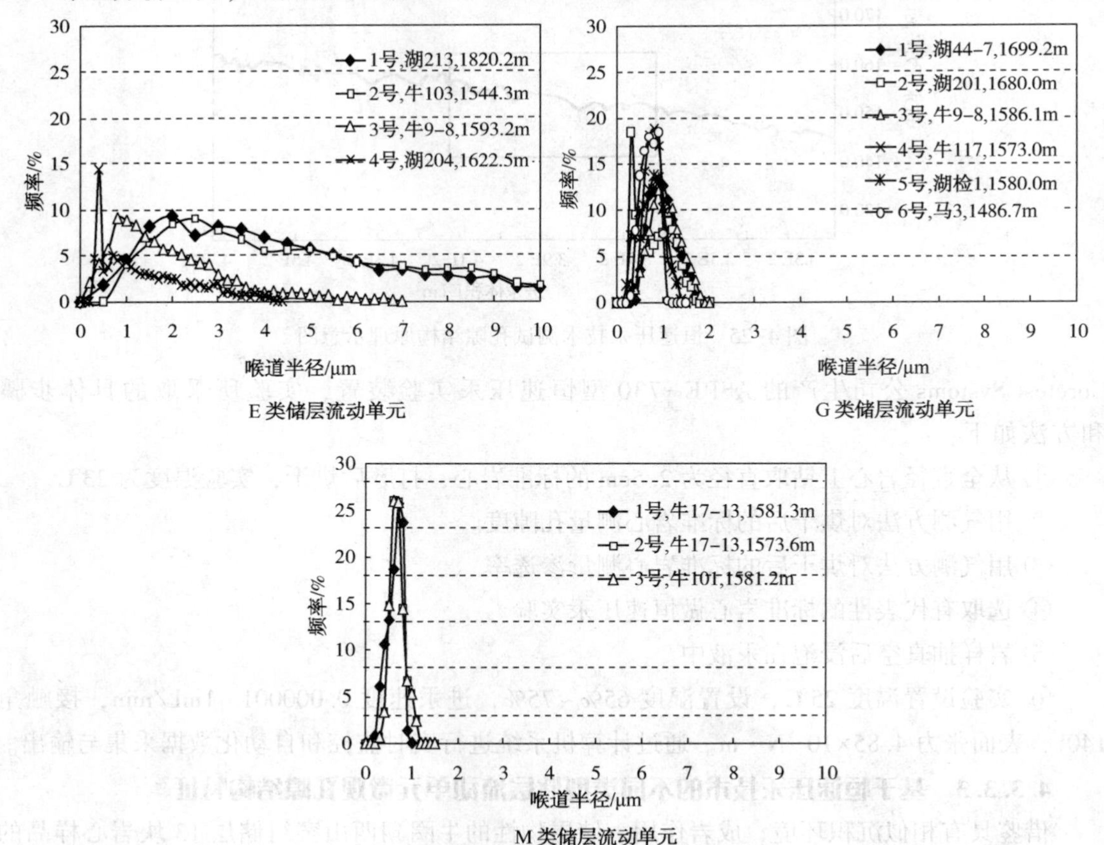

图 4-26　不同类型储层流动单元恒速压汞喉道半径分布图

体的流动提供了优良的渗流通道，物性测定 E 类储层流动单元渗透率也较大，其平均值为 $12.37\times10^{-3}\mu m^2$。G 类储层流动单元喉道半径大小及喉道个数要次于 E 类储层流动单元，渗透率平均值为 $1.41\times10^{-3}\mu m^2$，其喉道所控制的渗流能力较弱。M 类储层流动单元孔喉半径最小，渗流能力最差，平均渗透率最小，为 $0.58\times10^{-3}\mu m^2$。

（2）孔隙半径分布特征

E 类储层流动单元中 1 号、2 号、3 号、4 号样品孔隙半径分布范围分别为 10～380μm、10～360μm、10～400μm、10～400μm，孔隙半径平均值分别为 152.694μm、154.371μm、148.571μm、149.875μm，E 类储层流动单元样品单位体积有效孔隙个数平均 2319 个/cm^3，有效孔隙体积平均为 0.075cm^3；G 类储层流动单元中 1 号、2 号、3 号、4 号、5 号、6 号样品孔隙半径分布范围分别为 90～300μm、80～300μm、70～260μm、80～300μm、80～320μm、90～310μm，孔隙半径平均值分别为 147.22μm、150.80μm、121.01μm、129.73μm、150.65μm、156.96μm，G 类储层流动单元样品单位体积有效孔隙个数平均 2209 个/cm^3，有效孔隙体积平均为 0.052cm^3。M 类储层流动单元中 1 号、2 号、3 号样品孔隙半径分布范围分别为 50～270μm、70～270μm、70～240μm，孔隙半径平均值分别为 151.518μm、130.01μm、140.127μm，M 类储层流动单元样品单位体积有效孔隙个数平均 1542 个/cm^3，有效孔隙体积平均为 0.034cm^3(图 4-27)。

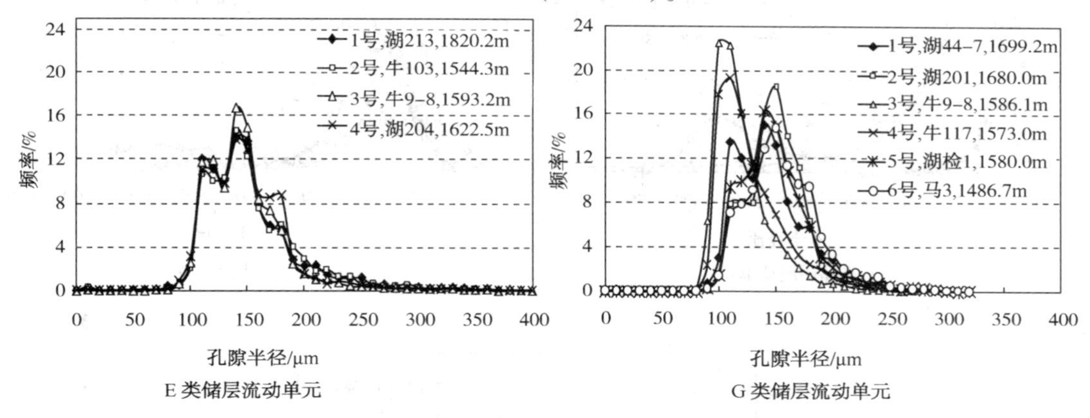

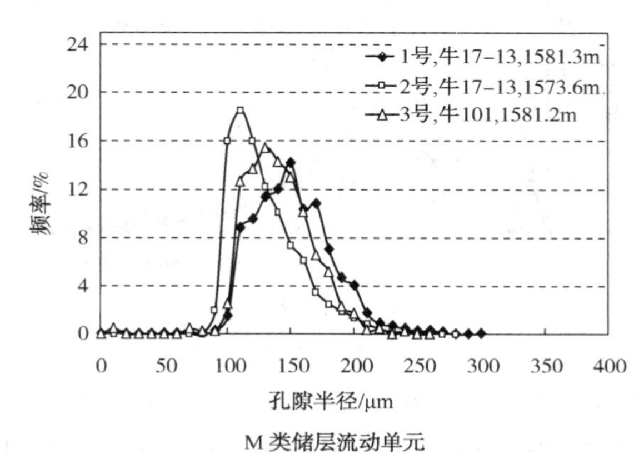

图 4-27　不同类型储层流动单元恒速压汞孔隙半径分布图

综上分析可知，有效孔隙体积为样品单位体积内的相互连通的孔隙体积，也是孔隙半径、孔隙个数的综合反映，能够较真实地反映油气储集空间大小。E 类储层流动单元孔隙空间最大，储集性能最强；M 类储层流动单元孔隙空间最小，相应的储集性能最差。

（3）孔喉半径比分析

E 类储层流动单元中 1 号和 2 号样品孔喉半径比（以下简称孔喉比）主要分布范围都为 20~110，3 号和 4 号样品孔喉比分布范围较接近，主要分布范围分别为都为 40~280、40~600，E 类储层流动单元孔喉半径比平均为 127.01；G 类储层流动单元样品孔喉比分布范围各异，总体较大，1 号、2 号、3 号、4 号、5 号、6 号样品孔喉比主要分布范围为 80~300、100~680、80~240、100~280、120~600、140~420，G 类储层流动单元孔喉半径比平均为 237.01；M 类储层流动单元样品孔喉比分布范围最大，1 号、2 号、3 号样品孔喉比主要分布范围分别为 100~340、180~480、200~450，M 类储层流动单元孔喉半径比平均为 286.25（图 4-28）。

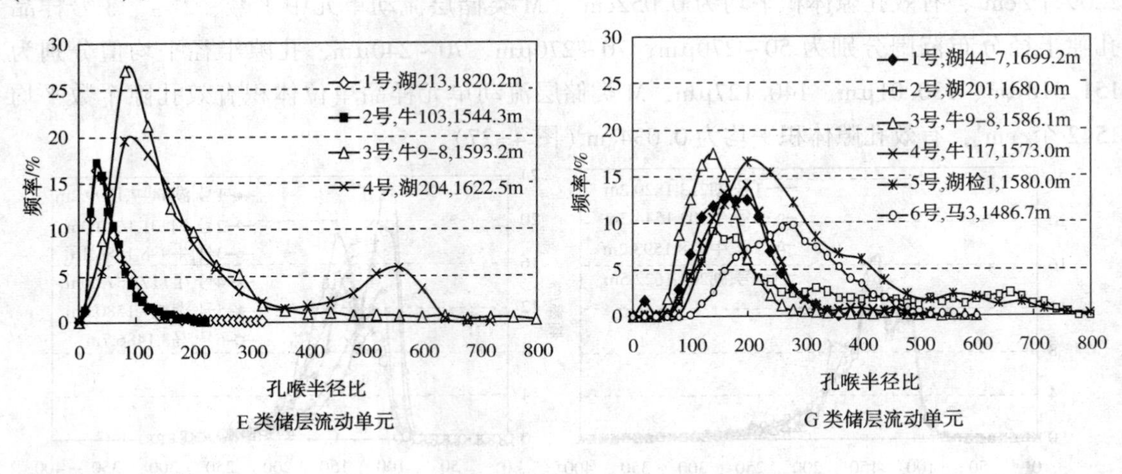

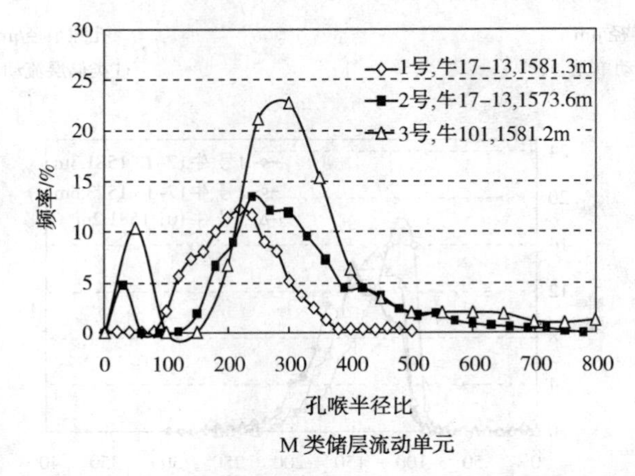

图 4-28　不同类型储层流动单元恒速压汞孔喉半径比分布图

综上分析可知，E 类储层流动单元孔喉比分布范围最窄，孔喉比总体较小，说明 E 类储层流动单元存在着较多半径较小的孔隙和半径较大的喉道，渗流阻力小，有利于流体流动；M类储层流动单元孔喉比分布范围最宽，孔喉比总体最大，说明M类储层流动单元存在着较多半径较大的孔隙和半径较小的喉道，不利于储层流体的流动；G类储层流动单元介于以上两类储层之间。

4.4 不同类型储层流动单元油水相渗特征

油相和水相相对渗透率与含水饱和度的关系曲线，称为油水两相相对渗透率曲线。随着含水饱和度的增加，油相相对渗透率减小，水相相对渗透率增大。油水相对渗透率曲线能反映油、水两相在多孔介质中的流动规律，为油田开发设计、油藏工程提供重要的依据。

4.4.1 非稳态法油水相对渗透率测定

4.4.1.1 原理

非稳态油水相对渗透率是以Buckley-Leverett一维两相水驱油前缘推进理论为基础。忽略毛管压力和重力作用，假设两相互不相溶流体不可压缩，岩样任一横截面内油水饱和度是均匀的。实验时不是同时向岩心中注入两种流体，而是将岩心事先用一种流体饱和，用另一种流体进行驱替。按照模拟条件的要求，在油藏岩样上进行恒压差或恒速度水驱油实验，在岩样出口端记录每种流体的产量和岩样两端的压力差随时间的变化，用“J B N”法计算得到油水相对渗透率，并绘制油水相对渗透率与含水饱和度的关系曲线。

4.4.1.2 实验设备与步骤

（1）实验设备

实验所用设备和计量器具及其技术指标如下：

① 岩心夹持器。

② 驱替泵：流量精度为1.0%。

③ 压力传感器：精度为0.5%。

④ 油水分离器：0~20mL，分度值为0.05mL。

⑤ 天平：感量为0.001g。

⑥ 秒表：分度值为0.01s。

⑦ 游标卡尺：分度值为0.02mm。

（2）实验步骤

① 建立束缚水饱和度。

② 测定束缚水状态下的油相有效渗透率，连续测定3次，相对误差小于3.0%。

③ 按照驱替条件的要求，选择合适的驱替速度或驱替压差进行水驱油实验。

④ 准确记录见水时间、见水时的累积产油量、累积产液量、驱替速度和岩样两端的驱替压差。

⑤ 见水初期，加密记录，根据出油量的多少选择时间间隔，随出油量的不断下降，逐

渐加长记录的时间间隔。含水率达到 99.95%时或注水 30 倍孔隙体积后，测定残余油下的水相渗透率，结束实验。

⑥ 新鲜岩样必须用 DeanStark 抽提法确定实验结束时的含水量，用物质平衡法计算束缚水饱和度和相应的含水饱和度。

(3) 计算方法

非稳态法油水相对渗透率和含水饱和度按照式(4-11)、式(4-12)、式(4-13)、式(4-14)和式(4-15)进行计算。

$$f_o(S_w) = \frac{d\,\overline{V_o}(t)}{d\bar{V}(t)} \tag{4-11}$$

$$K_{ro} = f_o(S_w)\frac{d\left[\dfrac{1}{\bar{V}(t)}\right]}{d\left[\dfrac{1}{I \cdot \bar{V}(t)}\right]} \tag{4-12}$$

$$K_{rw} = K_{ro} \cdot \frac{\mu_w}{\mu_o} \cdot \frac{1 - f_o(S_w)}{f_o(S_w)} \tag{4-13}$$

$$I = \frac{Q(t)}{Q_o} \cdot \frac{\Delta p_o}{\Delta p_o(t)} \tag{4-14}$$

$$S_{we} = S_{ws} + \overline{V_o}(t) - \overline{V_o}(t) \cdot f_o(S_w) \tag{4-15}$$

式中 $f_o(S_w)$ ——含油率的数值，用小数表示；

$\overline{V_o}(t)$ ——无因次累积采油量的数值，以孔隙体积分数表示；

$\bar{V}(t)$ ——无因次累积采液量的数值，以孔隙体积分数表示；

K_{ro} ——油相相对渗透率的数值，用小数表示；

K_{rw} ——水相相对渗透率的数值，用小数表示；

I ——相对注入能力的数值，又称流动能力比；

Q_o ——初始时刻岩样出口端面产油流量的数值，cm^3/s；

$Q(t)$ ——t 时刻岩样出口端面产液流量的数值，恒速法实验时 $Q(t) = Q_o$，cm^3/s；

Δp_o ——初始驱动压差数值，MPa；

$\Delta p(t)$ ——t 时刻驱替压差的数值，恒速法实验时 $\Delta p(t) = \Delta p_o$，MPa；

S_{ws} ——束缚水饱和度的数值，用小数表示；

S_{we} ——岩样出口端面含水饱和度的数值，用小数表示。

4.4.2 不同类型储层流动单元油水相渗曲线特征

借鉴具有相似沉积环境、成岩作用、储层物性的邻区(牛圈湖)西山窑组储层岩心样品的油水相渗实验分析结果，对具有一定开采价值的 E、G、M 类储层流动单元的油水相渗特征进行了分析(图 4-29)。

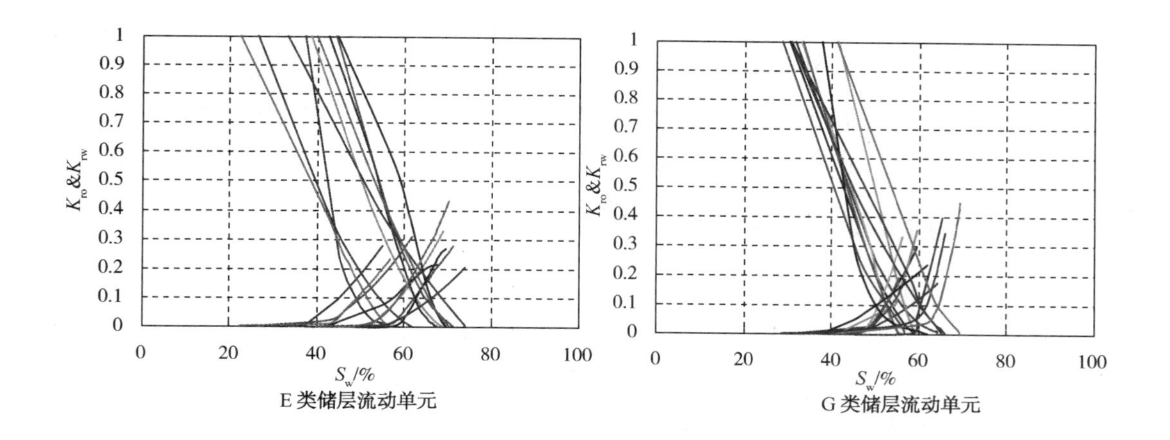

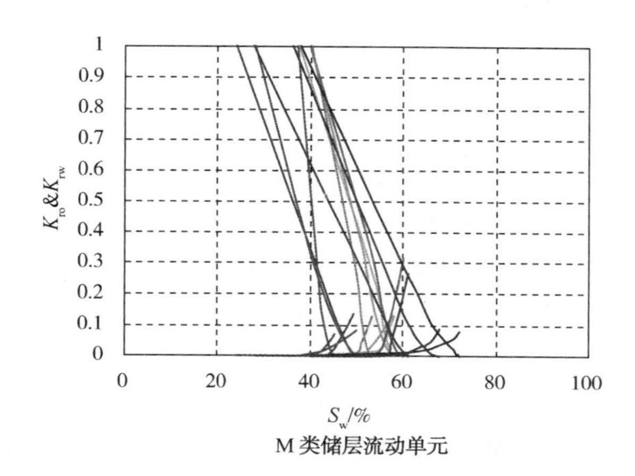

图4-29　不同储层流动单元油水相渗曲线

E类储层流动单元：样品渗透率平均值为3.25×10^{-3}μm^2，孔隙度平均值为11.6%；，束缚水饱和度平均值为36.6%，此时油有效渗透率平均值为0.151×10^{-3}μm^2；等渗点含水饱和度平均值为59.0%，等渗点处油水相对渗透率平均值为0.134×10^{-3}μm^2，残余油饱和度平均值为33.9%，残余油时水相渗透率平均值为0.456×10^{-3}μm^2，两相共渗区范围较宽。E类储层流动单元物性较好，束缚水饱和度时油相渗透率高，等渗点含水饱和度偏高，残余油饱和度最低，该类相渗曲线是研究区渗流能力最好储层类型。

G类储层流动单元：样品渗透率平均值为3.18×10^{-3}μm^2，孔隙度平均值为11.0%；束缚水饱和度平均值为33.8%，束缚水时油有效渗透率平均值为0.136×10^{-3}μm^2；等渗点含水饱和度平均值为56.0%，等渗点处油水相对渗透率平均值为0.113×10^{-3}μm^2，残余油饱和度平均值为38.6%，残余油时水相对渗透率平均值为0.296×10^{-3}μm^2，两相共渗区范围中等。G类储层流动单元物性与E类相似，物性较好，束缚水饱和度时油相渗透率偏低，等渗点含水饱和度较低，两相共渗区范围中等，该类储层流动单元相渗曲线较E类储层流动单元差，是研究区储层渗流特征较好储层类型代表。

M类储层流动单元：样品渗透率平均值为0.35×10^{-3}μm^2，孔隙度平均为9.8%，束缚水饱和度平均值为35.0%，束缚水时油有效渗透率平均值为0.020×10^{-3}μm^2，等渗点含水饱和度平均值为55.3%，等渗点处油水相对渗透率平均值为0.061×10^{-3}μm^2，残余油饱和度平均值为42.3%，残余油时水相渗透率平均值为0.144×10^{-3}μm^2，两相共渗区范围最小。与前两类储层流动单元相比，M类储层流动单元物性较差，束缚水饱和度时油相渗透率低，等渗点含水饱和度高，两相共渗区范围最窄，是研究区储层渗流能力一般储层类型代表。

4.4.3 不同类型储层流动单元油水相渗参数特征

（1）端点饱和度(S_{wi}和S_{or})

从图4-29中可见，储层岩石束缚水饱和度中等，样品束缚水饱和度在22.4%~44.5%之间，29块样品的平均值为35.1%；而残余油饱和度为26.1%~54.6%，平均38.4%。E类储层流动单元束缚水饱和度平均36.57%，残余油饱和度最小，平均33.96%；G类储层流动单元束缚水饱和度平均33.85%，残余油饱和度平均38.59%；M类储层流动单元束缚水饱和度为35.00%，残余油饱和度最大，平均42.35%。

（2）等渗点饱和度(S_{wx})

从图4-29中可见，E类储层流动单元9块样品等渗点水饱和度介于47.6%~67.8%，平均59.0%，其中6块样品的等渗点饱和度S_{wx}>60%，且分别对应的S_{wi}/S_{or}>1.2，2块样品的等渗点饱和度S_{wx}介于50%~60%之间，只有1块样品的等渗点饱和度S_{wx}介于40%~50%，显示E类储层流动单元岩石主要为亲水-弱亲水性。G类储层流动单元10块样品等渗点水饱和度分布为50.0%~64.5%，平均56.0%，3块样品S_{wx}>60%，且分别对应的S_{wi}/S_{or}>1.2，6块样品的等渗点饱和度S_{wx}介于50%~60%，另有1块样品的等渗点饱和度S_{wx}为50%，该区岩石表现为弱亲水-亲水性(表4-10)。M类储层流动单元10块样品等渗点水饱和度都介于44.1%~69.3%，平均为55.3%，只有2块样品的等渗点饱和度S_{wx}>60%，5块样品的等渗点饱和度S_{wx}介于50%~60%，3块样品的等渗点饱和度S_{wx}介于40%~50%，整体表现为弱亲水-弱亲油性(表4-10)。

表4-10 岩石润湿性判别参数表

润湿性	S_{wx}/%	S_{wi}/S_{or}
亲水	>60	>1.2
弱亲水	60~50	1.0~1.2
中性	50	0.9~1.1
弱亲油	50~40	0.8~1.0
亲油	<40	<0.8

（3）等渗点相渗(K_{rx})

实验样品的等渗点相渗在(0.035~0.157)×10^{-3}μm^{2}之间，平均为0.102×10^{-3}μm^2。由此可见，储层等渗点相渗值总体很低，毛管压力作用较大并且两相间干扰也较大，油水两相渗流的能力较差，水驱采油效率低。

E类储层流动单元等渗点相渗为(0.117~0.157)×10^{-3}μm^2，平均0.134×10^{-3}μm^2；G类储层流动单元等渗点相渗为(0.086~0.152)×10^{-3}μm^2，平均0.114×10^{-3}μm^2；M类储层流

动单元等渗点相渗为(0.035~0.093)×10^{-3}μm^2，平均0.061×10^{-3}μm^2。综上分析可知，E类储层流动单元等渗点相渗值最高，油水两相渗流能力最强，G类储层流动单元次之，M类储层流动单元的等渗点相渗值最低，毛管作用力和两相干扰强度较大，不利于油水流动。

（4）端点相渗

相渗曲线左右两个端点饱和度分别为束缚水饱和度(S_{wi})和残余油饱和度(S_{or})，左端点饱和度(S_{wi})处的相渗值为：$K_{ro}=K_{ro}(S_{wi})$，$K_{rw}=0$；右端点饱和度(S_{or})处的相渗值为：$K_{ro}=0$，$K_{rw}=K_{rw}(S_{or})$。实验表明，$K_{rw}(S_{or})$值越高，水的渗流能力越强，岩石的亲油性越弱。岩石的亲水性越强，水的驱油效率就越高。本次试验样品残余油饱和度时的水相相对渗透率$K_{rw}(S_{or})$在0.072~0.447之间，平均为0.240。可见研究区$K_{rw}(S_{or})$较低，表现为水驱采油效率较低。

E类储层流动单元残余油时水的相对渗透率$K_{rw}(S_{or})$最高，平均0.283×10^{-3}μm^2，该类储层水驱采收率最高，G类储层流动单元残余油时水的相对渗透率相对较高，平均为0.258×10^{-3}μm^2，M类储层流动单元残余油时水的相对渗透率较低，平均为0.144×10^{-3}μm^2，该类储层水驱采收率最低。

4.5 不同类型储层流动单元可动流体赋存特征

4.5.1 可动流体百分数测试原理

顾名思义，核磁共振是原子核和磁场之间的相互作用。由于油、水中富含氢核$_1$H，因此，石油勘探与开发研究中最常用的原子核是氢核$_1$H。岩样饱和油或水后，由于油或水中的氢核具有核磁矩，核磁矩在外加静磁场中会产生能级分裂，此时当有选定频率的外加射频场时，核磁矩就会发生吸收跃迁，产生核磁共振。通过适当的探测、接收线圈就可以观察到核磁共振现象，探测到核磁共振信号(磁化矢量)，核磁共振信号强度与被测样品内所含氢核的数目成正比。

核磁共振中极其重要的一个物理量是弛豫，弛豫是磁化矢量在受到射频场的激发下发生核磁共振时偏离平衡态后又恢复到平衡态的过程。核磁共振中有两种作用机制不同的弛豫，分别叫作T_1弛豫和T_2弛豫。弛豫速度的快慢由岩石物性和流体特征决定，对于同一种流体，弛豫速度只取决于岩石物性。标识弛豫速度快慢的常数称为弛豫时间，对于T_1弛豫叫T_1弛豫时间，对于T_2弛豫叫T_2弛豫时间。虽然T_1弛豫时间和T_2弛豫时间均反映岩石物性和流体特征，但T_1弛豫时间测量费时，现代核磁共振通常测量T_2弛豫时间。

对纯净物质样品(如纯水)，每个氢核的周围环境及原子核相互作用均相同，因此可用一个弛豫时间T_2描述样品的物性。而对于油气藏的岩石多孔介质样品而言，情况要复杂得多，储层岩石中矿物组成和孔隙结构非常复杂，流体存在于多孔介质中，被许多界面分割包围，孔道形状、大小不一，原子核与固体表面上顺磁杂质接触的机会不一致等，使得各个原子核弛豫得到加强的几率不等，所以岩石流体系统中原子核弛豫不能以单个弛豫时间来描述，而应当是一个分布。不同岩石流体系统的物性决定了它们具有不同的T_2分布，因此反过来获得了它们的 T_2 分布就可以确定它们的物理性质。

根据核磁共振快扩散表面弛豫模型，单个孔道内的原子核弛豫可用一个弛豫时间来描述，此时，T_2 可表示为：

$$\frac{1}{T_2}=\frac{1}{T_{2B}}+\rho_2\frac{S}{V}+\gamma^2G^2D\tau^2/3 \qquad (4-16)$$

式中，右边第一项称作体弛豫项，T_{2B} 的大小取决于饱和流体性质，因此该项容易去掉；右边第三项称作扩散弛豫项，通过采用所建立的核磁共振去扩散测量实验技术，该项也可以被去掉。去掉右边第一项和第三项后，公式变为：

$$\frac{1}{T_2}=\rho_2\frac{S}{V} \qquad (4-17)$$

式中 ρ^2——表面弛豫强度，取决于孔隙表面性质和矿物组成；

S/V——单个孔隙的比表面，与孔隙半径成反比。

对于由不同大小孔隙组成的岩石多孔介质，总的弛豫为单个孔隙弛豫的叠加（单个孔隙的弛豫），即：

$$S(t)=\sum \mathrm{A}_i\exp(-t/T_{2i}) \qquad (4-18)$$

式中 $S(t)$——总核磁信号强度；

A_i——弛豫时间 T_{2i} 组分所占的比例，即为与 T_{2i} 对应的一定孔径的孔隙体积占总孔隙体积的百分率。

核磁共振 T_2 测量采集到的基本数据是回波串即 T_2 弛豫过程中总核磁信号强度 $S(t)$ 随时间 t 的衰减曲线，对回波串进行多指数拟合，即求解式(4-18)，求得每一个 T_{2i} 对应的 A_i，将 T_{2i} 作横坐标，A_i 作纵坐标，可得到 T_2 弛豫时间的分布即 T_2 谱。

岩石流体中 T_2 弛豫要复杂的多。除受表面顺磁离子的加强（加强方式同 T_1 弛豫），还由于岩粒与流体的磁导率不同导致系统内部磁场不均匀性及分子扩散造成 T_2 弛豫的进一步加强，这时 T_2 可表示为：

$$\frac{1}{T_2}=\rho_2\frac{S}{V}+\gamma^2G^2D\tau^2/3 \qquad (4-19)$$

式中 D——扩散系数；

G——内磁场不均匀性，与外加磁场成正比；

τ——回波间隔。

从式中可看出，当外场不很强（对应于 G 不很大），且 τ 足够短时，后一项的贡献可忽略不计，此时：

$$\frac{1}{T_2}=\rho_2\frac{S}{V} \qquad (4-20)$$

因此，弛豫时间分布反映了岩石介质内比表面的分布及其对展布在内表面上流体作用力的强弱。

油藏储层由油、气、水三相流体所饱和，这些流体在储层多孔介质中赋存状态可分为两类：一类为束缚流体状态；另一类为自由流体状态。束缚流体存在于极微小的孔隙和较大孔隙的壁面附近，孔隙空间的这一部分流体受岩石骨架的作用力较大，为毛管力所束缚而难以流动，而在较大孔隙中间赋存的流体受岩石骨架的作用力相对较小，这一部分流体在一定的外加驱动力作用下流动性较好，因此称为自由流体或可动流体。

含有流体岩样处于静磁场中时，岩样中流体所含的氢核易被磁场极化，核磁共振技术利用氢核弛豫率与储层岩石孔隙大小的反比关系，研究岩石孔隙结构，定量分析储层可动流体饱和度以及流体赋存状态。当岩石孔隙半径过小时，其中的流体由于毛细管力和比表面束缚效应而无法流动，称为不可动流体；反之，为可动流体。核磁共振实验依据 T_2 谱弛豫时间与不同谱峰特征判断可动流体赋存特征和孔喉分布，在数值计算上，可动流体孔隙度(Φ_m,%)与可动流体饱和度(S_m,%)和水测孔隙度(Φ,%)的计算关系为：$\Phi_m = S_m \times \Phi/100$。

图 4-30 是流体在储层孔隙空间的分布特征以及 T_2 谱与孔喉半径的分布关系示意图。

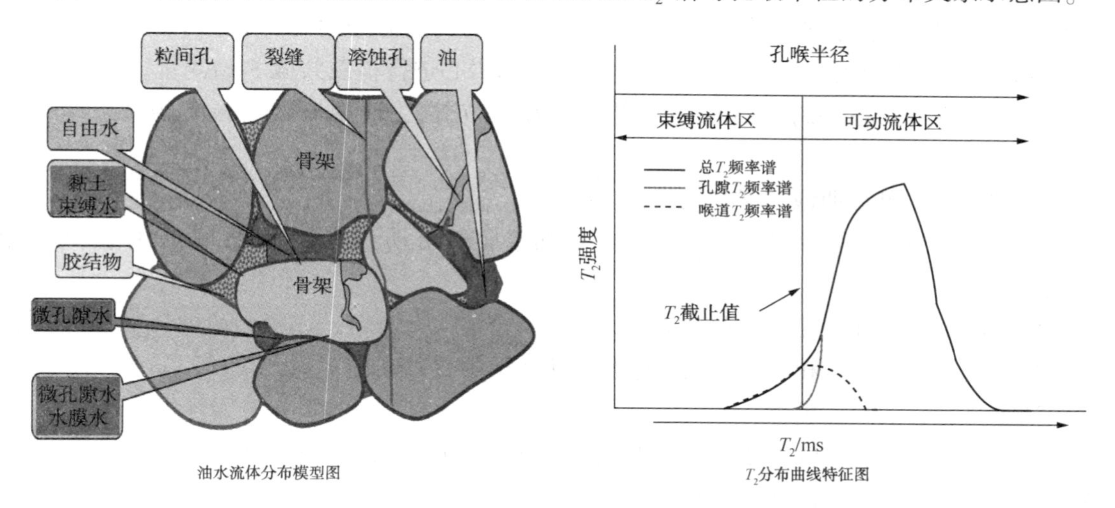

图 4-30　核磁共振实验技术表征流体赋存状态的示意图

4.5.2　实验方法及样品

（1）样品

在储层特征研究的基础上，按照样品具有代表性的原则，与恒速压汞实验的 10 块样品一一对应。孔隙度为 9.82%，区间为 6.99%～12.41%，渗透率为 $0.992\times10^{-3}\mu m^2$，区间为 $(0.063\sim2.72)\times10^{-3}\mu m^2$。主要孔隙类型发育以粒间孔、溶蚀孔、微孔为主的混合储集空间。

（2）实验设备

核磁共振实验在中国苏州纽迈科技公司的 MesoQMR23-060H-I 型核磁共振仪上完成，误差在±5%内；核磁共振设备的磁场强度在 X/Y/Z 方向均为 $0.5\pm0.05T$，梯度值为 0.025T/m，振频率 23.408MHz，脉冲频率范围 1～30MHz 之间、精确到 0.1Hz，探测器线圈直径为 60mm。

参数为回波时间(TE)0.3ms，重复采样等待时间(TW)2000ms，回波个数(NECH)

6000，累加次数 64，信号的采样频率(SW)250kHz，磁体温度为 32℃。

(3) 实验方法

实验在室温条件下进行，模拟地层油水黏度比，实验过程参照中华人民共和国石油天然气行业标准《岩心分析方法》(SY/T 5336—2006)及《岩石中两相流体相对渗透率测定方法》(SY/T 5345—2007)中规定的实验方法进行，具体实验步骤如下。

1) 可动水测试步骤

① 钻取长度约为 45mm、直径约为 25mm 的规格柱塞岩样，然后用溶剂(酒精+苯)抽提法进行洗油，洁净度至荧光三级以下，并烘干，称干重，测量长度和直径。

② 测量岩样的气测孔隙度、气测渗透率；将岩样抽真空 10h，加压至 25MPa 饱和模拟地层水 24h(地层水中 $CaCl_2$矿化度为 25000mg/L)，称湿重，计算岩样孔隙度。

③ 根据压力与喉道半径的关系公式，岩心喉道半径分别为 1. 0μm、0. 5μm、0. 1μm 及 0. 05μm 时，依据气-水接触关系计算喉道半径对应的离心力分别为 0. 138MPa、0. 276MPa、1. 379MPa 及 2. 759MPa，对每次不同压力离心后的岩心进行核磁共振 T_2谱测量。

④ 对比不同离心力离心后 T_2谱和饱和水状态 T_2谱，计算核磁共振的相关可动流体参数。

2) 油水驱替可动油饱和度测试步骤

在可动水测试实验步骤的基础上，进行油水驱替可动油饱和度测试。具体测试步骤如下：

① 岩心烘干，气测孔隙度和渗透率。

② 抽真空并加压饱和煤油，测试饱和油状态下的核磁共振 T_2谱。

③ 重复岩心洗油、烘干。

④ 将岩样抽真空 10h，加压 25MPa 饱和模拟地层水 24h(地层水中 $CaCl_2$矿化度为 25000mg/L)，称湿重，计算孔隙度。

⑤ 选取合适的驱替压力，利用常规油驱水实验对每块岩心进行油驱水，建立岩心饱和油束缚水状态，称岩心重。

⑥ 饱和油束缚水状态下的核磁共振 T_2测量，获得该状态下的核磁共振 T_2谱。

⑦ 依据油-水接触关系计算 1. 0μm、0. 5μm、0. 1μm、0. 05μm 对应的驱替压力 0. 055MPa、0. 103MPa、0. 531MPa、1. 041MPa，在上述 4 个不同离心力下的气驱油离心实验并测试每个状态的核磁共振 T_2谱；

⑧ 对每块离心后 的岩心再 进行常规气驱驱替实验，获得该状态下核磁共振 T_2谱；

⑨ 计算出不同大小喉道控制的可动油饱和度。

4. 5. 3 可动流体 T_2截止值测定

弛豫时间谱代表了岩石孔径的分布情况，而根据油层物理学理论，当孔径小到某一程度后，孔隙中的流体将被毛管力所束缚而无法流动，因此对应在弛豫谱上存在一个界限，当孔隙流体的弛豫时间大于某一弛豫时间时，流体为可动流体，反之为束缚流体。这个弛豫时间界限，常被称为可动流体截止值。为了将可动流体百分数定量计算表示，首先要进

行 T_2截止值的测定。

采用离心实验方法标定 T_2截止值时，需要首先选定离心力大小。国内外做了大量砂岩岩心 T_2截止值离心标定实验，多数专家学者选用 100psi(1psi=6.895kPa)作为标定砂岩岩心 T_2截止值的最佳离心力，我国行业标准《岩样核磁共振参数实验室测量规范》(SY/T 6490—2000)推荐选用 100psi 作为最佳离心力。大量岩心分析实验结果表明，100psi 作为标定岩心 T_2截止值的离心力对物性较好孔渗较高的砂岩岩性岩心是适用的，但对孔隙度、渗透率均非常低的砂岩岩心而言就有可能不适用。

图 4-31(A)为核磁共振离心实验方法标定 T_2截止值的示意图。基于该方法建立低渗砂岩岩心含水饱和度与离心力的具体对应关系。图 4-31(B)可以发现当离心力到达 200psi 时，再增加离心力，岩心的含水饱和度减小幅度明显变小，当离心力达到 300psi 时，再增加离心力，岩心的含水饱和度基本上不再发生变化，可见对于低渗砂岩储层而言，300psi 是低渗砂岩束缚水饱和度对应的临界离心力。如果仍用 100psi 离心力来标定 T_2截止值，将导致 T_2截止值偏大，束缚水饱和度也就偏大。由其对应的核磁共振 T_2谱线结合原始含水状态的 T_2谱线，计算得到的 T_2值即为该岩心代表储层的 T_2截止值。

由于离心力大小与岩心喉道半径大小相对应，对应饱和水样品采取 100psi、200psi、300psi 离心力对应的喉道半径大小分别为 0.21μm、0.1μm、0.07μm，因此储层有效渗流喉道半径的下限约为 0.07μm，喉道半径小于 0.07μm 的孔隙空间内的流体主要是束缚水，喉道半径大于 0.07μm 的孔隙空间是可流动的孔隙空间。

图 4-31(B)岩心饱和水状态 300psi 离心后状态对应的 T_2弛豫时间谱，依照图 4-30(B)标定 T_2截止值，其左侧与饱和状态的 T_2谱线包围的面积就是储层的原始含水信息，其右侧与 300psi 离心后状态的 T_2谱线包围的面积就是岩心的可动水信息，根据岩心饱和状态的 T_2谱线所包含的原始含水信息，即可计算出实验岩心所代表储层的原始含水饱和度及可动水饱和度。根据油气藏完全成藏理论，运用核磁共振技术结合离心的方法来确定实验岩心的 T_2截止值。低渗岩心的 T_2截止值确定以后，可以根据岩心 100%含水时的 T_2谱和原始含水饱和度下的 T_2谱线计算出岩心的原始含水饱和度及其可动水饱和度。

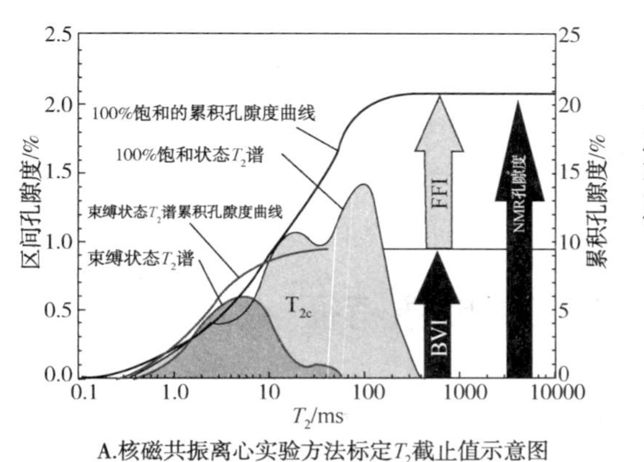

A.核磁共振离心实验方法标定T_2截止值示意图

离心压力/psi

含水饱和度/%

B.含水饱和度与离心力的具体对应关系

图 4-31 核磁共振 T_2截止值及不同离心压力 T_2谱

4.5.4 不同类型储层流动单元可动流体赋存特征

借鉴具有相似沉积环境、成岩作用、储层物性的邻区(牛圈湖)西山窑组储层岩心样品的油水相渗实验分析结果，对具有一定开采价值的E、G、M类储层流动单元的可动流体赋存特征进行了分析。

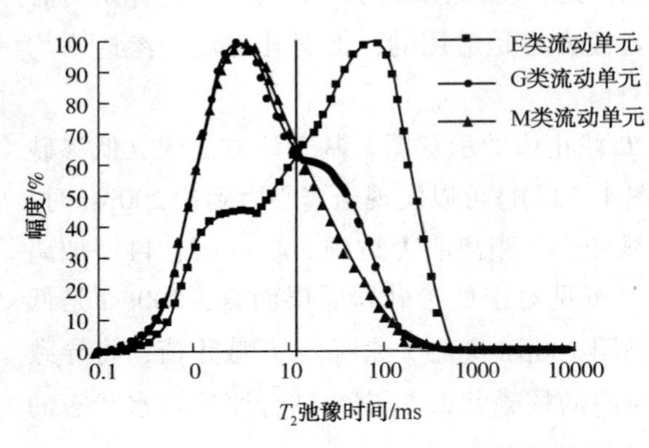

图4-32 不同类型储层流动单元核磁共振 T_2 谱频率分布图

实验中束缚流体与可动流体的 T_2 弛豫时间界限值为13.895ms(由大量砂岩岩心离心实验测定得到)。由不同流动单元的岩样 T_2 弛豫时间分布图可以看出，既存在单峰又存在双峰(图4-32)，单峰为M类储层流动单元储层，峰值位于截止值左侧，说明此类流动单元储层孔隙类型单一且较小，双峰主要有两种分布形态：E类储层流动单元储层的左低右高形峰和G类储层流动单元储层的左高右低形峰，说明此两类流动单元储层孔隙大小分布均存在大孔和小孔的现象。

根据核磁共振可动流体饱和度相关参数统计发现，E类储层流动单元 T_2 谱频率分布呈单峰，主峰值位于截止值的右侧，主峰值平均为64.50ms，该类储层流动单元大孔喉相对较多，小孔喉较少，可动流体饱和度和可动流体孔隙度最高，分别为50.96%和8.44%，束缚水饱和度为49.04%，可动流体饱和度稍大于束缚水饱和度，说明既有较好储层也有较差储层，储层有较强的非均质性；G类储层流动单元，可动流体饱和度为40.12%、可动流体孔隙度为5.11%以及束缚水饱和度为59.88%。M类储层流动单元可动流体饱和度和可动流体孔隙度值最低，分别31.74%和3.07%，束缚水饱和度最高，为68.26%。由 T_2 谱图4-32中可以看出，E类储层流动单元大孔喉相对较多，小孔喉较少，而G类储层流动单元相反，小孔喉相对较多，大孔喉较少，而M类储层流动单元孔喉单一且小孔喉多，由此可以看出，不同流动单元储层孔喉差异决定了赋存在孔喉中的可动流体含量的相对多少。

综上所述，对于低孔低渗油藏来说，由于不同类型储层流动单元微观孔隙结构不同，进而导致赋存在其中的可动流体饱和度存在差异。一般地，E类储层流动单元储层物性最好、可动流体饱和度最高，G、M类储层流动单元储层次之，P类储层流动单元层物性最差，可动流体饱和度最低，可视为无效储层。

4.6 不同类型储层流动单元X-CT成像特征

X-CT图像反映岩石密度分布，岩石内部各成像单元的岩石密度差异可通过CT图像以256个灰度等级可视化地反映出来。图像上某一成像单元的亮度与该成像单元的岩石密度(成像单元内岩石骨架的质量除以该成像单元的体积)成正比，成像单元的岩石密度越大，该成像单元对 X 射线的吸收系数就越大，图像亮度就越亮，反之亦然。因此 X-CT 扫描成像技术是描述岩石内部微观结构特征(如裂缝、微裂缝、次生溶蚀孔洞及均质、非均质性等)的极好方法。

4.6.1 试验简介

实验中采用了特制的合金铝岩心夹持器。该岩心夹持器的特点是既能在高温高压下使用，又能让 X 射线穿透。使得 CT 断层扫描岩心可与注水实验同步进行，由此获得动态的含水饱和度变化。为了简化试验程序，所有测试是在恒温下进行。岩心先在真空条件下饱和地层水，由于岩心的渗透率很低，所以完全饱和水需要 3~5 天。待岩石与水达到化学平衡后，开始油驱水至束缚水状态。然后，岩心用油老化 5 天，让油、水、岩石达到平衡。注水实验是在恒压下进行的。每块岩心实验都是从低压到高压，以便测定各个压力下的剩余油饱和度。CT 断层扫描技术用来测定岩心孔隙度，不同注水驱油压力下的剩余油饱和度。

微观模型驱替实验具有可视化的特点，水驱油实验核磁共振测试具有定量化的特点。本节通过水驱油实验来自的 CT 成像技术，动态、定量、可视化地研究水驱油实验岩心的微观孔隙结构、含水饱和度的变化及分布范围、影响驱替效果的因素等。

X-CT 成像技术是研究岩石内部微观孔隙结构特征的一种方法。其通过岩石内部各成像单元的密度差异以 256 个灰度等级可视化地将岩石的微观孔隙结构特征反映出来。通过 CT 值计算各个岩心截面的孔隙度、含水饱和度。通过 CT 二维切片、三维图像观察分析水驱油驱替过程。

4.6.2 X-CT 成像技术原理

X-CT 成像技术是建立在 BEER'S 定理基础上的，当一束 X 射线穿透某物体时，部分 X 射线会被吸收或反射掉，但大部分能穿透物体。透过物体的 X 射线强度与该物体的密度呈线性关系。

$$\frac{I}{I_0} = e^{-\mu h} \tag{4-21}$$

式中，I_0 为初始 X 射线强度，I 为透过物体后的 X 射线强度，μ 为 X 射线的衰竭系数(对于一些物质，衰竭系数是已知的)，h 为物体厚度。

安装在被检测物体周围的 X 射线检测器，可以获得来自不同方向、不同强度的 X 射线。通过对检测到的 X 射线进行处理，可以得到不同像素的 CT 图像(像素：500000~5000000)，图像质量取决于图像的制式。每一像素的 CT 值可由式(4-12)计算。

$$CT = 1000\frac{(\mu - \mu_w)}{\mu_w} \tag{4-12}$$

式中，μ_w 为蒸馏水的衰竭系数。CT 值随物质密度的增加而增加，常见物质的 CT 值见表 4-11，每一像素的 CT 值反映被检测物体在该单元的 CT 密度。

Withjack(1988)建立了岩石 CT 值与孔隙度的关系：

$$\phi = \frac{CT_{wr} - CT_{ar}}{CT_w - CT_a} \tag{4-23}$$

式中，下标 w 和 a 分别代表水和空气，wr 和 ar 代表用水和空气饱和的岩石。

表 4-11 常见物质的 *CT* 值

物质	密度/(kg/m³)	*CT* 值
空气	1.82	-1000
水	1000	0
癸烷(碳十)	730	-283
8%(质量) KBr 水溶液	1058	565
BEREA 砂岩	2120	1635
PVC	1400	620
铝合金	2820	2866

Akin 和 Kovscek (2003 年)建立了岩石 *CT* 值与含水饱和度的关系：

$$S_w = \frac{CT_{ow} - CT_{or}}{\phi(CT_w - CT_o)} \tag{4-24}$$

式中，下标 o 代表油，ow 和 or 分别代表油水两相和油相饱和的岩石。

如果用整个截面 *CT* 值的算术平均值来计算，就得到该截面的孔隙度或含水饱和度。两相流体的 *CT* 值相差越大，测得的孔隙度及含水饱和度越精确。用反映物质密度或原子数空间分布的 *CT* 图像来表征储层物性及流体赋存状况。

4.6.3 实验过程

应用 X-CT 成像技术，对研究区长 6 油层的三块具有不同孔隙结构，孔、渗特性的岩心，进行微观孔隙结构和注水驱替实验扫描成像研究。岩心夹持器水平固定在 X-CT 扫描仪的扫描腔中，岩心夹持器水平位移由计算机控制，精度为 0.01mm，纵向位移处于锁定状态。CT 扫描是沿着岩心的径向，从注入端向出口端，每次共扫描 11 个点，平均每 5.5mm 扫描一个点。CT 扫描的截面厚度为 5.0mm。由此，11 个扫描点几乎将岩心的所有长度都包括在内。实验中，油相为癸烷，水相为 8.0%质量浓度的 KBr 溶液。油水两相 *CT* 值相差 848，气水两相 *CT* 值相差 1565。注水驱替实验时，由压力传感器检测注入压力，注入速度由 ISCO 泵控制和记录。动态含水饱和度随时间的变化可通过对 CT 图像的处理获得。

具体实验步聚如下：

① 实验准备：钻取岩样，并将岩样两端取平、取齐，用溶剂(酒精与苯)抽提法进行洗油，再将岩样置于干燥箱中进行干燥至恒重为止。

② 干岩样 CT 扫描：将饱和空气的干岩样置于岩心夹持器中，并水平固定在 CT 扫描仪的扫描腔中，进行 CT 扫描并获得图像，计算出相应的 *CT* 值。

③ 岩样饱和水：将岩样进行抽真空饱和人工配制的地层水(8.0% KBr 水溶液)。由于

实验岩心的渗透率都很低，完全饱和水需要 3~5 天。待岩石与水达到化学平衡后，测岩样的孔隙度，见表 4-12。

④ 测液体渗透率：每一块岩心测多个渗透率值，取其平均值作为该岩心的渗透率见，表 4-12。

⑤ 饱和水岩样 CT 扫描：将装有饱和水岩样的岩心夹持器水平固定在 CT 扫描仪的扫描腔中，进行 CT 扫描并获得图像，计算出相应的 *CT* 值。

⑥ 油驱水至束缚水状态：将饱和地层水的岩样，进行油驱水到束缚水状态为止。然后，用油老化 5 天，使油、水、岩石达到平衡。

⑦ 水驱油：恒压下对处于束缚水状态的岩样进行水驱油实验，并逐步提高注入压力，通过 CT 扫描成像测定各压力下的剩余油饱和度。

表 4-12　岩心孔隙度和水相渗透率

新编号	深度/m	孔隙度/%	水相渗透率/$10^{-3}\mu m^2$
岩心-1	2149. 80	14. 1	0. 38
岩心-2	2155. 69	9. 1	0. 09
岩心-3	2164. 32	13. 5	0. 24

4. 6. 4　实验结果及分析

4. 6. 4. 1　岩心样品的密度及结构

通过 X-CT 技术对干岩心扫描成像，可以检测岩心的密度及孔隙结构，图 4-33 是三块岩心的 CT 图像。由三块岩心的 CT 图像可知，岩心-2 最致密(*CT* 值平均为 1961)，可以代表 M 类储层流动单元；岩心-3 次之(*CT* 值平均为 1821)，可以代表 G 类储层流动单元；岩心-1 相对疏松(*CT* 值平均为 1819)，可以代表 E 类储层流动单元。图 4-33 还显示岩心 1 和

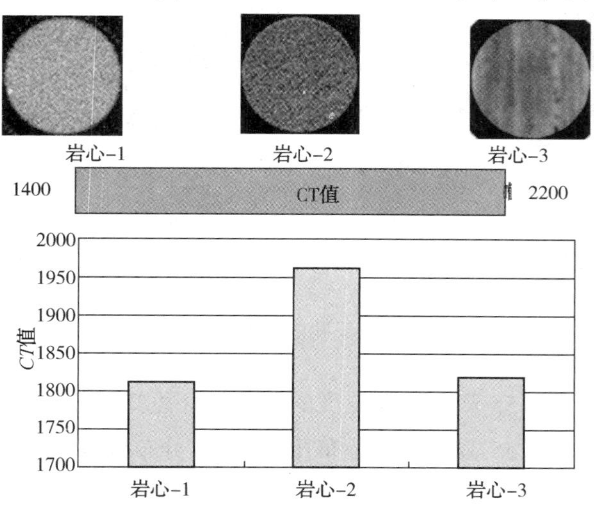

图 4-33　干岩样的 CT 断层扫描结果

岩心 2 的 CT 值较均匀，岩心 3 的 CT 值变化较大。与传统室内研究的模拟岩心(Berea)相比，岩样的 CT 值高出 250 左右，属于低渗透砂岩。

4.6.4.2 岩心样品孔隙度及其分布特征

通过 X-CT 扫描 100%饱和空气的岩心与 100%饱和水的岩心，可以用公式计算各个岩心截面的孔隙度。用 11 个扫描点的孔隙度计算岩心的平均孔隙度。图 4-34～图 4-36 分别是岩心-1(E 类储层流动单元)、岩心-2(M 类储层流动单元)和岩心-3(G 类储层流动单元)的孔隙度 CT 三维图像及二维切片图。在均质程度方面，E 类储层流动单元和 M 类储层流动单元的孔隙度沿长度的分布较均匀，而 G 类储层流动单元的孔隙度沿长度的分布波动幅度较大，可能是受夹层的影响。不同截面 CT 图像还显示，夹层与流动方向成一夹角。

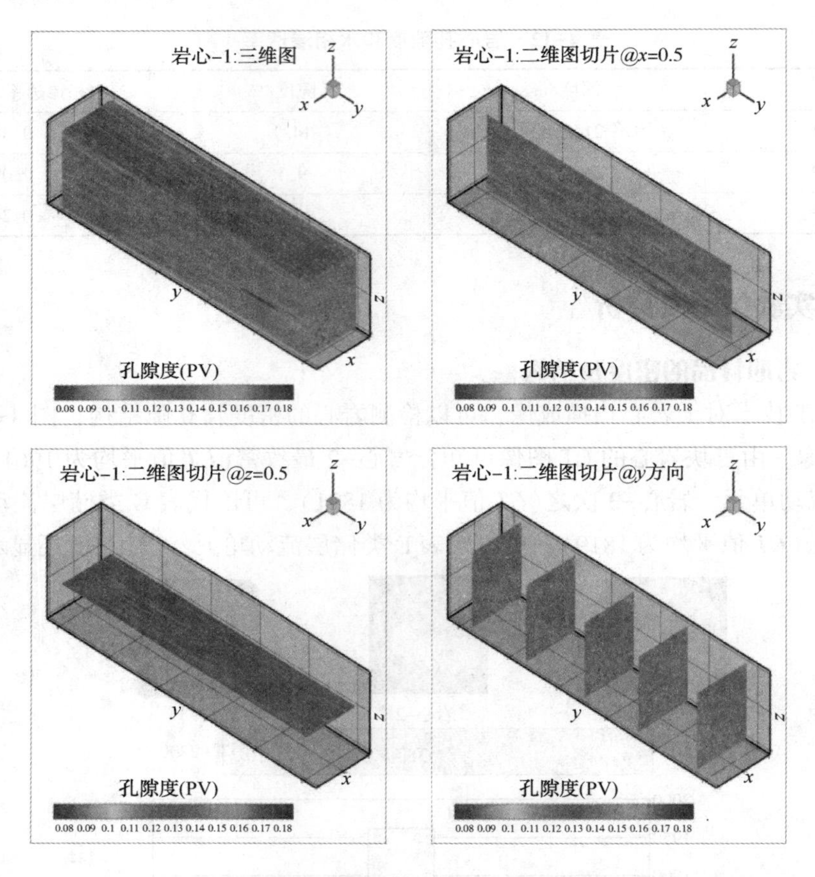

图 4-34　E 类储层流动单元孔隙度 CT 三维图像及二维切片图

通过无因次长度 $X_D=0.55$ 截面上孔隙度的分布特征可知，E 类储层流动单元和 M 类储层流动单元的隙度在 $X_D=0.55$ 截面上的分布比较均匀(分布范围较窄)，G 类储层流动单元的孔隙度在 $X_D=0.55$ 截面上的分布波动较大(分布范围较宽)，既含有一部分较高的孔隙度，又含有一部分较低孔隙度。对于砂岩而言，一般渗透率随孔隙度的增加而有规律地增加，孔隙度在截面上的不均匀分布会增强渗透率的非均匀质性。

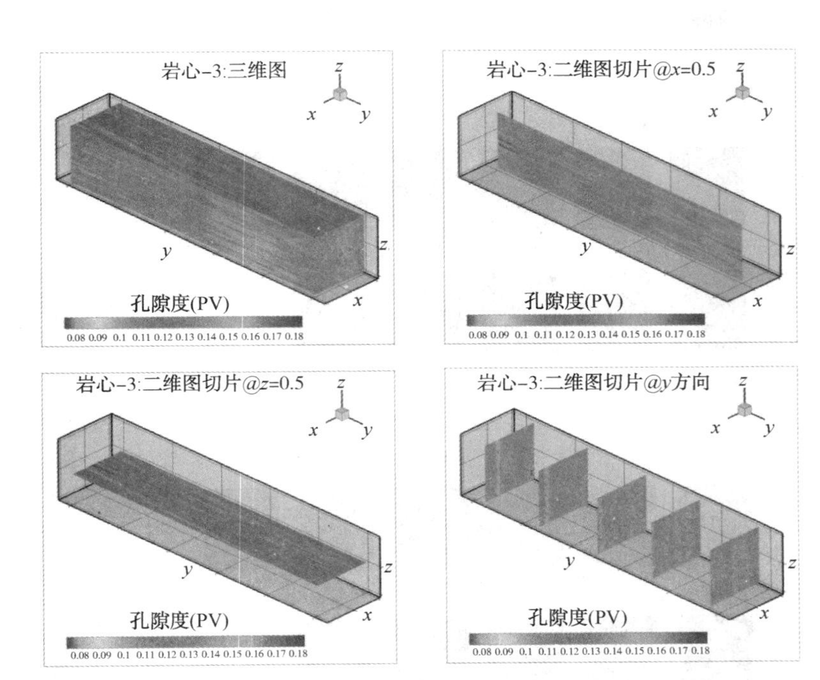

图 4-35　G 类储层流动单元 CT 三维图像及二维切片图

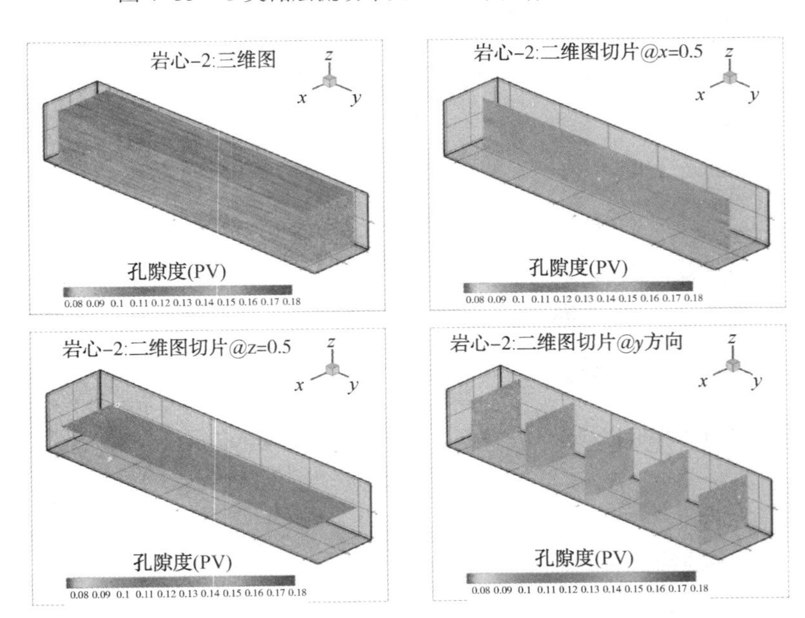

图 4-36　M 类储层流动单元孔隙度 CT 三维图像及二维切片图

4.6.4.3　驱替注入压力对含水饱和度分布的影响

对处于束缚水状态下的岩样进行恒压水驱油实验，每块岩样都驱至残余油状态。通过 CT 扫描成像测定各个压力下的含水饱和度及剩余油饱和度的分布。

(1) E 类储层流动单元

图 4-37 是 E 类储层流动单元代表性岩心样品在不同注入压力下含水饱和度的 CT 图像。X_D 是无因次长度(X/L)。在此图像中，白色代表高含水饱和度，黑色代表束缚水饱和度

(大约为40%)。

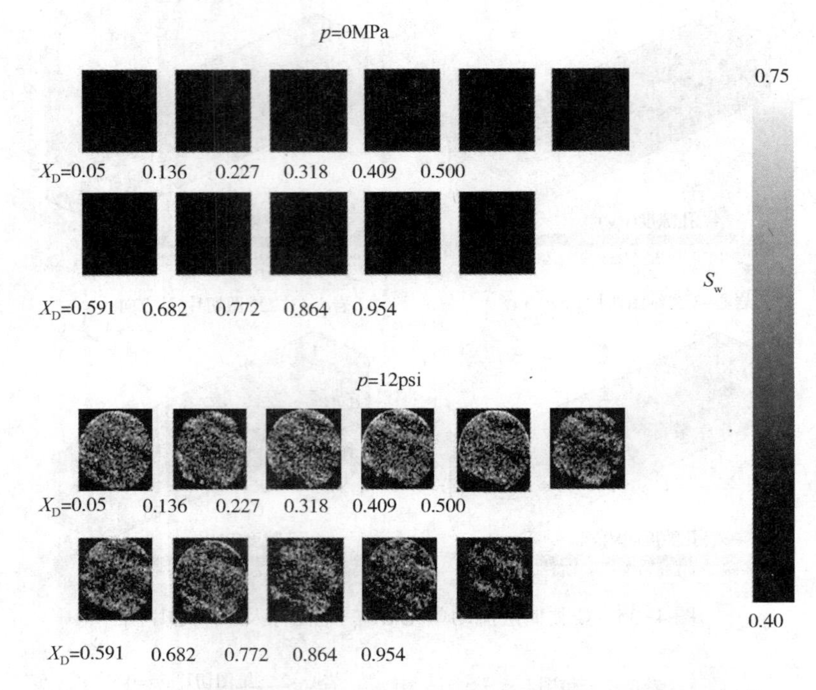

图4-37 E类储层流动单元在不同注入压力下含水饱和度的CT图像

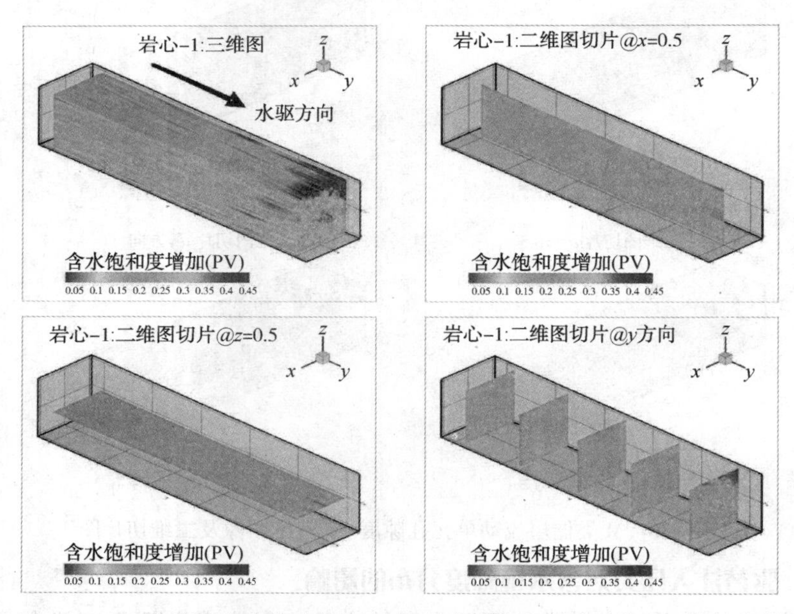

图4-38 E类储层流动单元在12.5psi时含水饱和度的三维及二维切片图

图4-38为E类储层流动单元代表性岩心样品在12.5psi时含水饱和度的三维及二维切片图。E类储层流动单元代表性岩心样品的最低注入压力为12.0psi(0.082MPa)。在此注入压力下，水驱油效果相当显著，含水饱和度增加了29.0%；注入水的推进也较为均匀，注

入水突破时，含水饱和度增加 20.0%。从注入端到出口端，含水饱和度略有降低，越靠近出口端注入水的驱替面积越小。当注入压力升至 50.0psi(0.345MPa)时，平均含水饱和度略有增加，但不显著。岩心出口端的水驱波及面积尚未达到 100%；注入压力升至 75.0psi(0.517MPa)时，各截面的含水饱和度有所上升，有较小孔道中的油被驱出。除最后两个截面水驱波及面积未达到 100%，注入水已波及所有连通较好的孔道。注入压力为 100psi(0.689MPa)时，水驱效率达到最大，含水饱和度升至 76.0%。

图 4-39 是 E 类储层流动单元代表性岩心样品在不同注入压力下含水饱和度(数值)沿长度方向的分布，其特点为均匀型的水驱油方式。性极差，注入压力小于 100psi(0.689MPa)时，几乎没有水注入岩心；当注入压力升至 100psi 时，注入水仅仅进入到离注入端 25.0% 的地方就停止了，可见该岩心的驱替渗流阻力非常大；当注入压力升至 15.0psi(1.03MPa)时，岩心注入部分的平均含水饱和度有所增加，注入水前缘的水驱波及面积逐渐减小，注入水进入到离岩心注入端 70.0% 的地方才停止。在注入压力为 350.0psi(2.41MPa)时，注入水几乎波及了岩心中所有连通较好的孔隙，岩心含水饱和度达到最大。

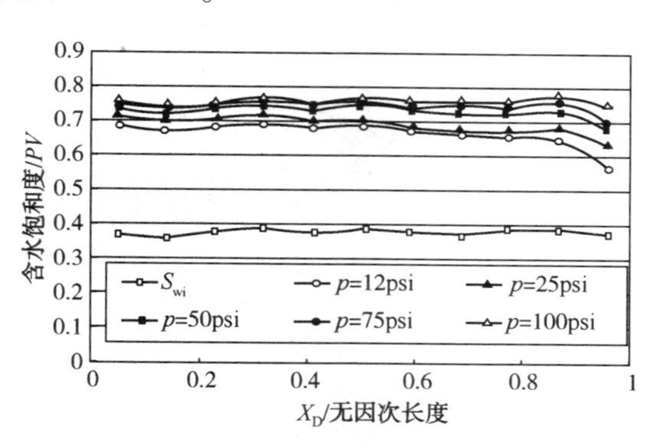

图 4-39　E 类储层流动单元在不同压力下的含水饱和度沿长度方向的分布

（2）G 类储层流动单元

图 4-40 是 G 类储层流动单元代表性岩心样品在不同注入压力下含水饱和度的 CT 图像。该岩心的最低注入压力也是 12.0psi（0.082MPa），但在此压力下，驱油效果却较差。注入水沿着高渗透层突进，在离注入端 40%的地方停止。注入水的波及面积仅仅为 10%左右，表明孔隙分布的非均质性对水驱油效率有明显的影响。当注入压力升至 25.0psi

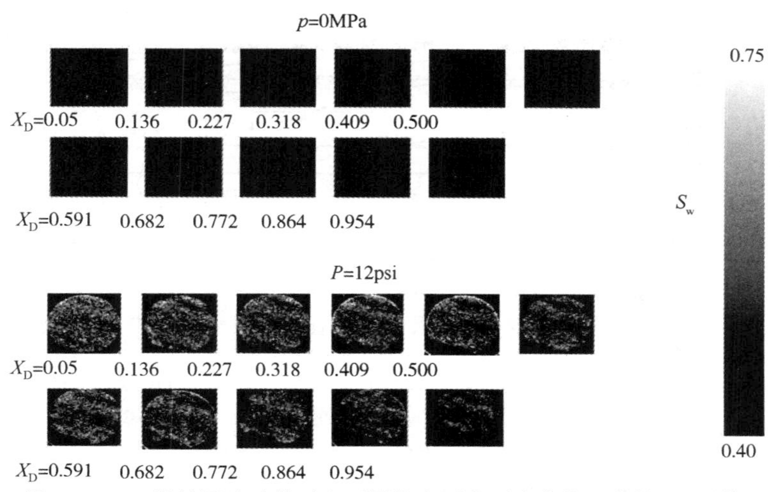

图 4-40　G 类储层流动单元在不同注入压力下含水饱和度的 CT 图像

(0.172MPa)时，注入水的波及系数明显提高，注入水从出口端较早突破，导致较低的驱油效率。随着注入压力的升高，注入水逐渐进入到较小孔隙中将油驱替出。当注入压力升至250psi(1.72MPa)时，岩心平均含水饱和度达到最大。各个截面含水饱和度值的差异，说明非均质性是导致驱油效率低的重要原因。

图4-41为G类储层流动单元代表性岩心样品在压力为12.0psi时，含水饱和度的三维及二维切片图。其特点是注入水以近似均匀型推进，但是其推进速度受流动阻力控制。

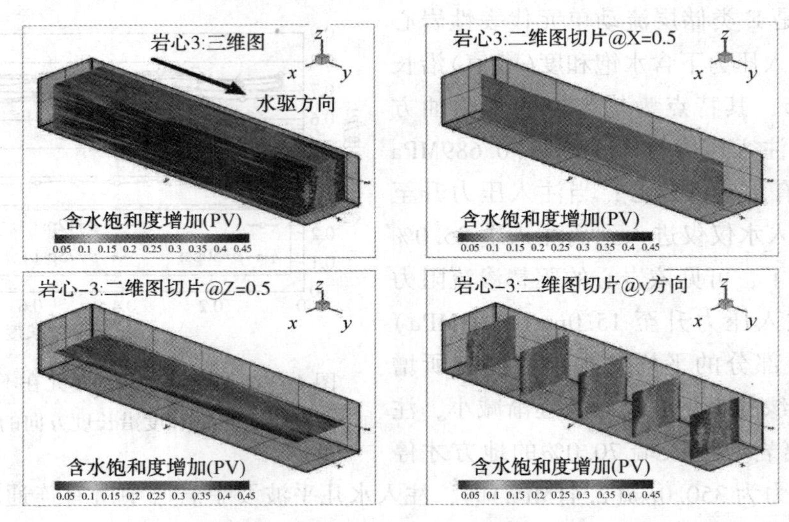

图4-41　G类储层流动单元在12.5psi时含水饱和度的三维及二维切片图

图4-42为G类储层流动单元代表性岩心样品在不同注入压力下含水饱和度(数值)沿长度方向的分布图，其特点是注入水以近似均匀型推进，但其推进速度受流动阻力控制。

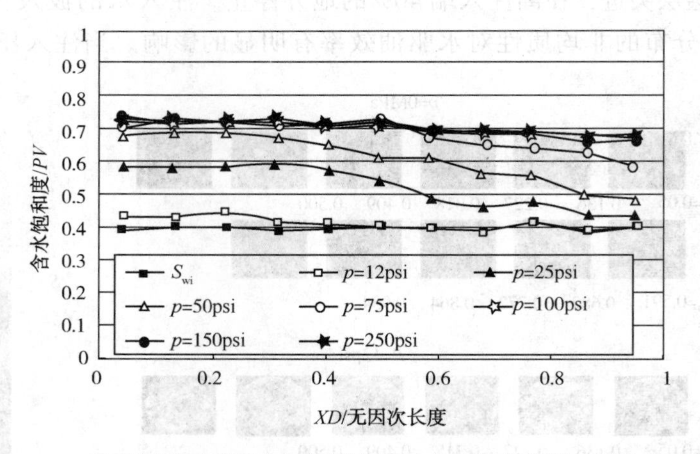

图4-42　G类储层流动单元在不同压力下的含水饱和度沿长度方向的分布

(3)M类储层流动单元

图4-43是M类储层流动单元代表性岩心样品在不同注入压力下的含水饱和度(CT图

像)。该岩样的注入性极差，注入压力小于 0. 689 MPa(100. 0 psi)时，几乎没有水注入岩心；当注入压力为 0. 689 MPa(100. 0 psi)时，注入水仅仅进入到离注入端 25%的地方停止了，可见流动阻力非常大；当注入压力升至 1. 03 MPa(150. 0psi)时，平均含水饱和度有所增加，注入水进到了离注入端 70%的地方才停止。注入水前沿的水波及面积逐步减小，在注入压力为 0. 689 MPa(100. 0 psi)时，注入水几乎扫及了所有孔隙，含水饱和度达到最大。

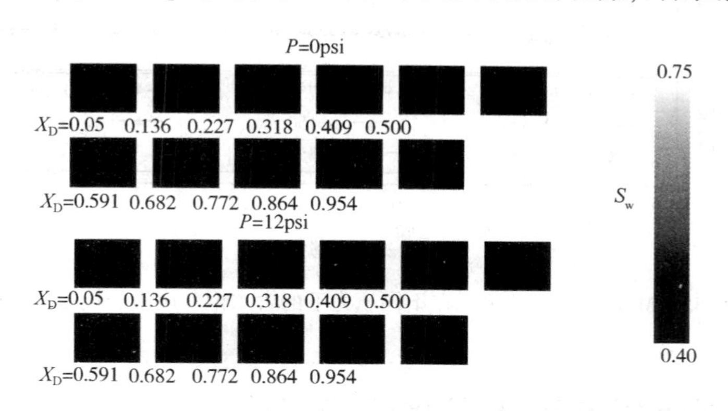

图 4-43 M 类储层流动单元在不同注入压力下含水饱和度的 CT 图像

图 4-44 为 M 类储层流动单元代表性岩心样品在 150. 0psi 压力下含水饱和度的三维及二维切片图。其特点是注入水以近似均匀型推进，但其推进速度受流动阻力控制。

图 4-45 是 M 类储层流动单元代表性岩心样品在不同压力下的含水饱和度(数值)沿长度方向的分布图，其特点是注入水以近似均匀型推进，但其推进速度受流动阻力控制。

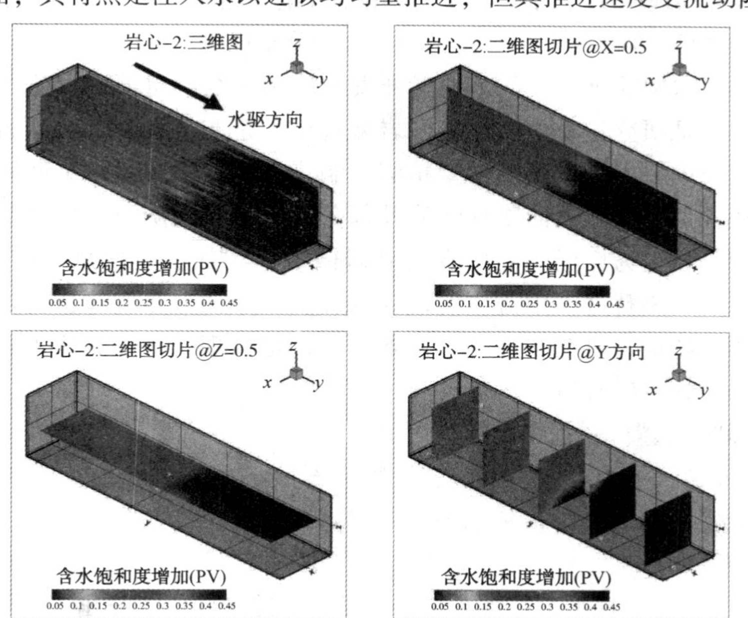

图 4-44 M 类储层流动单元在 12. 5psi 时含水饱和度的三维及二维切片图

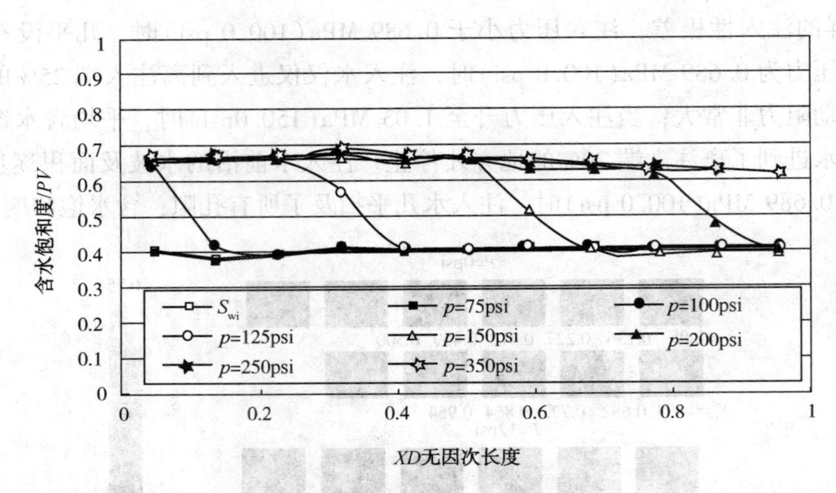

图 4-45　M 类储层流动单元在不同压力下的含水饱和度沿长度方向的分布

4.7　不同储层流动单元水驱油特征

4.7.1　真实砂岩微观模型驱替实验

真实砂岩微观模型是西北大学大陆动力学国家重点实验室的一项专利技术。其优点在于保留了岩石表面物理性质、孔隙结构，利用显微镜及图像信息采集设备，能逼真、直观地再现岩石孔隙空间中油水两相驱替特征及残余油分布规律。

砂岩储层的油水微观驱替特征是油气开发地质学研究的重要内容之一。在砂岩储集层油水微观驱替特征研究过程中，真实砂岩微观模型是西北大学大陆动力学国家重点实验室的一项专利技术，由于其微观模型精细的制作技术，不仅保留了储层岩石本身的孔隙结构特征，还保留了岩石表面物理性质及部分填隙物，使研究结果可信度较其他模型大大增加，应用领域更为广泛。利用真实砂岩微观模型加上全信息扫描录像，能逼真、直观地再现油水两相驱替过程中流体的运动状况及残余油分布规律，直接观察流体在岩石孔隙空间的驱替特征。研究结果对于指导油田制定合理、科学的注入参数、生产开发方案具有一定的理论参考价值。

4.7.1.1　实验装置

微观模型实验系统包括抽真空系统、加压系统、显微镜观察系统、图像采集系统四个部分。实验流程示意图如图 4-46 所示。

(1)抽真空系统

利用抽真空压力泵对模型进行抽真空，将模型孔隙中的空气排出，尽量降低实验过程中由于气体的原因造成的实验误差，如图 4-47 所示。

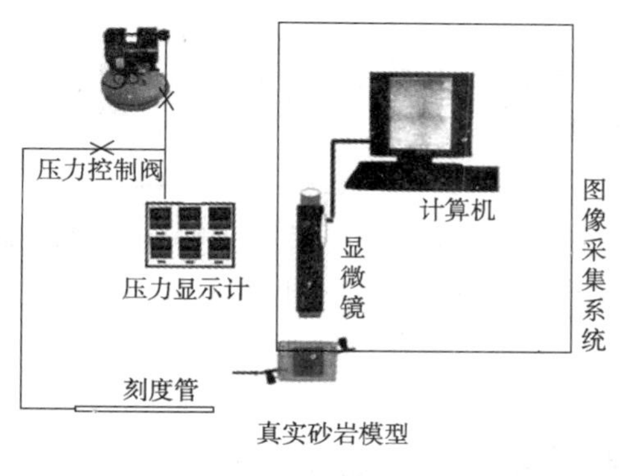

图 4-46　微观驱替实验流程示意图

图 4-47　抽真空系统流程示意图

(2)加压系统

采用空气压缩机加压，数控压力仪控制压力大小和测压，如图 4-48 所示。

A.空气压缩机

B.压力监测及控制装置SS示意图

图 4-48　压力系统

(3)显微观察系统

尼康体视显微镜为主，配有数码照相、录相系统。实验中可以随时观察各种现象并同时照相或录相，以便对重要的现象进行实时观察记录，如图 4-49 所示。

图 4-49　显微观察及图像采集系统示意图

(4)图像采集系统

系统配有高分辨率的照相机和摄像头，将视频信号采集并传输至计算机。

4.7.1.2　实验流程简介及样品信息

(1)真实砂岩微观模型驱替实验实验流程

①模型制作：岩心切片-洗油-烘干-磨片-胶结等工艺处理，岩心长度、宽度、厚度一般为2.5cm×2.5cm×0.07cm，然后用有机玻璃胶合(图4-50A)，安全承载压力小于0.35 MPa，最高实验温度为70℃左右。

图4-50　真实砂岩微观模型图像

A—砂岩微观模型；B—饱和水模型；C—饱和油模型；D—水驱油模型

②配制油黏度为1.45Pa·s，加入油溶红染色呈红色；配制水矿化度为16000mg/L，加入甲基蓝染色呈蓝色。

③实验流程：实验采用西北大学地质系研发的渗流实验设备，开展水驱油实验。实验具体流程包括以下几方面：

a. 在40℃下烘干模型；

b. 测物性；

c. 模型抽真空-饱和水-液测渗透率；

d. 饱和模拟油；

e. 水驱油。

在以上实验流程中准确地记录、采集各个实验步骤的数据及图像，进行最终数据处理。

(2)单模型和组合模型的具体实验过程和步骤

1)单个模型微观水驱油实验过程和步骤

①模型抽真空后饱和水，计算每个模型的孔隙体积。

②测饱和水状态下模型的渗透率，测3次左右取平均值。

③全视域和局部视域扫描观察饱和水模型，确定模型的原始含水饱和度。

④油驱水(即饱和油过程)至每个模型出口端只出油不出水为止，对每个模型进行全视域和局部视域扫描、拍照，统计原始含油饱和度。

⑤模型进行水驱油实验，逐渐加压。先确定模型水驱油时的启动压力，继续加压，统计模型在不同压力和注入倍数下的残余油饱和度，驱替过程中同时对每个模型进行全视域和局部视域扫描、拍照。

2)组合模型微观水驱油实验过程和步骤

①根据实验目的，将选取的不同物性、不同沉积微相带、不同韵律、不同岩-电关系的微观模型进行组合。

②将所选取的模型分别抽真空饱和水，测渗透率。

③将所选模型分组用连通器并联，在固定压力下进行油驱水实验，由于各模型物性和孔隙结构不同，因此饱和油程度也会存在一定差异。实验中同时对每个模型进行全视域和局部视域扫描、拍照。

④对饱和油后的组合模型进行水驱，逐渐加压确定各模型的水驱油启动压力，继续加压，统计并观察各模型在不同注入压力、注入倍数下的驱油效率、残余油饱和度和剩余油分布特征。实验过程中对每个模型进行全视域和局部视域扫描、拍照。

4.7.2 不同储层流动单元微观渗流特征

渗流特征包括油驱水和水驱油两个方面，通过镜下观察，发现油驱水及水驱油渗流特征相似，两相渗流特征以均匀驱替和网状驱替为主，部分样品也见到指状驱替。孔喉中的驱替力方式很少见到活塞式，主要是近活塞式，其次是非活塞式。近活塞式水驱油时水在孔喉中以近似活塞推进的形式向前推进，且水流过的孔喉驱替的相对较为干净，水流过后部分孔喉有油膜残留，但随着水的不断流过，油膜逐渐变薄，一些地方的油膜可被水剥蚀掉。

4.7.2.1 油驱水渗流特征

观察发现油驱水渗流特征和最终饱和油状况与岩石孔隙结构关系密切，孔隙结构特征不同，油驱水渗流特征与最终饱和油状况也不同。

(1)E类储层流动单元，均匀驱替类型(图4-51A)

当达到启动压力时油开始进入多孔介质，且油往往以多条路线进入岩样内部，油驱水前缘接近平行推进，孔隙之间连通性较好，波及面积也较均匀，未波及的面积很少。随着压力的增加，样品内部有时也会形成突进路径，待该路径到达出口后，再继续加压，油驱水路径向原路径周围延伸，油网逐渐扩大。这种驱替类型样品出口刚见油时和最终平均含油饱和度均高，该类储层流动单元代表性岩心样品端口出油时含油饱和度为50.24%，最终含油饱和度为62.28%。

(2)G类储层流动单元，网状驱替过程类型(图4-51B)

这是工区目的层储层微观油驱水的主要驱替类型。该类储层流动单元渗流特征在以上两种驱替类型之间，在驱替过程中油的前缘呈网状突进，随着驱替的进行，网状通道变宽、变密，最终转变成均匀驱替。该驱替类型形成的绕流水块较指状驱替小，样品出口刚见油时及最终含油饱和度均较高。该类储层流动单元代表性岩心样品端口出油时含油饱和度为37.64%，最终含油饱和度为48.84%。

(3)M类储层流动单元，指状驱替类型(图4-51C)

在驱动压差作用下，油首先沿着毛管阻力较小的大喉道向前流动，并逐渐占据大的喉道和与之相连的孔隙，油驱水初期前缘呈指状分布。随着油驱水的进行，指状油驱水路径逐渐变宽。这种类型油驱水前缘推进不均匀，形成明显的突进渗流通道，最后可绕流形成较大片的水块。但是，随着压力增大，驱替时间的延长，指状路径变宽、路径相连，最终指状驱替也会转变为网状驱替。样品出口刚见油时及最终含油饱和度均较低。该类储层流动单元代表性岩心样品端口出油时含油饱和度为15.17%，最终含油饱和度为27.19%。

A.均匀状驱替饱和油
E类储层有单元

B.网状驱替饱和油
G类储层有单元

C.指-网状驱替饱和油
M类储层有单元

图4-51　不同类型储层流动单元饱和油驱替类型

4.7.2.2　水驱油渗流特征

水驱油渗流特征与饱和油渗流特征相似，注入水渗流路径与油驱水过程中形成的通道基本相同(图4-52)，在孔隙网络中水驱油渗流路线也主要为网状，指状和均匀状驱替较少。该储层的超低渗物性决定了样品的驱油效率整体偏低，但是由于该储层孔隙结构均一、非均质性较弱，即使在水驱初期形成指状突进，随着驱替的进行，最终也可以形成较为均匀的渗流路线。

注入水在孔道中的驱油力一式有两种：近活塞式和非活塞式，主要受润湿性和孔喉大小的影响，实验中各样品孔喉整体偏细、润湿性为中性，水在孔喉中主要以近活塞式驱油，水驱替过的孔喉较为干净。一些孔喉有油膜残留，但随着驱替进行，油膜逐渐变薄，一些

A.均匀状驱替饱和油
E类储层有单元

B.网状驱替饱和油
G类储层有单元

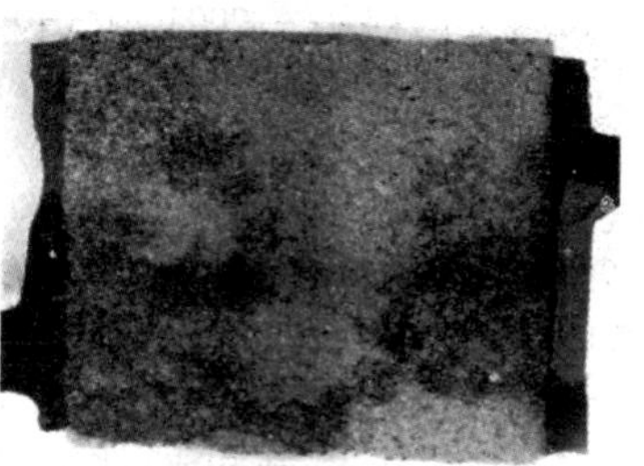

C.指-网状驱替饱和油
M类储层有单元

图 4-52　不同类型储层流动单元水驱油驱替类型

地力一的油膜甚至可被水剥蚀掉。

不同类型储层流动单元饱和油模型油驱水驱替类型与含油饱和度关系主要水驱油特征：

(1)E 类储层流动单元，均匀驱替(图 4-53A)

注入水进入饱和油模型后，多条驱替水道均匀波及且水驱前缘近似平行突进。随驱替时间延长、压力增大，模型部分区域会形成网状渗流或者少量指状渗流；在中高含水期，渗流路径增多、增宽整体呈现均匀状、均匀-网状渗流。该类模型有效孔隙发育、孔喉连通性好。该类储层流动单元代表性岩心样品原始饱和油体积为 0. 343cm^3，无水期驱油效率为 39. 17%，最终期驱油效率为 60. 89%。

(2)G 类储层流动单元，网状-均匀驱替(图 4-53B)。注入水进入饱和油模型后，数条驱替水道呈现网状交叉波及且水驱前缘呈网状或少量指状突进。随驱替时间延长、压力增大，模型部分区域会形成均匀状或者少量指状渗流；在中高含水期，渗流路径增多、增宽整体呈现均匀-网状或部分均匀状渗流，指状渗流区域较少。该类模型有效孔隙相对发育、孔喉连通性较好。该类储层流动单元代表性岩心样品原始饱和油体积为 0. 241cm^3，无水期驱油效率为 31. 58%，最终期驱油效率为 49. 78%。

(3)M 类储层流动单元，指状-网状驱替(图 4-53C)

注入水进入饱和油模型后，主驱替水道呈现指状-网状波及且水驱前缘呈指状-网状或少量指状突进。随驱替时间延长、压力增大，模型部分区域会形成网状或者少量均匀状渗流；在中高含水期，渗流路径增多、增宽整体呈现指状-网状或部分网状-均匀状渗流，绕流的指状渗流区域明显增大。该类模型有效孔隙发育偏差、孔喉连通性明显变差。该类储层流动单元代表性岩心样品原始饱和油体积为 0. 081cm^3，无水期驱油效率为 24. 83%，最终期驱油效率为 29. 69%。

参 考 文 献

[1] 邸世祥. 中国碎屑岩储集层的孔隙结构[M]. 西安：西北大学出版社，1991：210-220.

[2] 王建伟，鲍志东，陈孟晋，等. 砂岩中的凝灰质填隙物分异特征及其对油气储集空间影响——以鄂尔多斯盆地西北部二叠系为例[J]. 地质科学，2005，40(3)：429-438.

[3] 段贺海. 储层流动单元研究及其应用[D]. 北京：中国地质大学，2005：73.

[4] 陈永峤，于兴河，周新桂，等. 东营凹陷各构造区带下第三系成岩演化与次生孔隙发育规律研究[J].

天然气地球科学，2004，15(1)：68-75.
[5] 蔡进功，谢忠怀，田芳，等．济阳坳陷深层砂岩成岩作用及孔隙演化[J]．石油与天然气地质，2002，23(1)：84-88.
[6] 罗静兰，张晓莉，张云翔，等．成岩作用对河流-三角洲相砂岩储层物性演化的影响[J]．沉积学报，2001，19(4)：541-547.
[7] 穆曙光，张以明．成岩作用及阶段对碎屑岩储层孔隙演化的控制[J]．西南石油学院学报，1994，16(3)：22-27.
[8] 刘宝，张锦泉．沉积成岩作用[M]．北京：科学出版社，1992.
[9] 张明禄，达世攀．苏里格气田二叠系盒8段储集层的成岩作用及孔隙演化[J]．天然气工业，2002，22(6)：13-16.
[10] 李阳，刘建民．油藏开发地质学[M]．北京：石油工业出版社，2007，97.
[11] 沈平平．油水在多孔介质中的运动理论和实践[M]．北京：石油工业出版社，2000.
[12] 孙卫，何娟．姬塬延安组储层水驱油效率及影响因素[J]．石油与天然气地质，1999，20(1)：26-29.
[13] 杨胜来，魏俊之．油层物理[M]．北京：石油工业出版社，2004：209.
[14] 罗蛰潭，王允诚．油气储集层的孔隙结构[M]．北京：科学出版社，1986.
[15] 王道富．鄂尔多斯盆地特低渗透油田开发[M]．北京：石油工业出版社，2008.
[16] 高辉，孙卫．特低渗透砂岩储层可动流体变化特征与差异成性成因——以鄂尔多斯盆地延长组为例[J]．地质学报，2010，84(8)：1223- 1230.
[17] 任大忠，孙卫，董凤娟，等．鄂尔多斯盆地华庆油田长81储层可动流体赋存特征及影响因素[J]．地质与勘探，2015，51(4)：797-804.
[18] 孙卫，王洪建，吴诗平，等．三间房组油藏沉积微相及其对注水开发效果影响研究[J]．沉积学报，1999，17(3)：443-448.
[19] 董凤娟．注水开发阶段的储层评价与油水分布规律研究——以丘陵油田三间房组油藏为例[D]．西安：西北大学，2010.
[20] 孙卫，史成恩，赵惊蛰，等．X-CT扫描成像技术在特低渗透储层微观孔隙结构及渗流机理研究中的应用——以西峰油田庄19井区长8_2储层为例．地质学报，2006，80(5)：775-779.
[21] 任大忠，孙卫，魏虎，等．华庆油田长8_1储层成岩相类型及微观孔隙结构特征[J]．现代地质，2014，15(2)：379-387.
[22] 朱玉双，柳益群，赵继勇，等．华池油田长3岩性油藏流动单元划分及其合理性验证[J]．沉积学报，2008，26(1)：120-127.
[23] 段贺海．储层流动单元研究及其应用[D]．北京：中国地质大学，2005：73.
[24] 王瑞飞，陈明强，孙卫．特低渗透砂岩储层微观孔隙结构分类评价[J]．地球学报，2008，29(2)：213-220.
[25] 罗静兰，刘新社，付晓燕，等．岩石学组成及其成岩演化过程对致密砂岩储集质量与产能的影响：以鄂尔多斯盆地上古生界盒8天然气储层为例[J]．地球科学，2014，39(5)：537-545.
[26] 张龙海，刘忠华，周灿灿，等．低孔低渗储集层岩石物理分类方法的讨论[J]．石油勘探与开发，2008，35(6)：763-768.
[27] 任颖．三塘湖盆地牛圈湖地区西山窑组不同成岩相孔喉特征及生产动态分析[D]．西安：西北大学，2017.
[28] 任颖，孙卫，张茜，等．低渗透储层不同流动单元可动流体赋存特征及生产动态分析研究——以鄂尔多斯盆地姬塬地区长6储层为例[J]．地质与勘探，2016，5(52)：974-984.
[29] 王为民，郭和坤，叶朝辉．利用核磁共振可动流体评价低渗透油田开发潜力[J]．石油学报，2001，22(6)：40-44.
[30] 沈孝秀．三塘湖盆地牛圈湖区块西山窑组X_2储层特征及有利区预测[D]．西北大学，2015.

[31] 朱益华，陶果．顺序指示模拟技术及其在3D数字岩心建模中的应用[J]．测井技术，2007，31(2)：112-115.
[32] 朱益华，陶果，方伟．图像处理技术在数字岩心建模中的应用[J]．石油天然气学报，2007，29(5)：54-57.
[33] 杨希濮，孙卫，高辉，等．三塘湖油田牛圈湖区块低渗透储层评价[J]．断块油气田，2009，16(2)：5-8.
[34] 孔令荣，曲志浩，万发宝，等．砂岩微观孔隙模型两相驱替实验[J]．石油勘探与开发，1991(4)：79-85.
[35] 赵杰，姜亦忠，王伟男，等．用核磁共振技术确定岩石孔隙结构的实验研究[J]．测井技术，2003，27(3)：185-188.
[36] 曲志浩，孔令荣．低渗透油层微观水驱油特征[J]．西北大学学报(自然科学版)，2002，32(4)：329-334.
[37] 孙卫，曲志浩，李劲峰．安塞特低渗透油田见水后的水驱油机理及开发效果分析[J]．石油实验地质，1999，21(3)：256-260.
[38] 何文祥，杨亿前，马超亚．特低渗透率储层水驱油规律实验研究[J]．岩性油气藏，2010，22(4)：109-111.
[39] 杨希濮，孙卫，解伟，等．三塘湖油田头屯河组流动单元划分及微观渗流特征[J]．断块油气田，2009，16(3)：1-4.
[40] 朱玉双，柳益群，赵继勇，等．不同流动单元微观渗流特征研究——以华池油田长3油藏华152块为例[J]．石油实验地质，2008，30(1)：103-108.
[41] 于俊波，郭殿军，王新强．基于恒速压汞技术的低渗透储层物性特征[J]．东北石油大学学报，2006，30(2)：22-25.
[42] 彭彩珍，李治平，贾闽惠．低渗透油藏毛管压力曲线特征分析及应用[J]．西南石油大学学报(自然科学版)，2002，24(2)：21-24.
[43] 李海燕，岳大力，张秀娟．苏里格气田低渗透储层微观孔隙结构特征及其分类评价方法[J]．地学前缘，2012，19(2)：133-140.
[44] 朱永贤，孙卫，于锋．应用常规压汞和恒速压汞实验方法研究储层微观孔隙结构——以三塘湖油田牛圈湖区头屯河组为例[J]．天然气地球科学，2008，19(4)：553-556.
[45] 屈乐，孙卫，杜环虹，等．基于CT扫描的三维数字岩心孔隙结构表征方法及应用：以莫北油田116井区三工河组为例[J]．现代地质，2014，28(1)：190-196.
[46] 高辉，敬晓锋，张兰．不同孔喉匹配关系下的特低渗透砂岩微观孔喉特征差异[J]．石油实验地质，2013，35(4)：401-406.
[47] 白斌，朱如凯，吴松涛，等．利用多尺度CT成像表征致密砂岩微观孔喉结构[J]．石油勘探与开发，2013，40(3)：329-333.
[48] 喻建，马捷，路俊刚，等．压汞-恒速压汞在致密储层微观孔喉结构定量表征中的应用：以鄂尔多斯盆地华池-合水地区长7储层为例[J]．石油实验地质，2015，37(6)：789-795.
[49] 高洁，任大忠，刘登科，等．致密砂岩储层孔隙结构与可动流体赋存特征：以鄂尔多斯盆地华庆地区长6_3致密砂岩储层为例[J]．地质科技情报，2018，37(4)：84-189.
[50] 郑可，徐怀民，陈建文，等．低渗储层可动流体核磁共振研究[J]．现代地质，2013，27(3)：710-718.
[51] 郑庆华，柳益群．特低渗透储层微观孔隙结构和可动流体饱和度特征[J]．地质科技情报，2015，34(4)：124-131.
[52] 王明磊，张遂安，张福东，等．鄂尔多斯盆地延长组长7段致密油微观赋存形式定量研究[J]．石油勘探与开发，2015，42(6)：1-5.
[53] 王为民，郭和坤，叶朝辉．利用核磁共振可动流体评价低渗透油田开发潜力[J]．石油学报，2004，22(6)：40-44.

第五章　不同储层流动单元注水开发效果及油水运动规律分析

油田的注水开发效果一直是从事生产和科研的石油地质工作者所关心的一个重要问题，研究一个油田的注水开发效果以及油水运动规律已经成为石油地质工作中一项十分重要的任务，这就要求我们对油藏的地质特征进行深刻的认识，在此基础上才能对油藏的注水开发效果及其影响因素作进一步的探讨。

丘陵油田三间房组油藏是丘陵油田目前开发的主力油藏。随着开发的不断深入，由于受地质、生产措施等多种因素的影响，逐渐暴露出很多问题，即注采关系不平衡，产量波动较大且出现下降趋势，综合含水明显上升，给油田的稳产和增产带来了一定困难。依据以往的地质认识已经不足以对这些问题作出良好的判断与解释。因此，在对该区块的地质特征进行深刻的再认识的基础上，进而查明不同类型储层流动单元注水开发效果特征，为以后的开发提供有力的基础支持，显得非常重要。

5.1　丘陵油田生产动态变化特点

丘陵油田探明含油面积 24.81km^2，石油地质储量为 4706×10^4t，可采储量 1184×10^4t；天然气地质储量 39.89$\times10^8$m^3，溶解气地质储量 138.6$\times10^8$m^3。1994 年 1 月，油田开始全面建设，首先实施认识程度比较清楚的陵 2 井区主体部位。在产能建设过程中，含油气面积和有效厚度发生了明显变化，地质储量减少为 4706×10^4t，减少了 41.5%。1995 年 8 月 2 日，油田产能建设竣工投产。油田建成总井数 234 口，完成进尺 67×10^4m；完成投产作业 206 口，其中油井 126 口，自喷率达到 92.9%，全油田日产能力为 3930t，采油速度 3.0%；注水井 80 口，日平均注水 6575m^3，注采比为 0.75。

从历年累计产油量与年累计产油量关系（图 5-1 ~图 5-8）可以看出，1995 年 9 月至 1999 年 12 月为整个油田的注水稳产阶段，在该阶段进行了分层量化注水，将单层吸水强度控制在 3.0 ~5.0m^3/(d · m) 的技术界限范围以内，剖面吸水强度级差由 5.0 降低到了 2.5。

1996 年-1999 年，丘陵油田在低含水期连续 4 年产油 120×10^4t 左右，采油速度达到了 2.45% ~3.11%（图 5-6），年综合含水在 35.0%以下，年注采比在 0.98 ~1.10 范围内，保持了油田的高效开发。

2000-2005 年，丘陵油田进入了综合调整阶段。进入 2000 年以来，油田自然递减幅度增大，油田开发矛盾突出。在 2000-2003 年，注采比从 1.10 上升到 1.4；综合含水上升很快，2003 年底达到 52.4%，采油速度明显下降，截至 2003 年底仅为 1.08%；通过实施第一次井网层系得调整，丘陵油田自然递减率由 2000 年的 40.46%控制到了 2002 年的 31.31%。2003 年 12 月以来，通过实施二次井网层系调整，油田自然递减率由 34.86%控制到了

33.48%。自 2005 年已来，注水井和采油井井况问题愈来愈明显，开井数明显下降（图 5-1）。

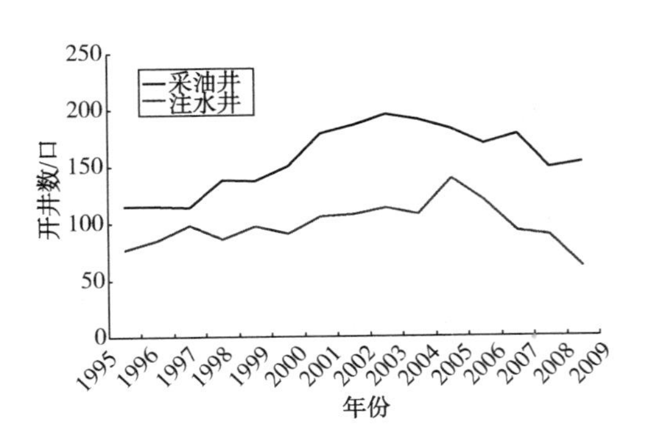

图 5-1　丘陵油田历年年注水井/采油井开井井数

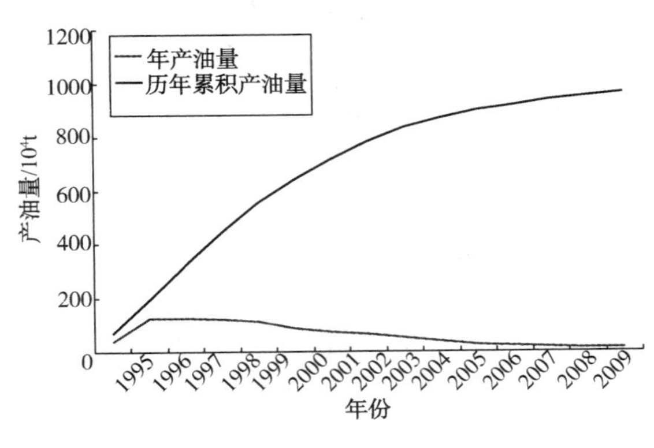

图 5-2　丘陵油田历年年产油量/累积产油量

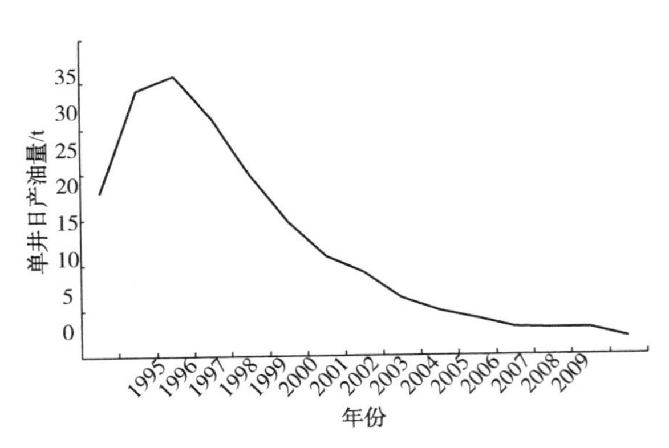

图 5-3　丘陵油田历年年单井日产油量曲线图

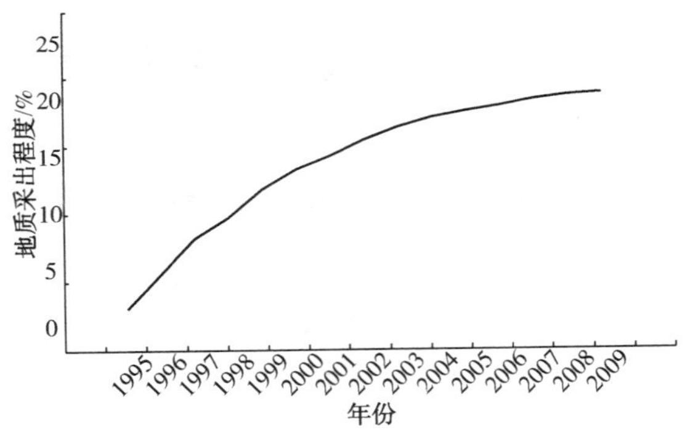

图 5-4　丘陵油田历年年地质采出程度

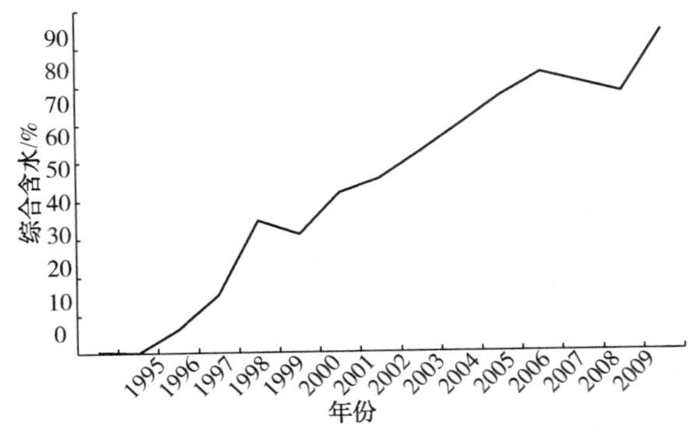

图 5-5　丘陵油田历年年综合含水

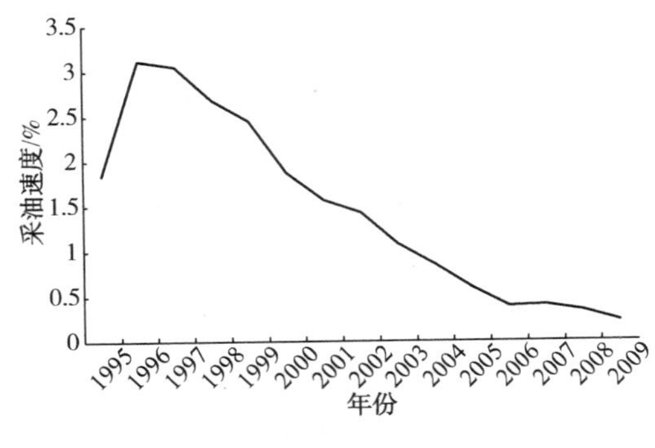

图 5-6　丘陵油田历年年采油速度

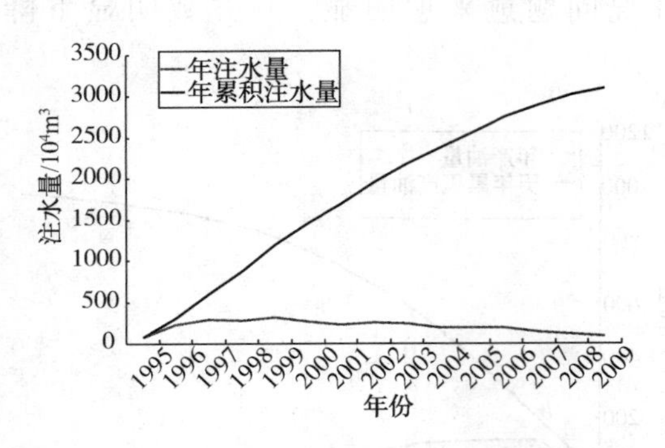

图 5-7 丘陵油田历年年注水量/年累积注水量

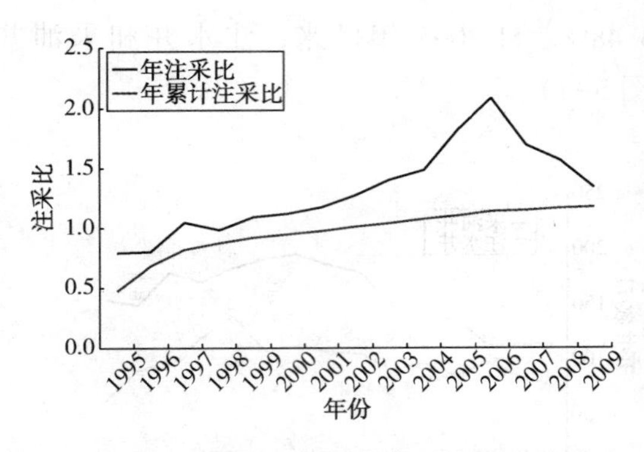

图 5-8 丘陵油田历年年注采比/年累积注采比

截至2009年底，油井开井数为153口，注水井开井数为61口，单井日产油量为1.84t，累积采油量为962.3786×10^4t，地质储量采出程度为20.62%，综合含水为83.99%，年采油速度为0.22；单井日注水量为37.34m^3，累积注水量为3093.4239×$10^4$$m^3$，年注采比为1.34，可采储量采出程度为85.83%，剩余可采储量采油速度为6.65%。

5.2 注水开发效果影响因素分析

5.2.1 不同沉积微相对注水开发效果的影响

丘陵油田三间房组储层是典型的辫状河三角洲前缘沉积，主要发育三种沉积微相，即：水下分流河道、河口砂坝和水下分流河道间湾。由于不同沉积环境具有不同的水动力条件，所形成的岩石亦具有不同的岩性、物性。因此，不同沉积微相的注水开发效果亦应存在较大差异。通过对丘陵油田三间房组储集层不同微相的孔隙度、渗透率以及注水开发动态资料进行统计分析，发现水下分流河道(ϕ平均值为13.5%，K平均值为20×$10^{-3}$$\mu m^2$)与河口坝($\phi$平均值为14.0%，$K$平均值为21.2×$10^{-3}$$\mu m^2$)的物性相近，相对较好；而水下分流河道间湾的物性(ϕ平均值为11.6%，K平均值为8.1×$10^{-3}$$\mu m^2$)较差。但是，从注水开发效果统计结果可以看出，不同沉积微相的初期日产油量、平均比吸水指数、含水率均存在明显差异。其中，水下分流河道间湾的初期日产油量、含水率、平均比吸水指数均较低；而水下分流河道、河口坝微相的初期日产油量、含水率、平均比吸水指数均较高，其中河口坝微相的初期日产油量、含水率、平均比吸水指数略低于水下分流河道。也就是说，水下分流河道砂体布广泛、砂体连通性好，河道中心砂体较厚，在注水开发过程中，水线推进快，易形成稳定的水线渗流通道，注水后见效快见水早，且含水上升快，很快发生水淹；河口坝砂体水线推进较均匀，采出程度相对比较高，一般在注水开发初期产液量中等，但含水上升较慢；水下分流河道间湾砂体厚度较薄，物性、孔隙连通性较差，非均质性较强，目前动用程度较低，并且剩余油较富集。因此，水下分流河道间湾砂体是油田高含水后期的主力开发单元。

表 5-1　不同沉积微相物性及注水开发效果对比

沉积微相	孔隙度/%			渗透率/$10^{-3}\mu m^2$				
	平均值	最大值	最小值	平均值	最大值	最小值	含水率/%	平均比吸水指数/[m^3/(MPa·m·d)]
水下分流河道	13.5	25.6	5.2	20	2993.8	0.1	>60.0	0.115
河口坝	14.0	25.0	10.1	21.2	525.9	1.2	10.0~50.0	0.863
水下分流间湾	11.6	22.7	1.6	8.1	167.6	0.1	<20	<0.1

5.2.2　微构造对注水开发效果的影响

由前述沉积微相对注水开发效果的影响分析可以看出，丘陵油田三间房组储层不同沉积微相的物性(孔隙度、渗透率)虽存在差异，但重叠区域较大，尤其是水下分流河道微相，其孔、渗低值部分与水下分流河道间湾微相重叠，高值部分与河口坝微相重叠，导致整体物性最好的微相(河口坝)并不一定是水线优势渗流通道。也就是说，沉积相并不是控制丘陵油田三间房组储层注水开发效果的唯一因素。当储层物性(孔隙度、渗透率)条件相似时，油水在重力分异作用下，水优先到达构造相对较低位置。以 L6-14 井-L6-141 井连井油藏剖面(图 5-9)为例，通过结合油田的动态资料进一步分析微构造对注水开发效果的影响，可以看出 L6-14 井-L6-141 井的构造依次降低，位于构造高部位的 L6-14 井，其 2512.9 ~ 2582.4m 段试油获纯油流；位于较低部位的 L6-141 井，其 2507.5 ~2514.6m 段则只产水，已被水淹。以上分析充分说明了丘陵油田三间房组油藏注水开发效果在一定程度上受区域局部构造的控制。

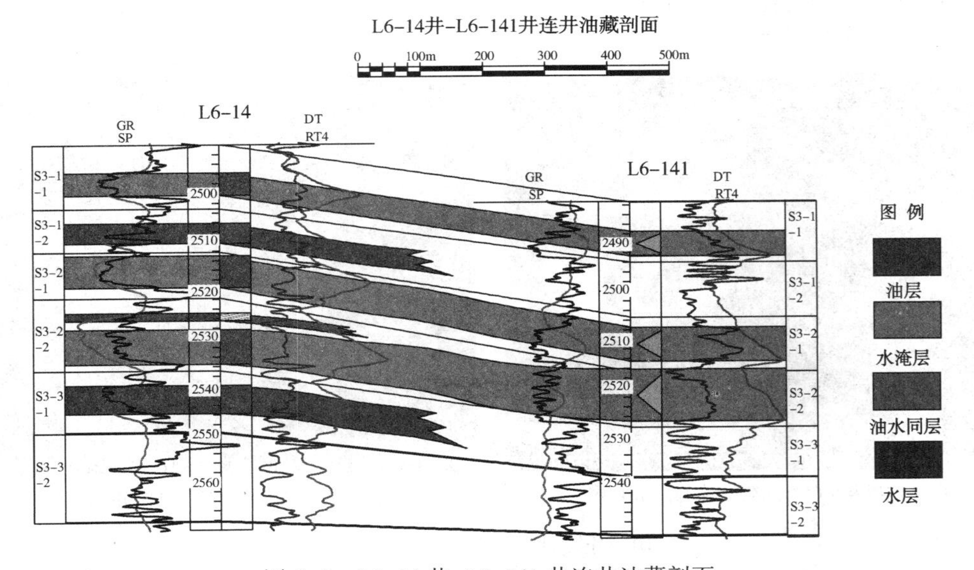

图 5-9　L6-14 井-L6-141 井连井油藏剖面

5.2.3 微观孔隙结构对注水开发效果的影响

储层的微观孔隙结构指的是储集岩中孔隙和喉道的几何形状、大小、分布及其相互连通关系，微观孔隙结构的非均质性直接反映油藏的品质及制约着驱油效率和开发效果。通过对铸体薄片、扫描电镜资料(图 5-10)进行统计、分析可以看出：丘陵油田三间房组储层孔隙类型主要以粒间孔(63.7%)、长石溶孔(15.4%)和岩屑溶孔(12.5%)为主，偶见微裂隙、晶间孔和杂基溶孔；喉道类型以管束状喉道(42.9%)、片状或弯片状喉道(32.9%)为主，在局部发育缩径喉道(10.4%)、点状喉道(13.8%)，连通性整体上较差，喉道配位数低，以 2 ~3 为主，中值半径范围为 0.0592 ~4.933μm，平均值为 1.272μm，孔隙结构以大孔-细喉型为主。

A. 颗粒支架排列状,粒间孔隙分布均匀;
L26井,2480m

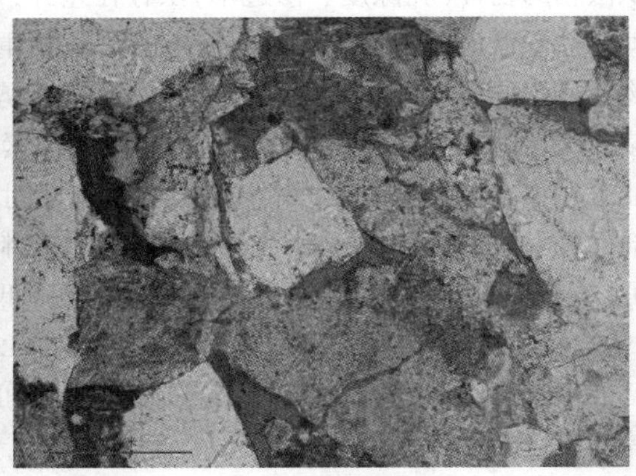

B. 少量长石溶孔和长石压碎缝;
L26井,2414m

C. 填隙物内发育微裂隙;　L24井,3161.0m

D. 高领石晶间孔发育;　L24井,2714m

图 5-10　丘陵油田三间房组储层孔隙类型

岩石的孔隙结构可以用孔隙结构指数($\sqrt{\dfrac{K}{\phi}}$)来描述。通过分析丘陵油田三间房组储层岩石的孔隙结构指数与含水率之间的关系(图 5-11)可以看出，孔隙结构指数与含水率之间较好的正相关关系，其相关系数为0.8799。孔隙结构指数越小(岩石的孔隙结构越复杂，其孔隙喉道半径小，毛细管压力大，流体流动阻力大)，对应的含水率越小；反之亦然。因此，在注水开发过程中，水优先进入高孔、渗段储层，将孔隙中的油驱出，并占据孔隙，使得高渗透段储层含水率高于低渗透段，很快发生水淹。

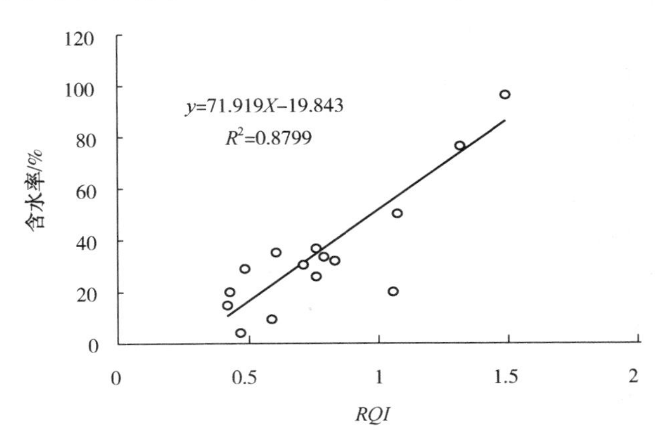

图 5−11　含水率与孔隙结构指数(*RQI*)之间关系

5.2.4　不同成岩作用对注水开发效果的影响

(1)不同成岩作用对驱油效率的影响

成岩演化特征对储层物性、孔隙结构、渗流品质参数的影响具有一致性，对于成岩演化特征不同的储层其物性、孔隙结构、渗流参数变化具有明显的区间性与主次性。基于上述认识，实验样品成岩演化特征参数压实率、胶结率、溶蚀率均与驱油效率呈负相关性，且相关系数依次增强，与最终期的相关性均强于无水期(图5−12)。压实率与驱油效率相关性偏弱(最终期 R^2 为0.3335)，尤其是压实率在60.0%左右时两者关系较弱(图5−12A)。胶结率对驱油效率的影响强于压实率(最终期 R^2 为0.5507)，当胶结率小于25.0%时，随胶结率的增大驱油效率明显降低(图5−12B)溶蚀率对驱油效率的影响明显强于前两者(最终期 R^2 为0.6606)，当溶蚀率小于8.0%时，溶蚀率与驱油效率几乎无关联性(图5−12C)；由于溶蚀孔增强了孔隙结构的非均质性，毛管阻力小的溶蚀孔内流体快速推进，水驱油的贾敏效应增强，孔道中的残余油滞留较多，引起驱油效率降低，表明孔隙结构的非均质性与驱油效率关系更为密切.

(2)不同成岩相对注水开发效果影响

成岩相是反映成岩环境的物质表现，即反映成岩环境的岩石学特征、地球化学特征和岩石物理特征的综合。通过观察大量的铸体薄片和扫描电镜照片研究微观成岩特征，将丘陵油田三间房组储层的成岩相划分为以下几种：高岭石胶结−残余粒间孔相、水云母胶结−残余粒间孔相、绿泥石膜胶结−残余粒间孔相、水云母胶结−长石溶蚀相。不同成岩相组合控制了不同的储层发育特征和储集物性，其注水开发效果也不同。通过分析发现，高岭石胶结残余粒间孔相、水云母胶结−残余粒间孔相初期日产油量较高，一般大于20m³/d。但

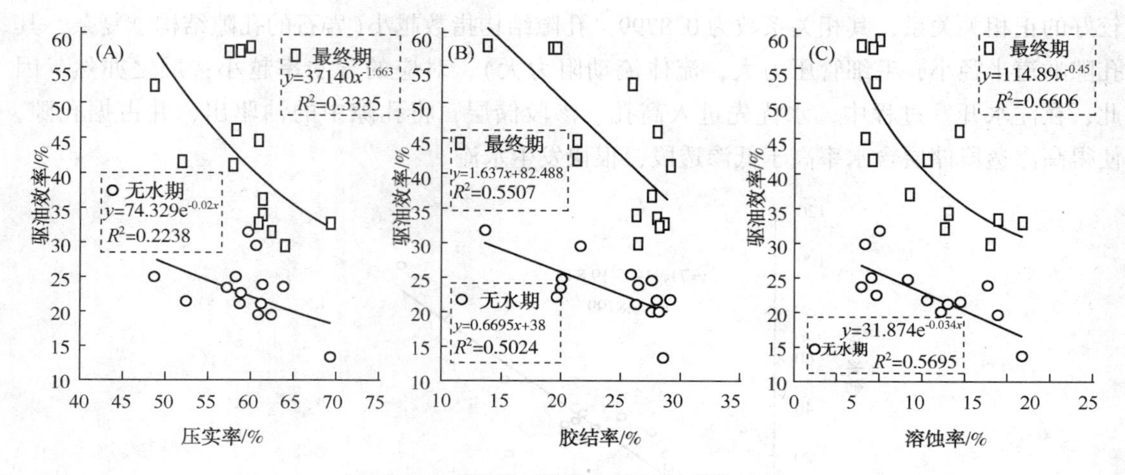

图 5-12　成岩作用参数与驱油效率的关系

是，水云母胶结-残余粒间孔相稳产期较短，同时含水率也高，大多数在 60.0%以上，且含水率上升很快，目前大部分发生水淹；高岭石胶结-残余粒间孔相产量较稳定，初始含水率较低，绝大部分井初期含水率在 0～50.0%之间，且含水率上升相对缓慢。水云母胶结-长石溶蚀相和绿泥石膜胶结-残余粒间孔相初期日产油量较低，一般小于 $10m^3/d$，且含水率上升较快，目前几乎被水淹。因此，高岭石胶结-残余粒间孔相是目前注水开发的主力单元。

5.2.5　可动流体饱和度与驱油效率之间关系

可动流体饱和度在储层渗流机理研究及产能评价中得到广泛的应用。图 5-13 显示，可动流体饱和度与无水期、最终期驱油效率呈较好的正相关性，相关系数 R^2 分别为 0.8385、0.7897；当可动流体饱和度<40%时，驱油效率随可动流体饱和度的增大呈梯级增加；当可动流体饱和度>40%时，拟合曲线逐渐变缓。表明可动流体饱和度明显好于孔隙度、渗透率及成岩演化参数对产能的影响，接近喉道半径、储层品质指数对产能的影响，但是能更直接地表征出流体特征与驱油效率之间的关系。

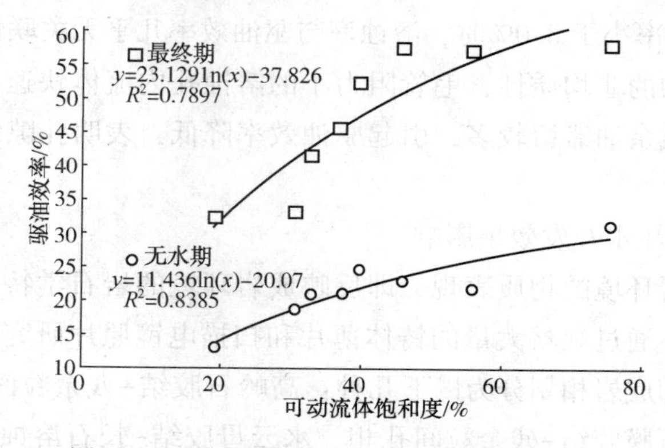

图 5-13　可动流体饱和度与驱油效率的关系

5.2.6 驱替压力对驱油效率的影响

在油藏注水开发中保持合理的注采压差，对提高采油效率、控制水淹程度至关重要。图 5-14 显示，以启动驱替压力为基点，随注水压力的增加，均匀驱替、网状-均匀驱替、指状驱替对应的驱油效率增加量呈分段式降低，即：

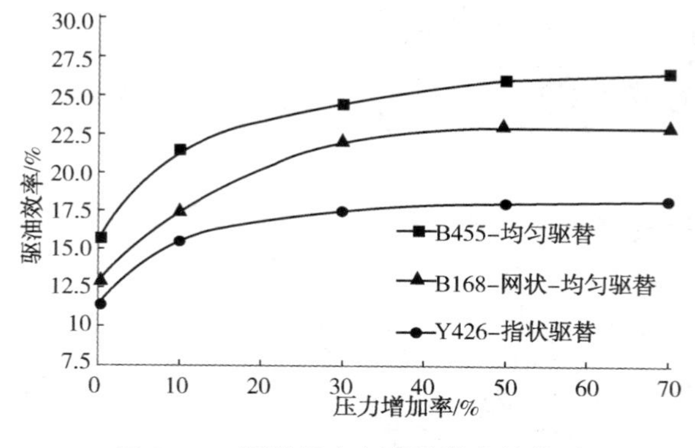

图 5-14 驱替压力与驱油效率的关系

①压力增加率为 10%时，驱油效率增量均匀驱替型最大(5.74%)、指状驱替型最小(4.04%)。

②压力增加率为 30%时，驱油效率增量网状-均匀驱替型最大(4.41%)、指状驱替型最小(1.88%)。

③压力增加率为 50%时，驱油效率增量匀驱替型最大(1.50%)、指状驱替型最小(0.7%)。

④压力增加率大于 50%时，驱油效率增量均匀驱替型略有增加、网状-均匀驱替型增加微弱、指状驱替型没有增加，即注水压力提高到大于 50%时，水驱油的渗流路径基本固定，再提高注水压力，容易造成油藏的高含水甚至强水淹。

在研究过程中进行了提高注水压力实验，即在某一注水压力下水驱样品不出油时，进一步提高注水压力。镜下观察表明，提高注水压力后，样品油水分布出现两个方面的变化：一方面孔隙中油膜厚度减薄，甚至被剥离；另一方面先前由于绕流形成的部分残余油重新被启动、驱替，绕流残余减少，即提高注入压力，水能够进入先前难以进入的区域，如图 5-15 所示。但是，注水压力提高到一定程度后即压力超过 50%后，渗流通道基本固定，再加大压力，对驱油效率影响较小，为注水配注量的设计提供依据。

此外，提高注水压力，渗流路线呈增多之势。虽然超低渗储层孔喉细小，相对较粗大的孔喉少、连通差；但是，提高压力仍可使注入水由已形成的水流路径为基础，向周围进入更细小的喉道，有时甚至会打通新的通道。由于样品整体孔喉较细小，水流网络稳定后水就更加难波及到，因此水流网络稳定后，随着注水压力的加大，驱油效率增量减小，如图 5-15 所示。由此表明，在一定压力范围内，提高注水压力能够显著提高驱油效率，随着注水压力增大到一定程度，驱油效率的增加幅度逐渐减小。因此，在实际注水开发过程中，保持地层压力对提高油藏采收率有至关重要的作用。

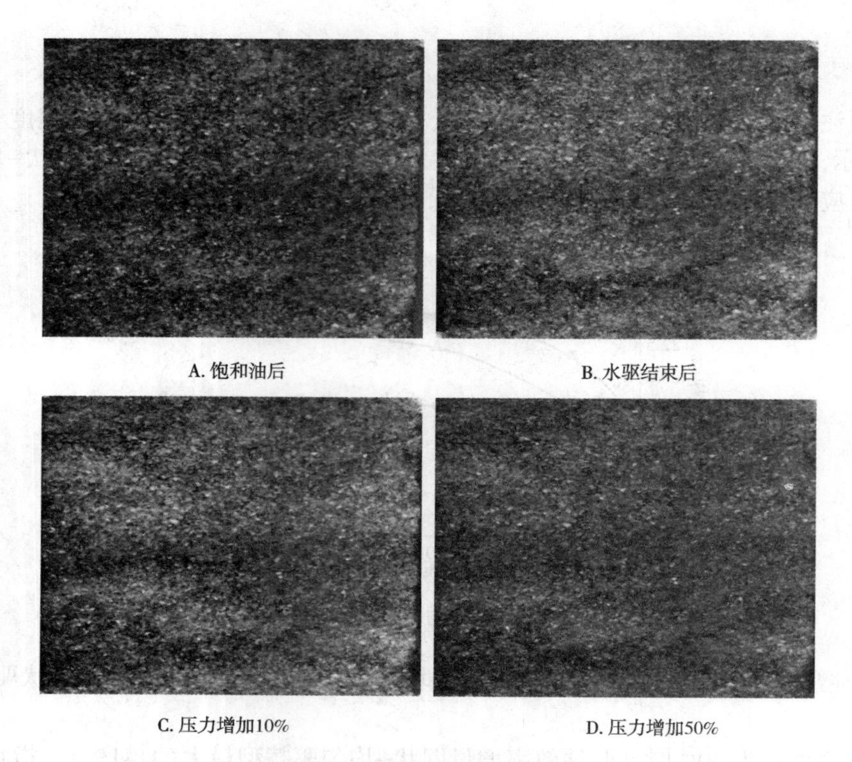

图 5-15　不同驱替压力全视域图

5.2.7　驱替速度对驱油效率的影响

在特定驱替压力下，驱替速度影响孔隙中的油水渗流规律及驱油效率，图 5-16 显示，随驱替速度的增加，均匀驱替、网状-均匀驱替、指状驱替对应的驱油效率增加量呈分段式降低，即：

①驱替速度为 0.006 mL/min 时，驱油效率增量均匀驱替型最大(7.51%)、指状驱替型最小(4.05%)。

②驱替速度为在 0.006 ~0.012mL/min 时，驱油效率增量网状-均匀驱替型最大(5.84%)、波动最大，指状驱替驱型最小(1.88%)、波动次之。

③驱替速度大于 0.012mL/min 时，驱油效率增量均匀驱替型略有增加、曲线平缓，网状-均匀驱替型增加微弱，指状驱替型没有增加；当驱替速度大于 0.012mL/min 时，注入水沿高渗流通道突进，在渗流通道中易形成贾敏效应，驱替速度增大、注水方向略有改变。

油、水渗流具有启动压力，水驱油的微观驱替机理及表现形式受驱替速度的影响。因此，驱替速度影响油水两相在孔隙中的运动规律，影响含水上升规律及驱油效率。实验选取了两块不同渗透率的岩心进行了对比，渗透率不同驱油效率不同，由于低渗岩心存在启动压力的问题，分析驱油效率与驱替速度之间的关系(图 5-17)，随着渗透率(K)的增大，驱油效率增大，不同驱替速度均有这一特征。这也说明水驱油以驱替机理为主，即注入水沿孔道中心驱替原油。不同物性岩心驱替速度对驱油效率的影响亦不同。

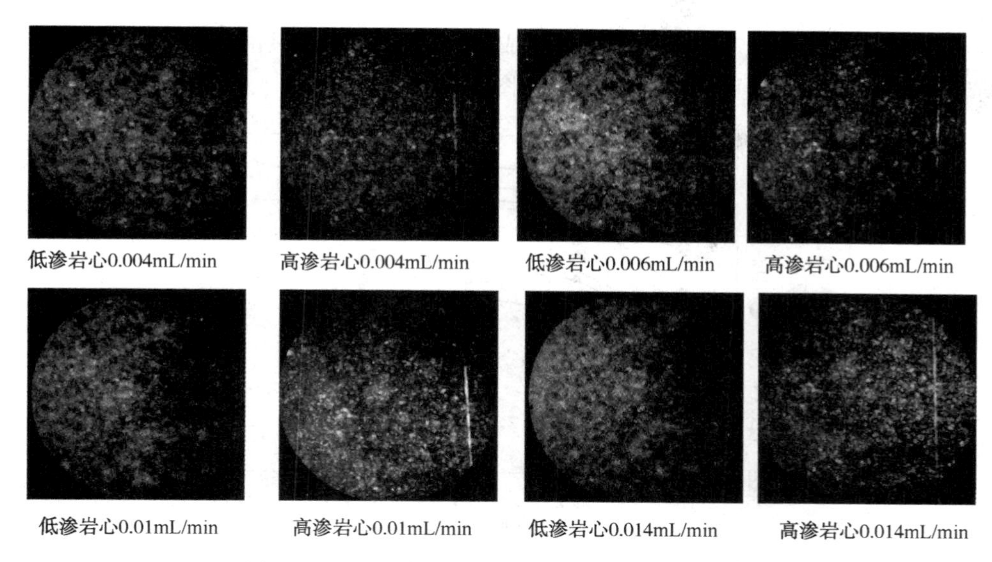

图 5-16　不同渗透率岩心不同驱替压力全视域图

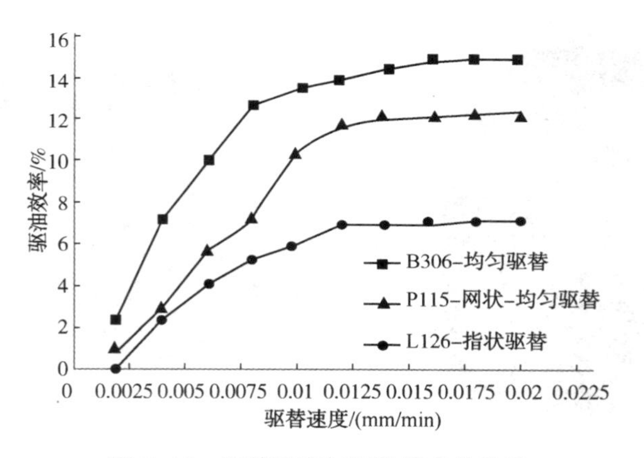

图 5-17　驱替速度与驱油效率的关系

①对于低渗样品，存在一最佳驱替速度范围。实验驱替速度在 0.008~0.010mL/min 之间时，水驱油效率最高。因此，低渗岩心在这一驱替速度下剥蚀机理与驱替机理能够形成有机结合，剥蚀掉的原油能及时被驱走。

②实验速度范围内，低渗岩心驱油效率随驱替速度的增大而增大，这与岩心孔道分布有关。随驱替速度的增大，注入水沿大孔道中心部位突进，油流在喉道处卡断形成液阻效应。油珠与喉道配合较好，大孔道油水渗流阻力增加，迫使注入水的一部分沿较小孔道驱油，形成连续驱替。无论何种岩心，建立适宜的驱替速度可改善水驱驱替效果。

5.2.8　水驱倍数对驱油效率的影响

本实验是在压力保持不变的前提下提高注入水体积倍数，分别在水驱 1PV、2PV、3PV 时统计波及面积与残余油分布，并计算其驱油效率。实验结果表明提高注水体积倍数能提高驱油效率，1 ~2 PV 驱替，驱油效率提高显著，水驱油波及面积增大明显；2 ~3PV 驱替，驱油效率提高，速度变慢，水驱油波及面积增大减弱；3 PV 之后，驱油效率基本不变，这主要与水流优势通道相关，一旦优势通道形成之后，注入水将只沿优势通道推进，注入水无效循环，驱油效率基本不变，如图 5-18、图 5-19 所示。

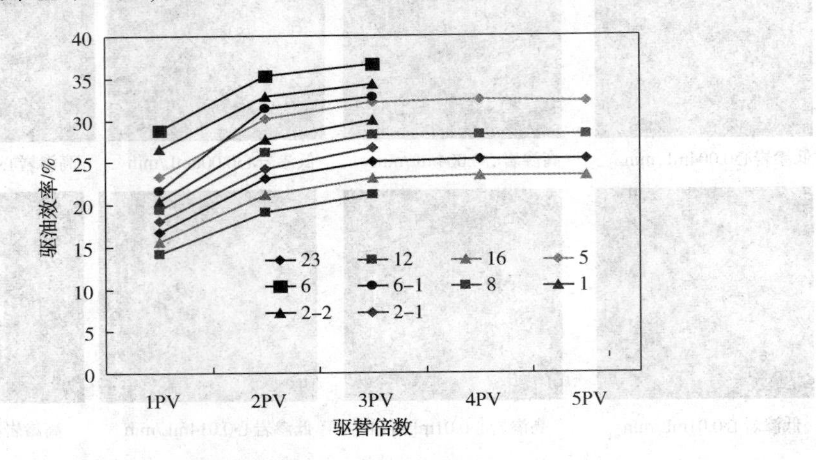

图 5-18　水驱油体积倍数与驱油效率关系图

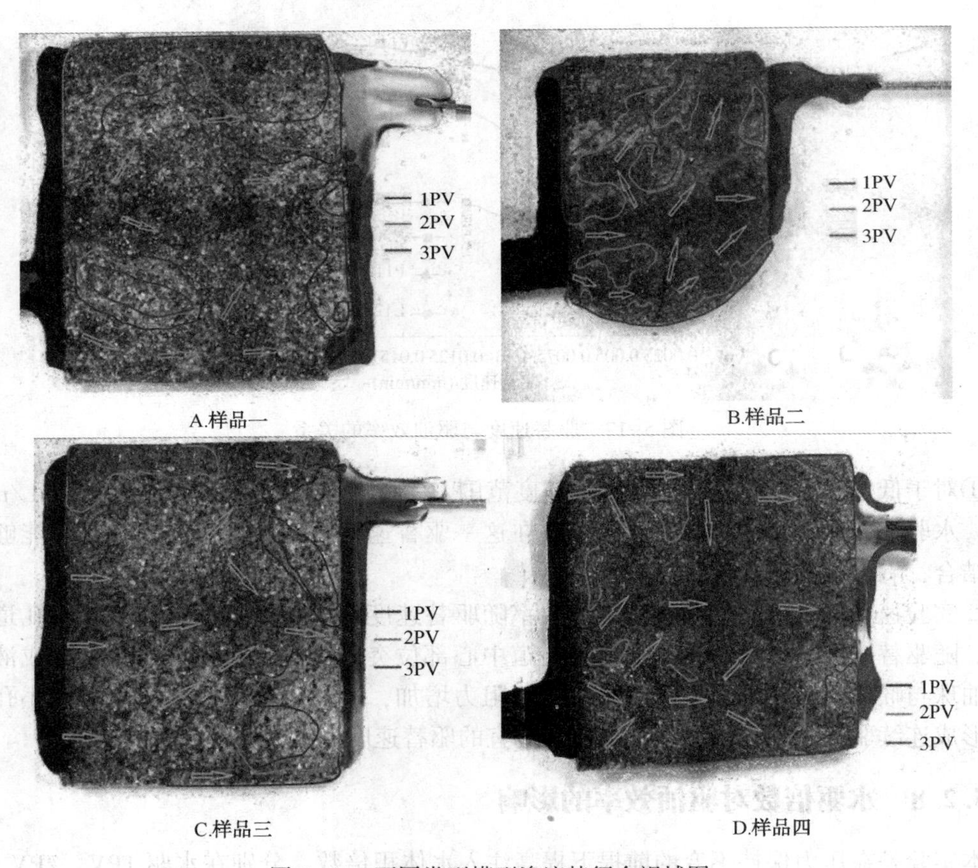

图 5-19　不同类型模型渗流特征全视域图

前人研究证明，在注水开发过程中，大量水的冲刷有利于将孔壁上吸附的油膜及绕流形成的残余油不断地携带出来。因此提高注水倍数的同时也延长水驱时间，长时间的冲刷会冲散岩石颗粒表面的胶结物，一方面使原来被黏土矿物堵塞的孔道重新被打通；另一方面也可以使原来的孔道变粗，从而使孔隙连通性变好，进而可以提高驱油效率。但是，长时间的冲刷会使黏土矿物被冲散，若不溶于流体有可能堵塞部分孔道；黏土矿物如高岭石等遇水膨胀，也会堵塞孔道，从而对储层造成伤害，变成不利因素。

因此，注入水体积倍数对提高采收率来说有正反两方面的影响，在实际注水开发过程中应合理应用注入水体积倍数这一因素。

5.2.9 原油黏度对驱油效率的影响

不同流度比是影响驱油效率的参数之一，通过模拟不同黏度的原油进行实验(图5-20)可以看出，随着流度比的增加，驱油效率呈下降趋势。对驱油效率的影响分为三个阶段：缓慢下降阶段(流度比<10)、快速下降阶段(流度比在10~30之间)和稳定阶段(流度比>30)，如图5-21所示。通过分析可以得到，当油水流度比<小于10时，水驱过程比较均匀，注入水可以进入较小孔隙，同时油水界面张力、表面张力较低，洗油能力较强，故驱油效率较高且下降缓慢；当油水流度比介于10~30之间时，油水流度比超过了临界值，使得水驱前缘容易沿连通好的大孔隙道向前突进，注入水只进入较大孔隙，油水界面张力和表面张力升高，洗油能力变弱，驱油效率迅速下降；当油水流度比大于30时，较高的流度比使得油水界面张力、表面张力最差，洗油能力最弱，注入水只沿已形成的水相连续通道向前流动，优势通道已形成，水驱前缘之后仍留有大量原油，超过这一流度比后，驱油效率基本稳定。因此，对于开采黏度较大的原油，需要从降低原油黏度入手。

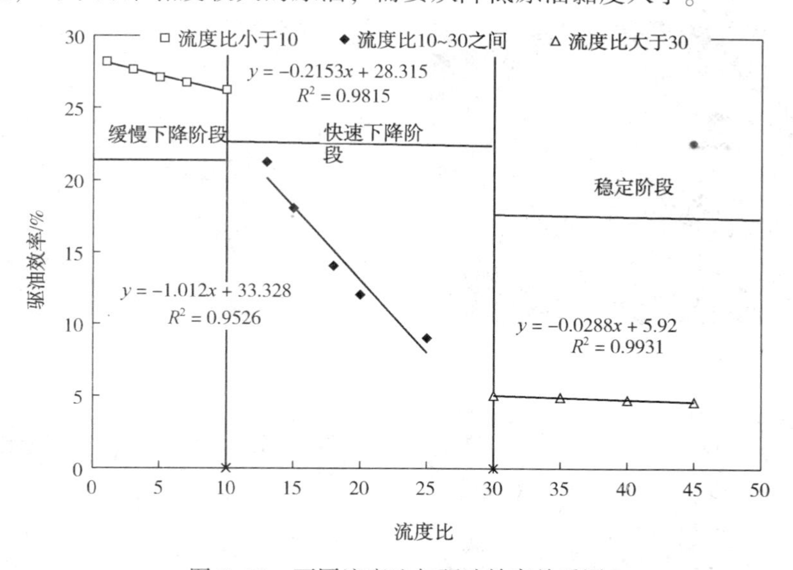

图5-20 不同流度比与驱油效率关系图

5.2.10 微裂缝对驱油效率的影响

通过真实砂岩微观水驱油实验(图5-22)，以低渗透砂岩岩心微观模型水驱油实验为例，实验中观察到水驱油过程大多数模型表现为水驱初期前缘成指状分布，随着水驱进行，指状突进逐渐变宽，相互之间逐渐连成一片(驱替液进入孔隙)，在没有连片的地方形成了绕流残余油。

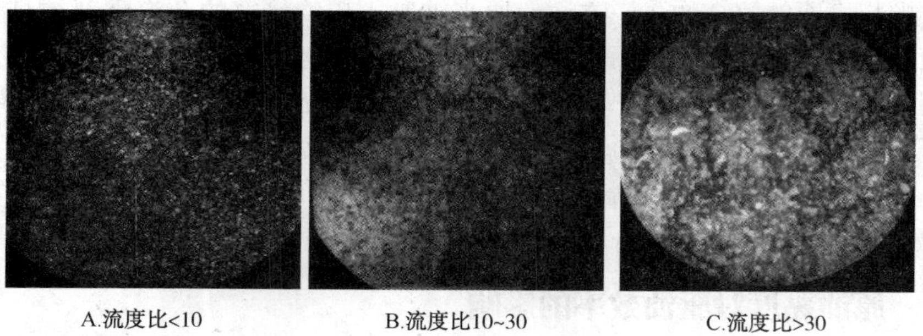

A.流度比<10　　B.流度比10~30　　C.流度比>30

图 5-21　不同流度比下的驱油效率全视域图

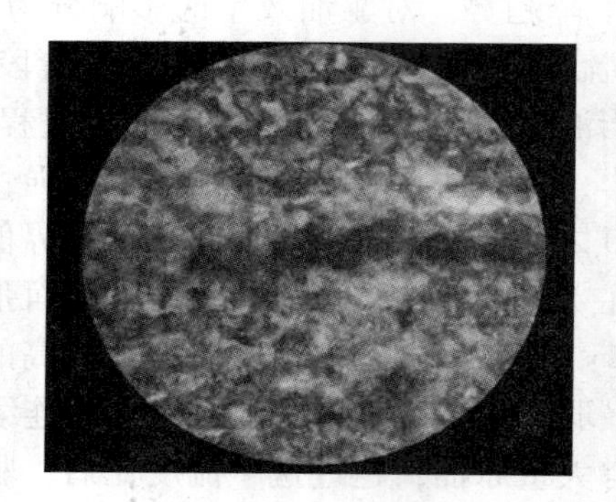

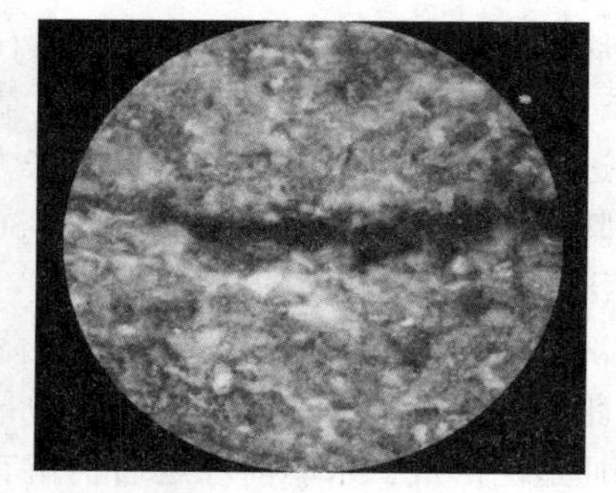

A. 微裂缝对驱油效率影响明显

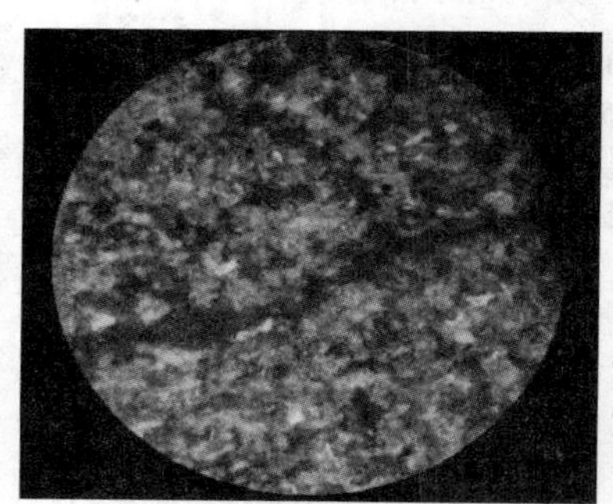

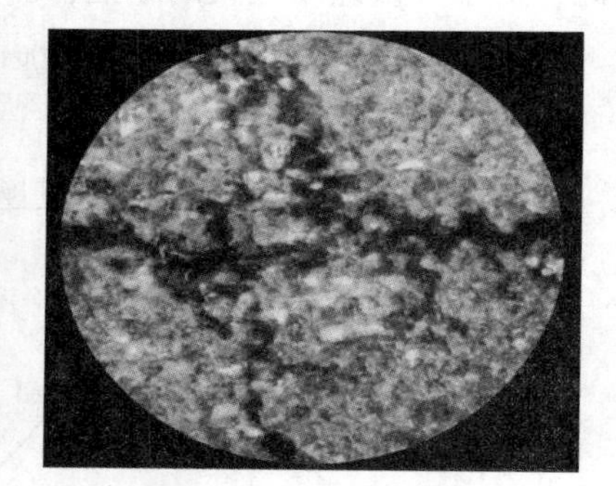

B. 微裂缝对驱油效率影响较大

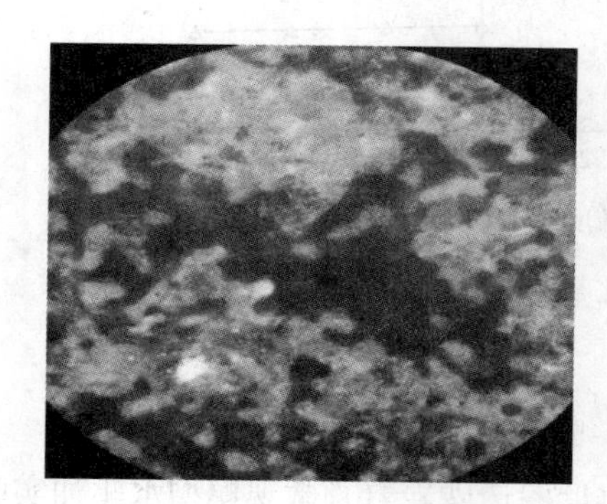

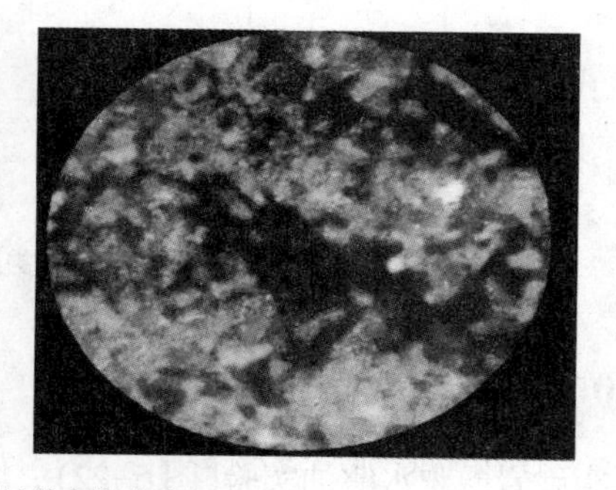

C. 微裂缝对驱油效率影响不大

图 5-22　微裂缝对驱油效率的影响

可见，储层中微裂缝是继构造缝和人工裂缝之后，储层中最有效的优势渗流通道，使注入水在充满构造缝和人工裂缝之后，沿这些优势渗流密集网状通道迅速突进，导致沿注水井不同方向上的油井含水快速上升。

①微裂缝对水驱油效率有明显影响，微裂缝是注入水的主要通道，无水驱油效率与最终驱油效率相差不大。分析原因是该岩心微裂缝周围基质物性比较差，开启程度较高，所以水驱油时，水主要沿微裂缝流动，大量的残余油滞留在孔隙介质中，岩心的渗透率越低，微裂缝对岩心的水驱油效率影响较大。

②微裂缝对驱油效率影响比较大，注入水同时在微裂缝和部分基质孔隙中驱油。分析原因是见水前注入水主要沿微裂缝流动，所以见水比较快，微裂缝中间偶尔以孔隙形态存在，而且裂缝的宽度较小又有填隙物；微裂缝宽度比较不均匀，而且裂缝的连续性不好，说明该裂缝壁面比较粗糙，中间偶有填隙物，所以注入水沿裂缝快速推进见水后，仍能从裂缝两侧垂直进入孔隙介质中驱油，致使最终驱油效率较高。

③微裂缝对无水驱油效率和最终驱油效率的影响都不大，微裂缝相当于大的孔隙，增加了注入水的渗流通道。分析其原因可能是此岩心的裂缝微小，填充程度较高，微裂缝只是起到了大孔隙的作用，注入水同时进入裂缝和基质孔隙中驱油，所以驱油效率与无裂缝岩心比较接近。

5.3 不同类型流动单元注水开发效果分析

通常，油藏的注水开发效果，主要是根据油田在开发生产过程中的油井见效、见水状况、注采平衡关系、油层吸水、产液变化特征以及产量变化等方面进行综合分析研究。

5.3.1 不同类型储层流动单元初期产能

油井产量在一定程度上受砂体沉积环境影响。为了比较不同类型储层流动单元砂体产量的差异，对丘陵油田三间房油藏组只投产一种储层流动单元、且油层厚度相近的油井初期产量进行了统计(图 5-23)；同时也对 S_2^{3-1} 小层不同类型储层流动单元的初期产油、产水量做了分析(图 5-24)。分析结果表明，初始产量较高者多为投产的是 E 类储层流动单元的井，日产油量、产液量均相对较高，同时含水率也高，大多数在 60.0% 以上；投产的 G 类储层流动单元井的日初始产油量、产液量相对 E 类储层流动单元的较低，G 类储层流动单元的初始含水率在 0 ~50.0% 之间；M 类储层流动单元的动用程度一般很低，动用层位的日产液、产油量均很低，一般含水率低；P 类储层流动单元的岩性致密、泥质含量高，物性一般很差，目前的工艺很难开采。

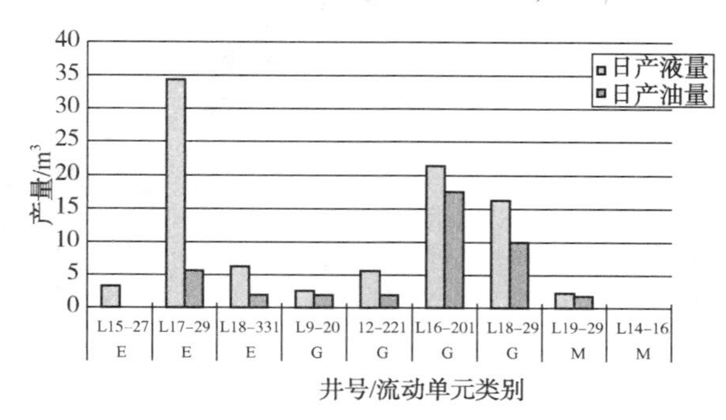

图 5-23　不同类型流动单元油井的初期产油、产液量

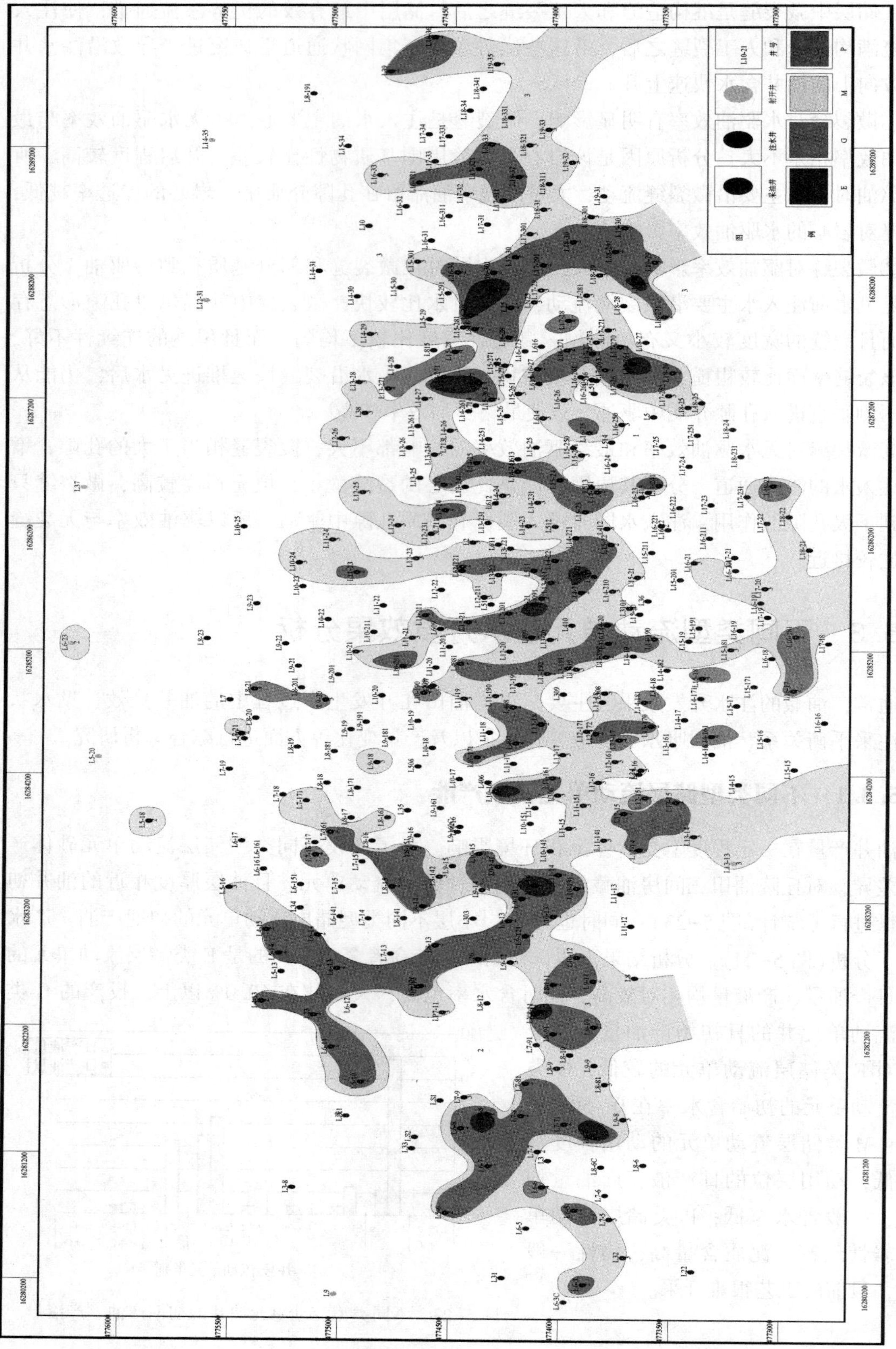

图5-24　丘陵油田S_2^{3-1}小层流动单元与初始产液量之间关系

5.3.2 注入水推进方向受流动单元类型的影响

渗流特征是注入水推进方向判别的主要因素。由于流动单元的划分在很大程度上受渗透率大小的控制，因此砂体流动单元的平面展布在一定程度上影响着注入水推进的方向及见效程度。注入水沿物性变好的方向推进快，对应油井见效时间短、稳产时间短；沿物性变差的方向推进慢、见效时间长、稳产时间长。几个井组示踪剂试验比较典型的作业统计情况如下。

①在 S_2^{3-3}小层范围内，L15-27 井组包括 3 口采油井，L15-263 井的渗透率为 100.5×$10^{-3}\mu m^2$，属于 E 类储层流动单元；L15-270 井的渗透率为 6.9×$10^{-3}\mu m^2$，属于 M 类储层流动单元；L15-271 井的渗透率为 6.4×$10^{-3}\mu m^2$，属于 M 类储层流动单元。油田注水开发生产实践表明，注入水首先沿物性变好的 L15-263 井方向推进，经过 2 个月注水，发生水窜，而在 L15-270 井及 L15-271 井物性变差的流动单元方向上推进缓慢。

②经过对丘陵油田 L13-18，L14-17 两个井组的 S_2^{4-1}小层进行同位素井间示踪测试试验，并将示踪剂采出曲线和动静态资料等相关资料输入计算机软件，通过拟合计算和分析，最终得到注入流体的运动方向、推进速度、波及情况等动态资料。研究表明，L13-18、L14-17 两个井组在 S_2^{4-1}小层注入水井间的水流推进方向都具有明显方向性(见图 5-25 和图 5-26)。

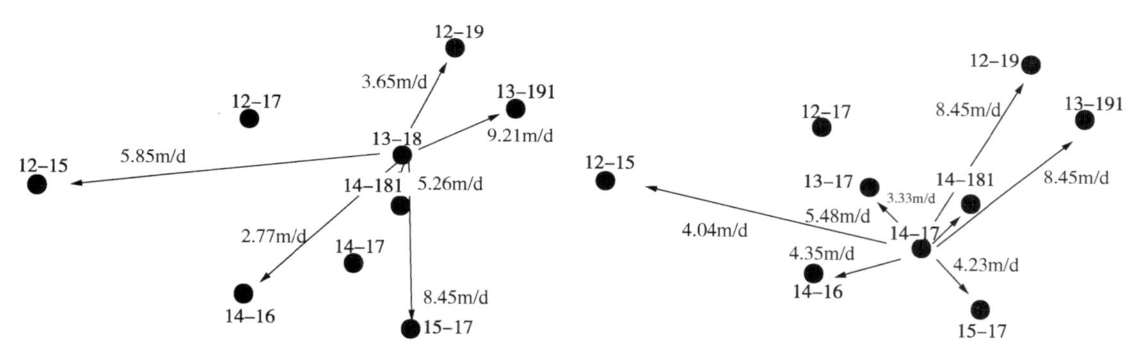

图 5-25 S_2^{3-3}小层 L13-18 井组注水推进方向与推进速度示意图

图 5-26 S_2^{4-1}小层 L14-17 井组注水推进方向与推进速度示意图

从示踪剂响应情况来看，在 S_2^{4-1}小层的 L14-17 井组中，注水井 L14-17 的渗透率为 5.9×$10^{-3}\mu m^2$，物性中等，属于 M 类储层流动单元，注入水首先推进方向朝着距离其 300m 的 L13-191 井，该井的渗透率为 23.0×$10^{-3}\mu m^2$，属于 E 类储层流动单元，见效时间为 71 天，水线的推进速度为 8.45m/d；其次注入水推进方向朝着距离其 600m 的 L13-17 井，该井的渗透率为 12.7×$10^{-3}\mu m^2$，属于 G 类储层流动单元，见效时间为 73 天，水线的推进速度为 5.48m/d；注入水最后推进的方向是 L14-181 井、L12-15 井和 L14-16 井，均属于 M 类储层流动单元，水线推进速度在 3.33~4.35m/d，见效时间为 69~77 天之间(表 5-2)。

表 5-2 S_2^{4-1}小层 L14-17 井组油井注水受效情况

受效油井	注入水推进速度/(m/d)	见效时间/d	井距/m	流动单元类型
L13-191	8.45	71	300	E
L15-17	4.23	71	800	G

续表

受效油井	注入水推进速度/(m/d)	见效时间/d	井距/m	流动单元类型
L13-17	5.48	73	600	G
L14-181	3.33	75	300	M
L14-16	4.35	69	250	M
L12-15	4.04	77	800	M

在 S_2^{4-1} 小层的 L13-18 井组中，注水井 L13-18 的渗透率为 $7.7\times10^{-3}\mu m^2$，物性较好，属于 G 类储层流动单元，注入水首先推进方向朝着距离其 600m 的 L13-191 井，该井的渗透率为 $23.0\times10^{-3}\mu m^2$，属于 E 类储层流动单元，见效时间为 71 天，水线的推进速度为 9.21m/d；其次注入水推进方向朝着距离其 400m 的 L15-17 井，该井的渗透率为 $7.0\times10^{-3}\mu m^2$，属于 G 类储层流动单元，见效时间为 71 天，水线的推进速度为 8.45m/d；注入水最后推进的方向是 L14-181 井、L12-19 井和 L14-16 井，均属于 M 类储层流动单元，水线推进速度在 2.77~5.26m/d，见效时间为 69~112 天之间(表 5-3)。

表 5-3　S_2^{4-1} 小层 L13-18 井组油井注水受效情况

受效油井	注入水推进速度/(m/d)	见效时间/d	井距/m	流动单元类型
L13-191	9.21	71	600	E
L15-17	8.45	71	400	G
L12-19	3.65	112	300	M
L14-181	5.26	71	400	M
L14-16	2.77	69	200	M

综上分析可知，流动单元平面分布特征确定注入水推进方向的优先顺序一般是：E 类→E 类，G 类→E 类，E 类→G 类，G 类→G 类，M 类→E 类，E 类→M 类，M 类→G 类，M 类→M 类。由于 P 类储层流动单元岩性比较致密，注入水一般波及不到。

5.3.3　不同类型流动单元的吸水特征

不同类型储层流动单元具有不同的物性特征，直接影响着注水井的吸水特征。根据储层流动单元划分结果和储层流动单元的空间展布规律，结合油田的动态资料，分别对丘陵油田三间房组储层不同类型储层流动单元在 1995-2006 年注水开发期间的吸水、产液量情况进行了统计分析。

分析表明，E 类储层流动单元主要分布于水下分流河道的中心部位，分布范围小，单砂体物性好，孔隙连通性好，因此单井初始产量高，注水见效快，单井累积注水量在 $30.0\times10^3m^3$ 以上，吸水比大于 11.0%，平均比吸水指数在 0.1158 ~0.1757m^3/(MPa·m·d)，平均注入百分比大于 17.0%。这类储层流动单元在注水开发中吸水能力强，水线推进快，易形成稳定的水线渗流通道，初期产液较高，注水后见效快见水早，含水上升快。但是，由于 E 类储层流动单元分布范围比较小，因此不是注水开发后期产油的主力流动单元。

G 类储层流动单元主要分布在水下分流河道和河口坝微相处，分布较广泛，单砂体物性、孔隙连通性较好，在注水开发中吸水能力较强，单井累计注水量在$(1.6\sim4.0)\times10^3m^3$，平均比吸水指数在0.0499~0.1727$m^3$/(MPa·m·d)，该流动单元内水线推进较均匀，采出程度相对比较高，在注水开发初期产液量中等，但含水上升较慢。由于G类储层流动单元分布广泛、砂体连通性好，因此是目前产油的主力流动单元，如能较好地控制注入量和注入压差，将会获得较理想的开发效果。

M类储层流动单元主要分布在水下分流河道与河道间过渡部位，砂体厚度较薄，物性、孔隙连通性较差，非均质性较强，单井累计注水量在$1.0\times10^3m^3$以下，平均比吸水指数小于0.10m^3/(MPa·m·d)。由于M类储层流动单元砂体厚度较薄，目前动用程度较低，并且剩余油富集，因此是高含水后期的主力开发的流动单元。

P类储层流动单元绝大多数集中分布在水下分流河道与河道间过渡部位，但是其砂体的厚度比较薄、岩性比较致密，泥质含量高，物性很差，注入水一般波及不到，几乎不吸水。

5.3.4 不同类型流动单元的见效见水特征

不同流动单元的物性特征存在明显差异，尤其是孔隙度、渗透率的变化特别显著，在一定程度上影响着油井的见效、见水时间的长短。通常，注入水沿着储层物性变好的方向推进快，其所对应的油井见效的时间就短、稳产的时间亦短；反之，注入水沿着储层物性变差的方向推进很慢，其所对应的油井见效时间就长、稳产时间也长。

通过对丘陵油田三间房组储层不同类型流动单元的产液剖面统计分析(图5-15)可知，E类储层流动单元注水见效反应快，见效时间一般在6~10个月之间，该类有些储层流动单元甚至一投产就见效；G类储层流动单元次之，见效时间一般在8~15个月之间；M类目前动用程度低，注水见效较晚，一般在15个月以上，有的甚至一直未见效。

油井投产见效后过多长时间能见水也与流动单元类别有一定的关系。通过对丘陵油田历年产液剖面的统计分析可以得到以下结论，见效后见水较晚的井，甚至有的见效后至今未见水的井，常为属于G类储层流动单元的井，这类储层是目前的主力产油层；见效后见水较早的井多为E类储层流动单元的井，这类储层物性好，尤其是渗透率一般很大，在$30\times10^{-3}\mu m^2$以上，如L15-263井(渗透率为$100.5\times10^{-3}\mu m^2$)投产后，1个月左右就见水了；M类储层流动单元一般物性差，孔隙喉道细、连通性亦差，填隙物含量较高，导致见水见效均较晚，如L15-27井投产后19个月见效，但是至今未见水(图5-27)。

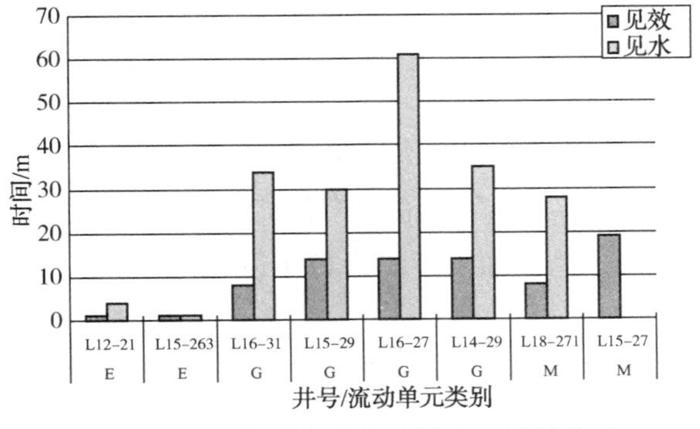

图5-27 流动单元类型与见效见水时间关系

5.3.5 不同类型流动单元水淹特征分析

注水开发油田进入加密调整阶段后，如何准确判断新钻井水淹层的级别是开发工作者面临的主要问题之一，其解释精度关系到储集层射孔方案的制定及投产效果。目前，吐哈低渗主体油田已进入高含水期低速稳产开采阶段，剩余油高度分散，常规措施效果差，老井递减产量基本依靠调整井来弥补。而调整井中储集层的水淹状况差异很大，由于一直沿用大庆油田水淹层的划分标准，造成解释的弱水淹层往往投产后产油量很低，强水淹层几乎无产油量。可见，建立低渗油田不同流动单元水淹层划分标准，准确评价不同水淹级别储集层产能及潜力，对优化射孔方案、优选驱替介质、制定挖潜措施以及确保调整井获得最大产能具有重要意义。

(1)含水率(f_w)划分标准

国内通常采用大庆油田的含水率(f_w)划分标准，即油层(未水淹)，$f_w \leqslant 10\%$；弱水淹层，$10\% < f_w \leqslant 40\%$；中水淹层，$40\% < f_w \leqslant 80\%$；强水淹层，$f_w > 80\%$。据调查，大庆油田喇嘛甸油藏渗透率为$200 \times 10^{-3} \mu m^2$，属典型高渗油田；吐哈丘陵油田中侏罗统三间房组油藏渗透率为$14.1 \times 10^{-3} \mu m^2$，属低渗油田，这两类油藏无因次产油指数曲线表现出明显的差异(图5-28)。

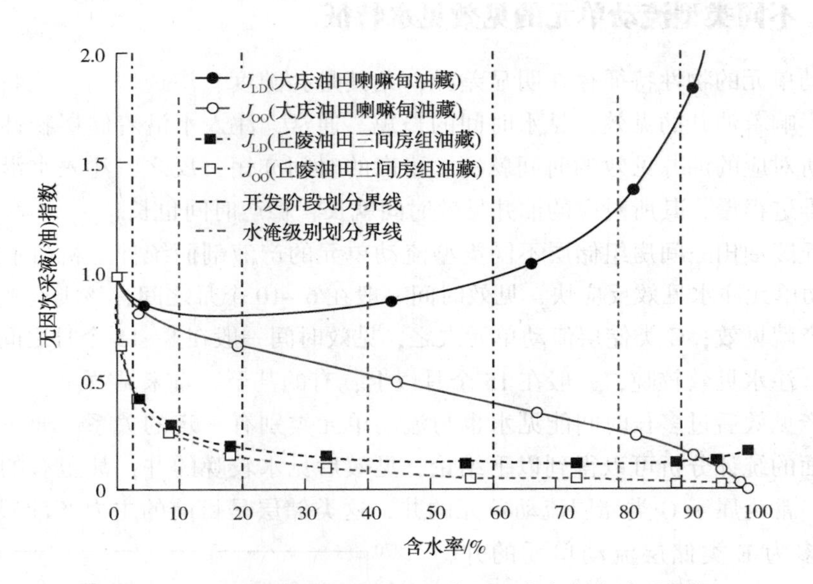

图5-28　两种油藏无因次采液指数与含水率变化关系曲线

按照国内划分水淹层标准，$f_w \leqslant 10\%$时，低渗油田产油指数下降幅度很大，产能相对下降也很快，而高渗油田产油指数下降幅度较小，产能相对下降较慢；在特高含水期($f_w > 90\%$)，高渗油田产油指数下降幅度增大，产能相对下降较快，而低渗油田产油指数非常小，产能相对下降较慢。因此，将大庆油田的水淹层划分标准沿用到低渗油田，不同级别水淹层所表现出来的产能变化规律与高渗油田存在明显差异。

(2)改进的水淹层划分标准

在注水油田开发中，国内用含水率将注水开发油田划分为不同开发阶段(图5-28)，即无水期$f_w \leqslant 2\%$；低含水期$2\% < f_w \leqslant 20\%$；中含水期$20\% < f_w \leqslant 60\%$；中高含水期$60\% < f_w \leqslant 80\%$；高含水期$80\% < f_w \leqslant 90\%$；特高含水期$f_w > 90\%$。这一划分方法最大优点是：无论哪类油田，产能下降幅度最大通常在油田刚刚开始见水之时，含水率一般很低；进入低含水期产能下降幅度明显减缓；中含水期、中高含水期产能呈线性下降，下降幅度较小；在高含水期和特高含水期，产能再次出现较大幅度下降，产液能力迅速增大。若将这一标准移植到水淹层划分标准上，既能反映不同级别水淹层产能大小及变化规律，又能减少开发概念间划分界限的相互交错。因此，按含水阶段可将水淹层对应划分为：未水淹层 $f_w \leqslant 2\%$；弱水淹层 $2\% < f_w \leqslant 20\%$；中低水淹层 $20\% < f_w \leqslant 60\%$；中水淹层 $60\% < f_w \leqslant 80\%$；中强水淹层 $80\% < f_w \leqslant 90\%$；强水淹层 $f_w > 90\%$（图 5-29）。很明显，与原划分标准相比，新划分标准中未水淹层和弱水淹层的含水率界限值明显减小；原标准的中水淹层在新标准中细划为中低水淹层和中水淹层；原标准的强水淹层在新标准中细划为中强水淹层和强水淹层。总之，原划分标准只有 4 级，划分界限区间较大；新划分标准将水淹层划分为 6 级，划分界限区间较小，有利于水淹层细化分析研究。

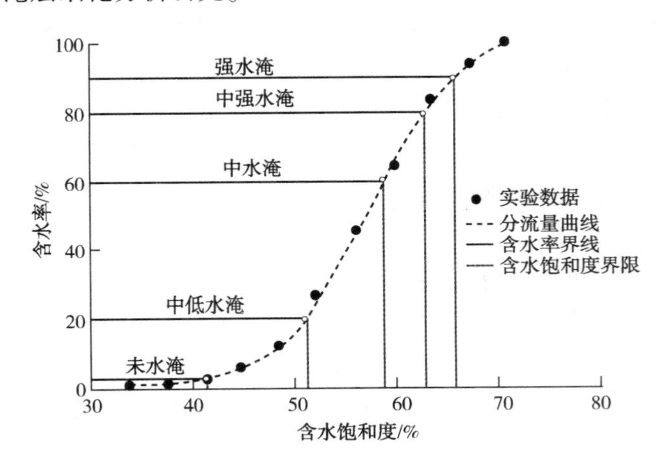

图 5-29 丘陵油田 G 类储层流动单元含水率与含水饱和度曲线

（3）确定水淹层级别的方法

1）含水饱和度法

矿场上对于水淹级别并非利用含水率（或产水率）来直接确定，而是利用各种测井解释数据组合进行解释或用单独数据进行预估，其中含水饱和度法比较常见。具体过程是先建立含水率与含水饱和度变化关系，再按照水淹层划分标准，确定水淹级别。在进行含油（水）饱和度转化为含水率时，以往常常采用油水相对渗透率比值为指数式进行，但该方法拟合时在低含水饱和度或高含水饱和度偏差较大。若将文献中油相相对渗透率公式与水相对渗透率公式相比，并取油、水相渗指数均为 S_{wd} 的一次线性函数，可得到一种精度较高的新型油水相对渗透率比值关系式：

$$\frac{K_{ro}}{K_{rw}} = a\,\frac{(1-S_{wd})}{S_{wd}^{m+cS_{wd}}} \tag{5-1}$$

式中，$S_{wd} = (S_{we} - S_{wi}) / (1 - S_{wi} - S_{or})$

将式（5-1）代入分流量方程，得

$$f_w = \left[1 + \frac{a\,(1-S_{wd})^{n+bS_{wd}}}{\mu_r S_{wd}^{m+cS_{wd}}}\right]^{-1} \tag{5-2}$$

利用式(5-2)，可以预测储集层投产初期的含水率大小。当然也可将水淹层划定的含水率界限转化为含水饱和度界限，与测井解释含水饱和度进行对比，直接确定出水淹级别(图5-17)。

2)视驱油效率法

视驱油效率法其实质也是含水饱和度识别的另一种表现形式，即用测井解释含水饱和度代替驱油效率定义式中的油层平均含水饱和度，计算得到：

$$E_{ds}=\frac{S_{we}-S_{wi}}{1-S_{wi}} \tag{5-3}$$

与含水饱和度法相比，视驱油效率法最大的特点是视驱油效率界限数值区间更大，易于识别，其不同水淹级别界限的确定仍需通过相渗曲线计算，即按含水率界限，通过式(5-2)，反求含水饱和度，然后再计算出视驱油效率界限，否则无法与含水率建立联系，显示出划分标准较随意而缺乏理论支持。

(4)预测水淹层产能和剩余油的方法

水淹层分级确定后，矿场上要进行新钻井射孔优化方案编制，这时需要提供各层的产能预测及剩余油潜力评价，以便于油藏工程人员进行选择。

1)预测产油(液)指数

一般油田产油(液)指数评估采用相渗曲线法，即先利用相渗曲线，建立无因次采油指数与含水饱和度的对应关系：

$$J_{OD}=(1-S_{wd})^{n+bS_{wd}} \tag{5-4}$$

再结合分流量方程式(5-2)，以含水饱和度作为中间变量，从而建立无因次采油指数与含水率的对应关系。

2)预估驱油效率

储集层水淹后量化潜力评价，即剩余油大小刻画，在油藏上采用驱油效率法表示。该方法利用Welge方程先确定油井见水之后油层平均含水饱和度。

$$\overline{S_w}=S_{we}+\frac{1-f_w}{f'_w S_{we}} \tag{5-5}$$

再由驱油效率定义式确定不同水淹级别驱油效率：

$$E_d=\frac{\overline{S_w}-S_{wi}}{1-S_{wi}} \tag{5-6}$$

对式(5-2)求导，并结合式(5-5)和式(5-6)，可得驱油效率与含水饱和度的解析式：

$$E_d=\frac{S_{we}-S_{wi}}{1-S_{wi}}+\frac{1-S_{wi}-S_{or}}{f_w(1-S_{wi})}\left[\frac{n+bS_{wd}}{1-S_{wd}}+\frac{m+cS_{wd}}{S_{wd}}+c\ln S_{wd}-b\ln(1-S_{wd})\right]^{-1} \tag{5-7}$$

式(5-6)与式(5-3)最大的差别在于，式(5-6)为计算油层见水后整个储集层的平均驱油效率，而式(5-3)计算的驱油效率只是油井出口端的驱油效率，其值往往低于前者。然而，由于含水饱和度分布函数(或称含水率导数)不是含水饱和度的单调函数，利用式(5-6)的解析式(5-7)，只能计算出高含水饱和度下的驱油效率(或含水饱和度分布函数右半部分)。因此，还需对高含水饱和度下驱油效率数据进行线性或Logistic函数回归，再计算出低含水饱和度下驱油效率(图5-30)。

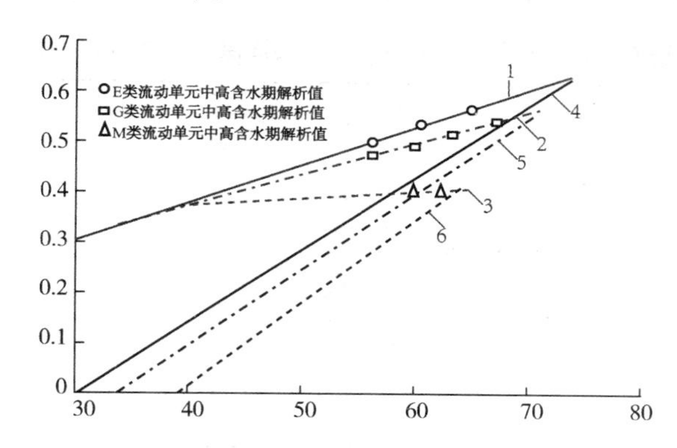

图5-30 丘陵油田三间房组油藏分类储集层驱油效率与含水饱和度关系曲线

1—E类流动单元中低含水期回归值；2—G类流动单元中低含水期回归值；

3—M类流动单元中低含水期回归值；4—E类流动单元视驱油效率；

5—G类流动单元视驱油效率；6—M类流动单元视驱油效率

利用以上方法，建立了丘陵油田不同类型流动单元水淹级别的识别、产能预测和潜力评价标准，见表5-4。从结果来看，E类和G类储层流动单元中水淹后，含水饱和度识别界限基本相近；中水淹前，两者识别界限出现差别，而视驱油效率识别与含水饱和度识别情况正好相反，很好地扩大了中水淹后各水淹级别界限间的差别；M类储层流动单元无论是含水饱和度识别还是视驱油效率识别，其界限与E类和G类储层流动单元差别较明显。但从不同水淹阶段采出可采储量指标对比(表5-5)，E类储层流动单元无水期可采储量采出程度为57.27%，弱水淹阶段和中低水淹阶段为次要采油期，阶段可采储量采出程度分别为13.61%和10.82%，油层进入较高水淹阶段后，可采储量采出程度相对较低，若继续开采，需要考虑经济成本和采油速度，因为在此阶段，无因次采油指数已降到油层开发初期的4.90%以下，商业性开发已很困难；G类储层流动单元无水期可采储量采出程度可达67.44%，弱水淹阶段和中低水淹阶段为次要采油期，阶段可采储量采出程度分别为11.13%和8.51%，油层继续注水进入水淹级别较高阶段后，同样面临比E类储层流动单元更加严峻的问题；M类储层流动单元无水期可采储量采出程度很高，达到91.15%，油层进入水淹级别较高阶段后，阶段可采储量采出程度很少，因此，M类储层流动单元一旦见水，需寻求其他驱替方式采油。

表5-4 丘陵油田三间房组油藏不同水淹级别可采储量采出程度对比

流动单元类型	不同水淹级别可采储量采出程度/%					
	未水淹	弱水淹	中低水淹	中水淹	中强水淹	强水淹
E类	57.27	13.61	10.82	5.9	4.45	9.64
G类	67.44	11.13	8.51	4.56	3.32	5.95
M类	91.15	2.18	1.84	0.84	0.45	1.74

综上所述，丘陵油田分类储集层水淹层产能预测和潜力评价结果表明，E类和G类储层流动单元为中水淹或更高水淹级别，M类储层流动单元为弱水淹或更高水淹级别，水驱

剩余油潜力很小，产油能力也很低，需寻求其他驱替方式提高采收率。

表 5-5 丘陵油田三间房组油藏分类油层水淹级别识别标准

含水率	开发阶段	水淹级别	S_{we}识别界线			E_{ds}识别界线		
			E类	G类	M类	E类	G类	M类
≤2	无水期	未水淹	≤37.41	≤41.25	≤45.74	≤10.12	≤11.15	≤10.87
2~20	低含水期	弱水淹	37.42~48.48	41.26~51.10	45.75~52.49	10.13~26.02	11.16~26.04	10.88~21.96
20~60	中含水期	中低水淹	48.49~57.28	51.11~58.64	52.50~58.24	26.03~38.66	26.05~37.44	21.97~31.41
60~80	中高含水期	中水淹	57.29~62.08	58.65~62.66	58.25~60.86	38.67~45.54	37.45~43.53	31.42~35.72
80~90	高含水期	中强水淹	62.09~65.69	62.67~65.60	60.87~62.24	45.55~50.74	43.54~47.97	35.73~37.98
>90	特高含水期	强水淹	>65.69	>65.60	>62.24	>50.74	>47.97	>37.98
含水率	开发阶段	水淹级别	E_d评估数值区间			J_{OD}评估数值区间		
			E类	G类	M类	E类	G类	M类
≤2	无水期	未水淹	≤35.51	≤37.74	≤38.12	≥48.44	≥45.75	≥38.25
2~20	低含水期	弱水淹	35.52~43.95	37.72~43.97	38.13~39.03	48.43~14.73	45.74~14.06	38.24~11.63
20~60	中含水期	中低水淹	43.96~50.66	43.98~48.73	39.04~39.80	14.72~4.90	14.05~4.34	11.62~2.58
60~80	中高含水期	中水淹	50.67~54.32	48.74~51.28	39.81~40.15	4.89~2.28	4.33~1.78	2.57~0.80
80~90	高含水期	中强水淹	54.33~57.08	5.129~53.14	40.16~40.34	2.27~1.05	1.77~0.68	0.79~0.29
>90	特高含水期	强水淹	>57.08	>53.14	>40.34	<1.05	<0.68	<0.29

5.3.5 不同类型储层流动单元开发动态分析

不同类型储层流动单元的物性、微观渗流机理均存在着明显的差异。因此，在油田实际注视开发过程中，对E、G、M、P四类流动单元所采取稳产、增产措施亦不同。在本次研究过程中，以丘陵油田三间房组油藏目前实际生产、开发动态资料为基础，根据现有的的作业效果对本次储层流动单元划分结果的合理性、实用性进行了动态验证。鉴于篇幅有限，统计了如下几口井比较典型的作业情况。

(1)卡封、堵水以及调剖措施的应用效果分析

陵6-8井，于1997年4月投产，投产初期射开的砂体为S_4^{2-1}和S_3^{3-2}两个小层。其中，S_4^{2-1}小层孔隙度为15.9%，渗透率为25.2×10^{-3}μm，含油饱和度为79.9%；S_3^{3-2}小层孔隙度为16.2%，渗透率为30.6×10^{-3}μm，含油饱和度为80.9%；均属于E类储层流动单元排液自喷，初始日产液量为10.5m^3/d，不含水，至1997年6月23日，累积产油量为650t。该井周围虽然有两口注水井陵7-7井和陵7-9井，其中，陵7-7井注水井与对应的S_4^{2-1}小层为G类储层流动单元，陵7-9井注水井与对应的S_3^{3-2}小层亦为G类储层流动单元。因此肯定是注水井陵7-7井与油井陵6-8井的S_4^{2-1}小层形成水窜，注水井陵7-9井与油井陵6-8井的S_3^{3-2}小层形成水窜；导致陵6-8井的综合含水上升很快，于2001年6月陵6-8井综合含水达到了98.0%，对S_4^{2-1}和S_3^{3-2}小层进行卡封，综合含水明显下降，取得了良好效果。

(2)补孔措施应用效果分析

陵7-12井补孔前日产液5.0t，日产油3.9t，含水率3.0%，汽油比为621。在2007年6月对该井S_3^{2-2}、S_3^{1-1}和S_2^{4-1}(分别对应流动单元M、G、E)进行补孔，其中S_3^{1-1}和S_2^{4-1}两个小层为气层。补孔后，日产液量为9.5t，日产油量为7.3t，含水率上升为4.0%，汽油比增加到743。分析认为，增油、含水上升主要原因在于射开流动单元M，汽油比明显上升的主要原因在于射开流动单元E、G类储层流动单元。

对丘陵油田三间房组已经采取侧钻井技术措施的L17-241、L9-13C、L8-6C、L6-3C等4口生产井进行生产动态分析，发现侧钻见效的层位几乎95.0%以上属于G、M类储层流动单元，说明G、M类储层流动单元剩余油富集，是注水开发后期主要的挖潜对象。

参考文献

[1] 董凤娟，曹原，邢宽宏，等．丘陵油田三间房组注水开发效果影响因素分析[J]．地质与勘探，2017，53(5)：1032-1038.

[2] 屈雪峰，孙卫，魏红玫，等．西峰油田白马区长8油藏地质特征及开发对策[J]．西北大学学报(自然科学版)，2006，36(2)：301-304.

[3] 付晓燕，孙卫．低渗透储集层微观水驱油机理研究——以西峰油田庄19井区长8_2储集层为例[J]．新疆石油地质，2006，26(6)：681-683.

[4] 李志鹏，林承焰，董波，等．影响低渗透油藏注水开发效果的因素及改善措施[J]．地学前缘，2012，19(2)：171-175.

[5] 韩永林，刘军锋，余永进，等．致密油藏储层驱替特征及开发效果——以鄂尔多斯盆地上里塬地区延长组长7油层组为例[J]．石油与天然气地质，2014，35(2)：207-211.

[6] 李先鹏．胶结指数的控制因素及评价方法[J]．岩性油气藏，2008，20(4)：105-108.

[7] 陈科贵，温易娜，何太洪，等．低孔低渗致密砂岩气藏束缚水饱和度模型建立及应用——以苏里格气田某区块山西组致密砂岩储层为例[J]．天然气地球科学，2008，25(2)：273-277.

[8] 李瑞，向运川，杨光惠，等．孔隙结构指数在鄂尔多斯中部气田气水识别中的应用[J]．成都理工大学学报(自然科学版)，2004，31(6)：689-693.

[9] 师调调，孙卫，何生平，等．不同类型成岩相微观孔隙结构特征及生产动态分析——以华庆地区延长组长6储层为例[J]．兰州大学学报(自然科学版)，2012，48(3)：7-13.

[10] Railsback L B. Carbonate diagenetic fcies in the upper pennsylvanian dennis formation in Lowa, Missiouri and Kansas[J]. Journal of Sedimentary Petrology, 1984, 54(3): 986-999.

[11] 高辉，王雅楠，樊志强，等．鄂尔多斯盆地神木气田山2段砂岩成岩相定量划分及其特征差异[J]．天然气地球科学，2015，26(6)：1059-1067.

[12] 朱玉双，孙卫，梁晓伟，等．丘陵油田陵二西区三间房组油藏注水开发动态特征[J]．石油勘探与开发，2004，31(4)：116-119.

[13] 朱玉双，柳益群，赵继勇，等．华池油田长3岩性油藏流动单元划分及其合理性验证[J]．沉积学报，2008，26(1)：120-127.

[14] 董凤娟，孙卫，等．不同流动单元储层特征研究及其对注水开发效果影响[J]．地质科技情报，2010，29(4)：73-77.

[15] 孙卫，曲志浩，岳乐平，等．鄯善油田东区油藏注水开发的油水运动规律[J]．石油与天然气地质，1998，19(3)：190-194.

[16] 梁晓伟，孙卫，朱玉双，等．丘陵油田陵2西区三间房组油藏注水运动规律[J]．西北大学学报(自然科学版)，2005，35(3)：331-334.

[17] 贾文瑞，李福垲．低渗油田开发部署中几个问题的研究[J]．石油勘探与开发，1995，22(4)：47-51.

[18] 高文君，韩继凡，葛新超，等．利用相渗曲线判断低渗油田水淹级别——以丘陵油田三间房组油藏

为例[J]. 新疆石油地质，2015，36(5)：592-596.
[19] 刘萍，郝以岭，唐荣，等. 岔河集砂岩油田水淹层剩余油饱和度计算方法研究[J]. 测井技术，2006，30(4)：306-309.
[20] 丁一，张占松，袁伟，等. M地区水淹层含水饱和度的计算[J]. 山东理工大学学报(自然科学版)，2014，28(2)：44-48.
[21] 王庚阳，刘明新，宋振宇，等. 利用常规测井确定油田开发期储层剩余油分布[J]. 石油学报，1992，13(4)：60-66.
[22] 刘世华，谷建伟，杨仁锋. 高含水期油藏特有水驱渗流规律研究[J]. 水动力学研究与进展，2011，26(6)：660-666.
[23] 高文君，姚江荣，公学成，等. 水驱油田油水相对渗透率曲线研究[J]. 新疆石油地质，2014，31(6)：629-631.
[24] 高文君，李宁，侯程程，等. 2种无因次采液指数与含水率关系式的建立及优选[J]. 新疆石油地质，2015，36(1)：70-74.
[25] Welge H J. A simplified method for computing oil recovery by gasor water drive[J]. Trans.，AIME，1952(195)：91-98.
[26] 陈元千. 水驱曲线关系式的推导[J]. 石油学报，1985，6(2)：69-78.
[27] 高文君，徐君. 常用水驱特征曲线理论研究[J]. 石油学报，1995，34(3)：89-92.
[28] 孙卫，王洪建，吴诗平，等. 三间房组油藏沉积微相及其对注水开发效果影响研究[J]. 沉积学报，1999，17(3)：443-448.
[29] 蒋凌志，顾家裕，郭衫程. 中国含油气盆地碎屑岩低渗透储层的特征及形成机理[J]. 沉积学报，2004，22(1)：13-18.
[30] 宋付权，刘慈群. 低渗透油藏水驱采收率影响因素分析[J]. 大庆石油地质与开发，2000，19(1)：30-36.
[31] 何秋轩，阮敏，王志伟. 低渗透油藏注水开发的生产现象及影响因素[J]. 油气地质与采收率，2002，9(2)：6-9.
[32] 刘顺生，胡复唐. 影响砾岩油藏注水开发效果的地质因素[J]. 石油勘探与开发，1993，20(6)：54-60.
[33] 赵亮，季丽丹，易锦俊，等. 新疆油田砾岩油藏水淹特征及剩余油分布[J]. 中国矿业，2013，22(增刊)：177-182.
[34] 谭锋奇，李洪奇，武鑫，等. 砾岩油藏水淹层定量识别方法——以新疆克拉玛依油田六中区克下组为例[J]. 石油与天然气地质，2010，31(2)：232-239.
[35] 姜炳祥，张平，王辉，等. 克拉玛依油田砾岩油藏水淹层研究[J]. 天然气勘探与开发，2005，28(3)：56-75.
[36] 胡俊，杨旭明，陈燕章，等. 水淹层测井评价之产水率方法研究[J]. 新疆石油学院学报，2004，16(4)：25-28.
[37] 徐怀民，吴磊，陈民锋，等. 砾岩油藏沉积韵律特征研究及对开发的影响：以百口泉油田百21井区百口泉组油藏为例[J]. 油气地质与采收率，2006，13(1)：20-26.
[38] 宋刚练，刘燕，刘斐，等. XX断块剩余油分布规律及控制因素[J]. 断块油气田，2009，16(2)：64-65.
[39] 阳文生，梁官忠，赵小军，等. 阿南砂岩油藏注水开发中后期水淹特征[J]. 石油勘探与开发，2000，27(5)：80-83.
[40] 赵英，张金亮，潘永志. 河间油田东三段湖泊滩坝储层与水淹特征[J]. 地质论评，1996，42(增刊)：199-206.
[41] 王道富. 鄂尔多斯盆地特低渗透油田开发[M]. 北京：石油工业出版社，2008.
[42] 李阳，刘建民. 油藏开发地质学[M]. 北京：石油工业出版社，2007，97.